A. Tröltsch

Gesammelte Beiträge zur pathologischen Anatomie des Ohres

Und zur Geschichte der Ohrenheilkunde

A. Tröltsch

Gesammelte Beiträge zur pathologischen Anatomie des Ohres
Und zur Geschichte der Ohrenheilkunde

ISBN/EAN: 9783743455603

Hergestellt in Europa, USA, Kanada, Australien, Japan

Cover: Foto ©berggeist007 / pixelio.de

Manufactured and distributed by brebook publishing software (www.brebook.com)

A. Tröltsch

Gesammelte Beiträge zur pathologischen Anatomie des Ohres

GESAMMELTE BEITRÄGE

ZUR

PATHOLOGISCHEN ANATOMIE

DES

OHRES

UND ZUR

GESCHICHTE DER OHRENHEILKUNDE

VON

Prof. Dr. A. von TRÖLTSCH,

der kais. deutschen Leopold. Carolin. Akademie der Naturforscher und der physikalisch-medic.
Gesellschaft zu Würzburg ordentliches, sodann Ehren-Mitglied der Académie royale de médecine
de Belgique in Brüssel, der Gesellschaft für Natur- und Heilkunde in Dresden, der Société
Vaudoise de médecine in Lausanne, der ärztlichen Gesellschaft in Leipzig, des Vereins deutscher Aerzte in Paris und der königl. Gesellschaft schwedischer Aerzte in Stockholm, auch
correspondirendes Mitglied der ungarischen Gesellschaft der Aerzte zu Buda-Pest, des Vereins
hessischer Aerzte zu Darmstadt, der physikalisch-medic. Societät zu Erlangen, der Gesellschaft
der Aerzte und Naturforscher zu Jassy, des Reale Instituto Lombardo di Scienze e Lettere zu
Mailand, des ärztlichen Vereins zu München, der Reale Accademia Medico-Chirurgica zu Neapel,
des Vereins pract. Aerzte zu Prag, der Reale Accademia medica zu Rom, der medic. Gesellschaft
zu Strassburg, der Accademia Reale di Medicina zu Turin und der k. k. Gesellschaft der
Aerzte zu Wien.

LEIPZIG,

VERLAG VON F. C. W. VOGEL.

1883.

HERRN

PROFESSOR DR. HERMANN SCHWARTZE

IN HALLE A/S.

IN TREUER FREUNDSCHAFT

GEWIDMET.

VORWORT.

Auch in einer weniger raschlebigen Zeit, als dies die unserige ist, werden, wie die Erfahrung zeigt, alle wissenschaftlichen Mittheilungen, die nur in Zeitschriften erschienen, mit den Jahren immer weniger beachtet und leben allmälig höchstens stückweise in Citaten fort, während sie in einem Buche eher Aussicht haben erhalten zu bleiben, soweit sie überhaupt das Forterhalten verdienen. Es scheint mir daher sachdienlich zu sein, wenn ich eine grössere Reihe von Sectionen Ohrenkranker, welche in Virchow's Archiv 1859 und 1861, in Betz' Memorabilien 1863 und im Archiv für Ohrenheilkunde in den Jahren 1864, 1869 und 1871 veröffentlicht wurden, nebst mehreren seitdem hinzugekommenen Krankengeschichten mit anatomischer Untersuchung — und zwar sind neu die Fälle LV und LVI, dann LIX, LXV und LXVIII — in eine gewisse systematische Reihenfolge gebracht gesammelt herausgebe und sie dabei mit einem ausführlichen Sachregister versehe.

Jeder wird zugeben, dass in diesen Kranken- und Sections-Berichten viele Thatsachen von entschieden bleibendem Werthe und Interesse enthalten sind. Baglivi hat gewiss Recht, wenn er sagt: „Ars medica tota in observationibus". Weder an den Sectionsberichten noch an den folgenden epikritischen Bemerkungen wurden andere als redactionelle Veränderungen vorgenommen; nur wurde an den letzteren Manches gekürzt oder weggelassen, was mir jetzt zu wenig lesenswerth erschien.

Die Epikrisen enthalten namentlich in den ältesten Veröffentlichungen manche Beiträge zur Geschichte der Ohrenheilkunde; so kann man gewiss daraus, dass z. B. im Jahre 1859 manche Anschauungen, welche uns jetzt ganz selbstverständlich vorkommen, warm vertreten und scharf vertheidigt werden mussten, entnehmen, wie es damals mit unserer Specialwissenschaft stand.

Aus gleichem Grunde, im Interesse künftiger Geschichtsschreibung, und ausserdem aus Pietät gegen meinen verehrten Lehrer Sir William Wilde in Dublin, dessen Nekrolog nach seinem im Jahre 1876 erfolgten Tode zu schreiben ich durch besondere

Verhältnisse verhindert war, schliesst sich der Wiederabdruck einer Recension von Wilde's trefflichem Lehrbuche aus dem Jahre 1857 an. Manchem wird nach deren Durchlesung klarer werden, warum Wilhelm Kramer, damals unbestrittene „erste Autorität" im deutschen Lande, bei jeder Gelegenheit so ganz besonders unhold auf mich und meine Arbeiten zu sprechen war. Da dort neben Wilde besonders Joseph Toynbee in London hervorgehoben wird, lasse ich zur besseren Klarstellung der Bedeutung dieser beiden Männer, welchen die deutsche Ohrenheilkunde ungemein viel verdankt, Toynbee's Nekrolog aus dem Jahre 1867 folgen.

Den Schluss bildet meine Vorstellung beim Reichskanzleramt, die Berücksichtigung der Ohrenheilkunde beim ärztlichen Schlussexamen betreffend, vom Jahre 1878. Wie der Nachtrag mit der im deutschen Reichstag abgegebenen Erklärung des Vorstandes des Reichsgesundheitsamtes zeigt, scheint die Frage, deren Bedeutung öffentlich zu erörtern ich mich verpflichtet fühlte, sehr rasch und ganz kurzer Hand dort entschieden worden zu sein. Es verlautet nichts, dass nur von den medicinischen Facultäten ein Gutachten über diese Frage eingeholt worden wäre, obwohl bis zur definitiven Feststellung der Prüfungsordnung, die erst neuerdings erfolgte, nahezu fünf Jahre vergingen! Andere Zeiten werden anders urtheilen. —

Manchem, dem zufällig bekannt ist, wie wenig den Herausgeber die üblichen Verbrämungen des einfachen Namens reizen, sie mögen ererbt oder erworben sein, wird sich bass verwundern, dass das Titelblatt eigentlich ein Blatt voll Titel ist. Ich gestehe indessen, ich bin altmodisch genug, mich an allen Beweisen des Wohlwollens und der Werthschätzung meiner Collegen freuen zu können. Wenn zudem solche Ehrenbezeugungen aus dem Schoose gelehrter Gesellschaften dem Vertreter einer jungen, früher durchschnittlich recht wenig angesehenen Specialwissenschaft zu Theil werden, so sind sie offenbar ein Zeichen, dass diese selbst sich ehrenvolle Bahn gebrochen hat. Ihre Aufführung kann gewissermassen unter die „Beiträge zur Geschichte der Ohrenheilkunde" gerechnet werden.

Würzburg, im Juli 1883.

INHALT.

A.

Pathologische Zustände des äusseren Gehörgangs und des Trommelfells.

I u. II.

Schlitzförmige Verengerung der äusseren Ohröffnung; Osteoporose der vorderen Gehörgangswand mit nicht abschliessendem Cerumen.*)

Agnes Utz, 79 Jahre alt, aus Sommerach, Pfründnerin im Julius-spital, starb am 1S. Januar 1S59.

Etwa zwei Jahre früher hatte ich die Gehörgänge dieser nach Cataractoperationen an doppelseitiger Phthisis bulbi erblindeten Alten untersucht und beiderseitig eine schlitzförmige Verengerung des Ohrein-gangs und ziemlich viel Cerumen, das aber den Kanal nicht ganz ab-schloss, gefunden. Mit einer schlechten Spritze, wie ich sie im Spital vorfand, konnte ich das Cerumen nur theilweise entfernen. Sie hörte dann etwas besser. (R. 1″ L. 5″ für meine Cylinderuhr.)

Untersuchung der Felsenbeine (Nr. 1G2 und 1G3 meiner Sammlung):

Rechts. Ohreingang nicht rundlich oder eiförmig, sondern in einen fast vertical verlaufenden Schlitz verwandelt. Es findet sich die vordere Wand des knorpeligen Gehörgangs eigenthümlich nach hinten umgebogen, und zugleich der hintere obere, häutige Ab-schnitt des Gehörgangs in einem Zustande der Erschlaffung, so dass er nicht genügend nach hinten oben angespannt ist, sondern einen gegen das Lumen des Kanals einspringenden Winkel bildet, der sich erst durch ein starkes Herausziehen des Gehörgangs oder durch Ein-fügen der federnden Pincette ausgleichen lässt. Dieses Einsinken der hinteren häutigen Haut scheint zu der schlitzförmigen Verengerung des Gehörgangs mehr beizutragen, als die nach hinten gerichtete Stellung der vorderen Knorpelwand.

Nach dem Abschneiden des knorpeligen Gehörgangs lässt sich aus dem knöchernen Kanal ziemlich viel Cerumen herausziehen, das wie ein hohler Cylinder den Wänden anlag, ohne Abschluss des Lumens zu bedingen. Das Ganze sieht aus wie eine rundlich aufge-rollte Lamelle. Dieselbe ist nach unten und vorn weiss, perlmutter-glänzend und mehr feucht, auch nach hinten herrscht aus Lamellen

---

*) Zuerst veröffentlicht im Arch. f. Ohrenheilk. 1S71. Bd. VI. S. 4G.

v. Tröltsch. Gesammelte Beiträge.

geschichteter Bau vor, während oben mehr amorphe, braune Ohren-
schmalzmasse hereinragt. Eben solch reines Cerumen liegt in einer
gesonderten Platte dem Trommelfell an.

Der knöcherne Gehörgang ist an seiner vorderen, der Gelenkgrube des Unterkiefers entsprechenden Wand sehr rarificirt und
verdünnt; nach Entfernung der häutigen Auskleidung macht sich ein
vollständiges Fehlen jeglicher Knochensubstanz, ein Loch mit zackigen, unregelmässigen Rändern, in der Ausdehnung einer kleinen Erbse
bemerklich. Auch unter dem Jochfortsatze ist die Gelenkgrube
für den Unterkiefer durchscheinend dünn, während sonst am Schädel
die Knochen ziemlich kräftig entwickelt sind.

Links. Ohreingang wie rechts. Die vordere Wand des knöchernen Gehörgangs zeigt ein etwa kirschkerngrosses Loch mit
sehr verdünnten Rändern, ausserdem einige Lamellen, die nach innen
mit Cerumen besetzt, nach aussen mehr weissgelblich sind; nach hinten
und unten findet sich an ihnen eine feuchte perlmutterglänzende Stelle,
an letzterer reichlich Cholestearin in grossen Tafeln, sonst Hornplatten,
manchmal mit einem Fetttropfen statt des Kernes. Wo mehr braune
Färbung vorherrscht, da sind die Hornplatten mit feinen gelblichen
Körnchen erfüllt.

Es ist klar, dass die geringe Anhäufung von Cerumen, wie
sie sich 2 Jahre vor dem Tode und dann auch an der Leiche
fand, nicht im Stande war, eine Usur des knöchernen Gehörgangs
hervorzubringen. Wenn die Kranke nicht also früher an viel
grösseren vollständig abschliessenden Ansammlungen im Gehörgange gelitten hat, wovon nichts bekannt ist, so muss ein anderer
Erklärungsgrund für die Entstehung der Defecte an der vorderen
Knochenwand aufgesucht werden.

Ich untersuchte eine Reihe gebleichter Schädel und fand,
dass insbesondere bei älteren Individuen die entsprechende Stelle
der vorderen Gehörgangswand häufig sehr verdünnt und durchscheinend ist, manchmal selbst unter dem leisesten Drucke nachgibt und einbricht. In einzelnen wenigen Fällen fanden sich sogar ganz kleine Defecte und Löcherchen daselbst, keines freilich
in der oben angeführten Grösse. An der gleichen Stelle des kindlichen Felsenbeins findet sich die bekannte (in Fig. 2 meines Lehrbuches abgebildete) Ossificationslücke, und wäre wohl möglich,
dass dort gerade besonders oft ein seniler Knochenschwund sich
entwickelte.

III. u. IV.

Langjährige Taubheit. — Collapsus der Wände des Gehörgangs, beide mit Cerumen erfüllt. Verschiedene Adhäsionen in der Paukenhöhle.*)

Elisabetha Schatz aus Himmelstadt, 74 Jahre alt, Juliusspitalpfründnerin. Ich sah sie ein halbes Jahr vor ihrem Tode. Die Wärterin gab mir an, sie wäre, seit sie in der Pfründe ist, also seit mehreren Jahren, „stocktaub" und verstünde nichts, was man ihr sagt. Eine eigensinnige, mürrische Alte, die sich weigert, irgend etwas an sich vornehmen zu lassen, daher ich nichts weiter angeben kann. Starb ganz plötzlich im September 1858. Apoplexia fulminans lautete die Diagnose. Es fand sich keine Gehirnkrankheit, nur ein starkes Lungenödem. (Vor 1½ Jahren war ihr wegen Cancroids der Nase eine künstliche Nase aus einem Stirnlappen von Prof. Linhardt gemacht worden, eins der schönsten Producte der Rhinoplastik, die mir je vorgekommen.)

Links (Präp. Nr. 119). Der an seinem äusseren Ende schlitzförmig verengte Gehörgang erfüllt mit einem harten dunklen Ohrenschmalzpfropf, der einen vollständigen Abguss des ganzen Gehörgangs darstellt und sich bis zum Trommelfell erstreckt. Die äusserste der Wand anliegende Schichte dieses dunklen Pfropfes ist gelblich und lamellös und steht mit einer ähnlichen, etwa ½''' dicken, honiggelben, ziemlich harten und spröden Schichte in Verbindung, welche dem Trommelfell selbst anliegt. Diese letzterwähnte Schichte ist an ihrer, dem Trommelfell zugekehrten Fläche platt und convex, der Concavität des Trommelfells entsprechend, die andere, dem schwarzen Pfropf zugekehrte, ist höckerig, uneben. Der knöcherne Gehörgang weiter als gewöhnlich. Trommelfell durchsichtig, nur längs des Griffes und am Umbo weisslich, an letzterer Stelle mehrere kurze, radiär verlaufende Gefässchen. Schleimhaut der knorpeligen Tuba blassröthlich; hie und da ein kleines Schleimklümpchen. Die Gehörknöchelchen, namentlich der Steigbügel, normal beweglich. Eine Menge feiner fadenförmiger Adhäsionen zwischen Hammerhals wie Ambos und der gegenüberliegenden Labyrinthwand der Paukenhöhle, ebenso zwischen Ambos und Steigbügel. Eine stärkere fadenförmige Verbindung zieht sich von der unteren Hälfte des Trommelfells zum gegenüberliegenden Promontorium. Etwas weniges wässrige Flüssigkeit an den Wänden der Paukenhöhle, namentlich in den Vertiefungen und Taschen. Die Schleimhaut blassröthlich, kaum verdickt. Musc. tensor tympani hat sehr schöne Querstreifen, diese nur selten am Musc. stapedius, der viele körnig erfüllte, kurze Fibrillen besitzt. Ueber dem Eingang zum runden Fenster ist eine feine zarte Membran gebreitet, die beim Abziehen zackige Fortsätze zeigt, und auf der ein rundlicher eigenthümlicher Körper

---

*) Zuerst veröffentlicht in Virchow's Arch. f. pathol. Anat. 1859. Bd. XVII. S. 60.

aufsitzt. Derselbe, der sich beim Bewegen des Präparates leicht ab-
trennt, ist leicht gelblich, erweist sich beim Rollen als nicht vollständig
rund, sondern mehr orangenartig und zeigt eine concentrirte Streifung,
so dass er einem Vater'schen oder Paccini'schen Körperchen sehr ähnlich sieht. Erst bei starkem Druck entleert sich ein sehr cohärenter,
in der Mitte leicht körniger Inhalt, und bleibt dann eine abgeplattete
Blase zurück. Das Körperchen ist ziemlich gross, indem es bei starker
Vergrösserung (300) ⅓ des Gesichtsfeldes einnimmt. Ein weiteres,
gelbliches und zwiebelartig gestreiftes, nur kleineres (vielleicht cystoi-
des?) Körperchen der Art befindet sich ausserdem noch an derselben
Membran, und zwar an einem kleinen Stiele befestigt. — Processus
mastoideus besitzt sehr grosse Hohlräume, die überall im Knochen
sehr entwickelt sind; so ist das Tegmen tympani dick, aber porös,
auch der Boden der Paukenhöhle ist, ähnlich wie bei manchen
Thieren, mit weiten Zellen und Hohlräumen versehen.

   Rechts (Nr. 120). Ein ähnlicher Ohrenschmalzpfropf, der den
ganzen Gehörgang bis zum Trommelfell erfüllt. Trommelfell
etwas weisslich. An der Tuba nichts Abnormes zu bemerken. Viele
feine Bänder spannen sich in der Paukenhöhle nach allen Seiten,
mehrere von der inneren Fläche des Körpers des Ambosses gegen
das Promontorium, das sehr nahe gegenüberliegt, wodurch die Paukenhöhle sehr enge erscheint. Die äussere Fläche des Ambosskörpers
mit der hinteren Tasche verwachsen, deren Blatt sehr weit von dem
Trommelfell absteht. Der Hammerkopf durch verschiedene starre
Bänder mit seiner Umgebung verwachsen. Der Steigbügel allenthalben von verschieden festen Bändern umgeben; seine Platte fest
mit dem Knochen verwachsen. Ueber dem Eingang zum runden
Fenster eine zarte Pseudomembran gespannt. Musc. tensor tympani wie stapedius besitzen sehr deutliche Querstreifen, in letzteren auch auffallend viel sehniges und körniges Gewebe. Schleimhaut der Paukenhöhle in ziemlich zarten Stücken abziehbar, also
mässig verdickt.

V u. VI.

Links. Gehörgang erfüllt mit einem Ohrenschmalzpfropf. Theilweise
Erweiterung des Gehörgangs mit Usur seiner häutigen Auskleidung und
Perforation des Trommelfells durch die Anhäufung des Cerumen. —
Rechts. Dieselbe Veränderung des Gehörgangs nebst Perforation des
Trommelfells ohne Anhäufung von Cerumen. Trommelfell wie Pauken-
höhlenschleimhaut verdickt und mit abnormer Absonderung bedeckt.*)

   Barbara Kühn, 73 Jahre alt, ins Juliusspital eingetreten am
28. April 1856, gestorben den 7. Juni. War in hohem Grade schwerhörig. Medicinische Diagnose: Insufficienz der Mitralis. Hydrops.

*) Zuerst veröffentlicht in Virchow's Arch. f. pathol. Anat. Bd. XVII. 1859.
S. 11.

— Anatomische Diagnose: Ausgedehnte Endocarditis und Endo-
arteriitis. Chronische Peritonitis. Ausgedehnte Klappenfehler. Insufficienz aller 4 Klappen.

Linkes Felsenbein (Präp. Nr. 40). Der Gehörgang erfüllt mit einem langen dicken Pfropf von eingedicktem dunklen Ohrenschmalz, der reichlich mit Haaren vermischt ist und einen vollständigen
Abguss des Gehörgangs bis zum Trommelfell bildet. Dieser Pfropf
ist in seinem mittleren Theile überzogen von einer weisslichen, perlmutterglänzenden Schicht, die aus mehreren Lagen rundlicher, kern-
loser Plattenepithelien mit Cholestearinkrystallen in grossen schönen
Tafeln besteht. Der knöcherne Gehörgang ist in einer Strecke,
4 Mm. vom Trommelfell entfernt bis nahe an dasselbe, seiner häutigen Auskleidung vollständig verlustig, ausgenommen an seiner oberen
Wand (wo die Gefässe und Nerven liegen, die zum Trommelfell gehen,
und wo das Corium des Gehörgangs stets am meisten entwickelt ist).
Der Knochen liegt daselbst bloss, ist rauh und uneben. Das Lumen
des Gehörgangs daselbst bemerklich weiter als normal, namentlich
nach unten. Dagegen unmittelbar am Trommelfell ist der Knochen
nicht bloss und rauh, sondern von seiner Haut bedeckt, welche normal
weite Partie von der rauhen erweiterten Zone scharf, gleichsam durch
eine Crista, abgetrennt ist. Das Trommelfell ist rings um das
Ende des Hammergriffs stark verdünnt, nach vorn vom Umbo eine
Perforation des Trommelfells von 1 Mm. im Durchmesser, welcher
Stelle entsprechend der Ohrenschmalzpfropfen einen etwas härteren
weisslichen Höcker erkennen lässt, der durch die Perforation in die
Paukenhöhle hineinragte. — Beim Trennen der Schuppe vom Schläfenbein wird der Kanal des Musc. stapedius blossgelegt, der zwar
stark aussieht, indessen keine deutliche Querstreifen zeigt, so dass
seine muskulöse Natur nur aus der bündelartigen Anordnung der Theile
erkannt werden kann. Bei Zusatz von Essigsäure ziehen sich die
Bündel zusammen und stossen gleichsam ihren Inhalt aus, der rasch
ausströmt und körnig zu sein scheint. — Der Musc. tensor tympani scheint ganz atrophisch zu sein und zeigt nur ganz blasses, un-
deutliches Gewebe.

Rechts (Nr. 41). Kein Cerumen im Gehörgang. Knöcherner
Gehörgang in der Nähe des Trommelfells etwas missfarbig, uneben,
rauh. Gehörgang dort erweitert wie links. Das Trommelfell selbst
grünlich-missfarbig, stark verdickt, nach aussen mit einem grünlichen,
schmierigen Ueberzug bedeckt. Nach vorn und unten vom Griffende
eine ziemlich grosse, nierenförmige Perforation, welche 4 Mm. in ihrem
längsten, 2 Mm. in ihrem kürzesten mittleren Durchmesser misst. Die
Schleimhaut der Paukenhöhle verdickt, überzogen von einer schmierigen missfarbigen Masse, die auch die Zellen des Processus mastoideus erfüllt. Der Knochen indessen nicht wesentlich erweicht.

Dass Ohrenschmalzpfröpfe nicht immer so ganz harmlos und
unschuldig sind, als man gewöhnlich glaubt, sondern manchmal
sehr wesentliche Veränderungen an den Nachbartheilen hervor-

rufen können, hat Toynbee bereits 1855 in den Transactions of
the Patholog. Society of London (Vol. VI) in einem Aufsatze „on
the causes of the accumulations of cerumen in the external audi-
tory meatus and their effects upon different parts of the ear" dar-
gethan, indem er, theils auf Erfahrungen in der Praxis, theils
auf Sectionsbefunde gestützt, von einer Reihe von Folgezuständen
langen Verweilens umfangreicher Anhäufungen verhärteten Ohrenschmalzes im Gehörgange berichtet, hervorgebracht durch den
Druck, den dasselbe auf die Umgebung ausübt. Toynbee führt
neben einfacher Erweiterung des Gehörgangs Usur der hinteren
Wand mit folgender Communication zwischen Gehörgang und den
Zellen des Warzenfortsatzes an, dann Usur der vorderen Wand
und als Folge eine Oeffnung zur Fossa parotidea, Absorption der
oberen Wand mit Oeffnung in die Paukenhöhle, Druck auf die
äussere Fläche des Trommelfells, welches dadurch sehr concav
wird, endlich Entzündung und Verdickung des Trommelfells, manchmal sogar mit Perforation desselben und Vordrängen des Cerumen
in die Paukenhöhle. Dass solche Vorkommnisse nicht „unerhört",
„absonderlich" sind, oder „sich den stärksten pathologischen Un-
glaublichkeiten dreist an die Seite stellen", wie W. Kramer sich
ausspricht*), das zeigt der eben vorgeführte Sectionsbefund, dem
sich im Laufe dieser Mittheilungen noch die eine oder andere
ähnliche Beobachtung anschliessen wird.

Doch suchen wir unserem Fall einiges Interesse für die Praxis
abzugewinnen. Wenn Barbara Kühn zu Lebzeiten, ihrer Schwerhörigkeit überdrüssig, sich an einen Arzt gewandt, und dieser
nicht von vornherein das Leiden für „Altersschwäche" und „nervöse Taubheit" erklärt — wie es sich ja manchmal ereignet —
sondern das Ohr selbst einiger Betrachtung gewürdigt hätte, so
würde das mechanische Hinderniss des Hörens, der Ohrenschmalzpfropf, in seiner bedeutenden Entwicklung auch dem Ungeübte-
sten ohne jede instrumentelle Hülfe aufgefallen sein. In solchen
Fällen benützen nun die Praktiker zur Entfernung des Propfes
in Ermangelung von Spritze und warmem Wasser häufig Ohren-
löffel, Haarnadeln, Pincetten oder kleine, hebelartige Instrumente,
mit denen die das Ohr verstopfende Masse mehr oder weniger
zart bearbeitet wird. Im gegebenen Falle hätte unstreitig jede
Hülfeleistung, die nicht schonend und allmälig die Befreiung des

---

*) „Die Ohrenheilkunde in den Jahren 1851—55." Berlin 1856. S. 97.

Gehörgangs vom Ohrenschmalzpfropfe angestrebt hätte, den tieferen Theil desselben gegen das Trommelfell angedrückt, dasselbe, welches bereits perforirt und in ausgedehntem Maasse verdünnt war, noch weiter beschädigt und einen Theil des Ohrenschmalzes wohl in die Paukenhöhle gedrängt, wo es jedenfalls eine heftige und bedenkliche Entzündung hätte hervorrufen können. Patientin hätte sodann keine Befreiung von ihrer Taubheit, wohl aber neben dieser noch äusserst heftige Schmerzen im Ohre gehabt, die vom Moment der ärztlichen Hülfebestrebungen an, tage-, selbst wochenlang gedauert und im Falle eines günstigen Ausgangs in eine langwierige Otorrhoe geendet hätten. — Wir wissen gar nichts Näheres von dem Object unserer anatomischen Untersuchung, nicht wie lange sie taub, nicht ob sie auf der einen Seite, wo kein Ohrenschmalz sich fand, je entzündliche Erscheinungen dargeboten oder einen reichlichen Ausfluss gehabt, ebenso wenig ob sie je einen Arzt ihres Ohrenleidens wegen um Rath angegangen hat; allein fragen wir uns, würde der Befund im rechten Ohre sich im mindesten anders, als er wirklich war, dargestellt haben, wenn das Alles sich, wie eben erdichtet, zugetragen, sie auch im rechten Ohre eine ähnliche, lange bestehende Ansammlung von Cerumen gehabt hätte (wofür sogar in der That das meist beiderseitige Vorkommen solcher Verstopfungen, wie die gleichen Veränderungen im knöchernen Gehörgang der einen und der anderen Seite im gegebenen Falle sprechen), wenn sie sich deswegen an einen Arzt gewandt und von demselben das richtig erkannte Leiden in einer allzu stürmischen Weise, wie oben geschildert, behandelt worden wäre? Doch lassen wir diese Betrachtungen, die wir bei dem vollständigen Mangel jeder weiteren Angaben nicht einmal zum Rang einer Hypothese erhoben wissen wollten, und halten wir uns an das, was uns das Factum, welches uns hier vorlag, bereits in sich bietet und lehrt. Es ist dies 1. Ansammlungen von Ohrenschmalz im äusseren Gehörgang können, wenn bedeutend und lange bestehend, auf wichtige benachbarte Theile, wie auf das Trommelfell, sehr störend und reizend einwirken. 2. Bei Entfernung von solchen Ansammlungen wird man daher gut thun, vorsichtig und nicht zu stürmisch zu verfahren.

VII u. VIII.

Einseitiger Ohrenschmalzpfropf. Einseitige Erweiterung des knöchernen Gehörgangs mit Usur in der vorderen Wand.*)

Mitte März 1863 kamen mir zwei Felsenbeine eines 40 jährigen Mannes (Nr. 235 und 236) zu.

Links war der Gehörgang ganz von einem harten Ohrenschmalzpfropfe erfüllt, welcher bis zum Trommelfell reichte und von dessen Oberfläche noch einen guten Abdruck lieferte. Der knöcherne Gehörgang war nach allen Seiten stark erweitert, die vordere Wand verdünnt und in ihrer Mitte ein nur von der Haut des Gehörgangs überzogenes zackiges Loch von unregelmässiger Gestalt, ca. 1 Mm. breit und 3 Mm. lang. Trommelfell stark einwärts gedrückt, an der Oberfläche verdickt.

Rechts fand sich kein Cerumenpfropf im Gehörgange und dieser von normaler Weite und sonstiger normaler Beschaffenheit.

Ausserdem nichts Auffallendes an beiden Gehörorganen.

Es scheint mir, dass gerade einem solchen Falle, wo nur auf der einen Seite Eintrocknung und Ansammlung der Gehörgangsabsonderung statthatte und nur auf dieser einen Seite Erweiterung des Gehörgangs nach hinten oben und Verdünnung des Knochens nach vorn zu sich fand, eine besondere Beweiskraft innewohnt über den ursächlichen Zusammenhang dieser beiden Zustände. Finden sich neben doppelseitigen Cerumenpfröpfen, wie sie vorwiegend häufig sind, solche Anomalien der Gehörgangswände, so kann man immer noch an ein zufälliges Nebeneinanderbestehen denken, zumal ja auch sonst, wie uns der vorhergehende Fall Utz zeigt, Rarificationen der vorderen Gehörgangswand vorkommen. Ebenso würde die Sache liegen, wenn mir nicht auch das Felsenbein der anderen Seite zugekommen wäre. So lässt sich in dem nächstfolgenden Fall (Felsenbein Nr. 80) keineswegs mit einiger Sicherheit sagen, ob der dem Trommelfell anliegende und dasselbe jedenfalls auch belastende Pfropf zur Bildung des vom Griffende zum Promontorium gehenden Verwachsungsbandes beigetragen hat. Möglich wäre dies immerhin, denn dort gerade ist die Paukenhöhle am engsten; das Ende des Griffes kann am stärksten nach innen gedrängt und somit ein längeres Anliegen desselben am Promontorium wohl durch einen solchen in stetem Wachsthum begriffenen Pfropf bedingt werden. Dass aber ein öfteres oder längeres Berühren beider Theile im Stande ist, eine

---

*) Zuerst veröffentlicht im Arch. f. Ohrenheilk. 1871. Bd. VI. S. 47.

örtliche Reizung, die zu schliesslicher Verwachsung und Adhäsionsbildung führen kann, zu bedingen, wird sich keineswegs leugnen lassen.

_____

IX.

Cerumenerfüllung des Gehörgangs. Abnorme Concavität der Trommelfellmitte durch ein Adhäsionsband bedingt. Paukenhöhle sonst normal.*)

Linkes Felsenbein (Nr. 80) eines unbekannten Spiritus- und Injectionspräparates.

Der Gehörgang erfüllt von einem gewaltigen Ohrenschmalzpfropf, welcher schon von aussen sichtbar ist. In dem dem Trommelfell zunächst liegenden Abschnitte ist der Gehörgang durch diese Ansammlung bedeutend erweitert, namentlich nach hinten, wo auch die Auskleidung desselben auffallend verdünnt ist. Das Trommelfell selbst, dem der Pfropf aufs innigste anlag, ist in seiner Oberfläche verdickt und in der Mitte am Umbo sehr stark concav. Die Tuba auffallend weit, selbst an ihrer engsten Stelle.

In der Paukenhöhle fällt ein breites Adhäsionsband auf, das von dem unteren Theile des Hammergriffs zum Promontorium zieht. Dasselbe ist mässig stark, am Hammer ca. 1 1/2 Mm. breit, hat in der Mitte ein kleines Loch, dagegen eine sehr breite Anheftung an der Labyrinthwand, und steht ein Theil desselben mit dem Köpfchen des Steigbügels in Verbindung. (Ein starker Luftstrom durch die Tuba wäre jedenfalls im Stande gewesen, diese Adhäsion zu zerreissen.) Eine merkbare Verdickung der Schleimhaut in der Paukenhöhle ist nirgends nachzuweisen; ebenso erweist sich die Gelenkverbindung zwischen Hammer und Ambos normal.

_____

X.

Verstopfender Ohrenschmalzpfropf wahrscheinlicherweise Ursache des Todes, welcher durch Erysipelas faciei. ausgehend von Eczem der Ohrgegend bedingt war.)**

Georg Herbert, 52 Jahre alt, ins Juliusspital eingetreten am 11. November 1859, starb am 16. November auf der medicinischen Abtheilung an den Folgen von Erysipelas faciei, das von einem Eczem der Ohrgegend ausging. Befund: Hyperaemia cerebri. Bronchitis. Hypostatische Pneumonie. Milztumor.

Untersuchung des Ohres (Nr. 189). Die linke Gesichtsseite angeschwollen, um das Ohr herum blauroth. Die Ohrmuschel, insbesondere am Ohreingang, bedeckt mit halb schmierigen, halb ver-

_____

*) Zuerst veröffentlicht im Arch. f. Ohrenheilk. 1871. Bd. VI. S. 48.
**) Zuerst veröffentlicht im Arch. f. Ohrenheilk. 1871. Bd. VI. S. 48.

trockneten, weissgelblichen Krusten, unter denen die Theile sich stark
geröthet und feucht zeigen. Diese Massen setzen sich auch auf die
Haut des knorpeligen Gehörgangs fort, während von der Peripherie
der Ohrmuschel, am Helix und Antehelix, die Epidermis meist in
grossen Blasen emporgehoben ist und sich in grösseren Fetzen abziehen lässt. Nachdem der vorderste Theil des knorpeligen Gehörgangs mit der Scheere entfernt ist, zeigen sich hellbräunliche,
dickbreiige Massen, welchen sich nach innen zu ein dunkelbrauner,
fast schwärzlicher, mehr fester und trockener Pfropf von Ohrenschmalz
anschliesst. Dieser erfüllt den Gehörgang vollständig und besitzt an
seinem inneren Ende einen genauen Abdruck der äusseren Trommel-
felloberfläche. Die Haut des Gehörgangs selbst erweist sich nach Entfernung des Pfropfes leicht feucht und hyperämisch, sonst nicht verändert. Das Trommelfell ebenfalls leicht feucht, stark glänzend,
etwas graulich gestreift.

Schleimhaut der Tuba leicht durchfeuchtet, etwas Schleim in
ihr, nach oben die Schleimhaut leicht röthlich, namentlich am Ostium
tympanicum. Paukenhöhle nichts Besonderes.

Nach dem Befunde, welcher einen unmittelbaren Zusammenhang des Eczems der Ohrengegend mit der leicht entzündeten
Haut des Gehörgangs ergibt, ist es äusserst wahrscheinlich, dass
das Eczem am Ohreingange, welches durch das aus ihm hervor-
gehende Erysipel des Gesichtes zur mittelbaren Todesursache
wurde, von der massenhaften Cerumenanhäufung im Gehörgange
verursacht wurde. Dass solche Pfropfe, wenn sie allenthalben
den Wänden anliegen, auf dieselben einen starken Reiz ausüben,
wer hätte dies nicht schon beobachtet? Dass eine solche Reizung der Gehörgangshaut sich in Form eines auf die Umgebung
sich fortsetzenden eczematösen Ausschlages äussert, hätte an und
für sich gar nichts auffallendes; besonders leicht würde ein solcher entstehen, wenn noch Einträufelung scharfer Flüssigkeiten,
wie sie bei Aerzten und Laien nicht so selten gegen alle Formen
von Taubheit angewendet werden, oder sehr heisse Einspritzungen
und Dämpfe gegen das vorhandene Uebel in Gebrauch gezogen
worden wären. Im vorliegenden Falle wissen wir hierüber nichts
Bestimmtes; der erweichte Zustand des äusseren Theiles des
Pfropfes und die Häufigkeit solcher Applicationen hier zu Lande
lassen aber eine solche Erklärung um so berechtigter erscheinen.
Das Auffallende bliebe immer, dass Jemand durch eine seltsame
Verkettung von Umständen mittelbar an einem Ohrenschmalzpfropfe raschen Todes hätte erbleichen müssen. Indessen „kleine
Ursachen, grosse Wirkungen" ist ein Satz, dessen Wahrheit wir

Aerzte ja so häufig beobachten können. Wir Alle verschlucken in unserem Leben ungestraft ungezählte Mengen von Trauben- und Rosinenkernen, gelegentlich auch einmal einen Kirschkern, und doch ist manchmal ein solcher Kern im Stande, eine letal endende Typhlitis und Peritonitis zu veranlassen!

XI u. XII.

Beidseitig hinten oben ein symmetrisches Trommelfelldefect ohne jegliche Entzündungsspuren (Foramina Rivini?)*)

Im April 1857 kamen mir zwei Felsenbeine (Nr. 89 und 90) zu, über deren Herkunft sich nichts weiter mit Sicherheit erheben liess. Links. Es existirt hier eine offene, rundliche, 4 Mm. im Durchmesser haltende Verbindung zwischen Gehörgang und Paukenhöhle und zwar auf Kosten des oberen hinteren Abschnittes des Trommelfells und des Endes der oberen Wand des Gehörgangs. Dieselbe ist ausgefüllt mit einem kleinerbsengrossen, dichten, an der Oberfläche durch Cerumen gefärbten Epidermispfropf. Im Grunde der Oeffnung liegen Hammerkopf und Ambosskörper zu Tage, denen das genannte Pfröpfchen dicht vorlag, auch ragte dasselbe noch zwischen der äusseren Paukenhöhlenwand nach oben in das Cavum tympani hinein. Die Ränder dieser Oeffnung, sowohl der untere vom Trommelfell gebildete, als der hintere, obere und vordere vom Knochen gebildete, sind scharf; nirgends Erscheinungen von Verdickung oder Entzündung. Das Trommelfell durchaus nicht verdickt, eher dünner als gewöhnlich und etwas gefaltet. Amboss und Hammer abnorm fest verbunden. Vom unteren Ende des verticalen Ambossschenkels eine fadenförmige Adhäsion zum Promontorium gehend. Die Sehne des Musc. tensor tymp. breiter als gewöhnlich. Sonst nichts Abnormes. Rechts. Im Wesentlichen ganz der gleiche Befund. Nur war der Epidermispfropf, der die Verbindungsöffnung verschloss und mit der Epidermis des Trommelfells zusammenhing, noch etwas grösser als links und in einem förmlichen abgekapselten Lager eingebettet. Die Aussenfläche des Amboss, der durch eine, wie es scheint, knöcherne Ankylose mit dem Hammer zusammenhing, war an seinem Körper und dort, wo die beiden Schenkel abgehen, atrophirt und unter dem Druck des anliegenden Pfröpfchens dünn und flach geworden, zugleich daselbst von vorn nach hinten leicht concav. Zwischen den beiden Schenkeln des Ambosses war eine Membran ausgespannt, die nach unten den Pfropf von der Paukenhöhle trennte. Zugleich waren Amboss und Hammerkopf abnorm stark in die Paukenhöhle hineingedrängt, der Hammerhals sehr lang und in ungewöhnlich starker Krümmung vom Griffe abstehend. Auch hier das Trommelfell sowie die Schleimhaut der Paukenhöhle normal, nicht verdickt oder gewulstet.

*) Zuerst veröffentlicht im Arch. f. Ohrenheilk. 1871. Bd. VI. S. 51.

Bei der vollständigen Symmetrie der Defecte an beiden Trommelfellen und bei dem Fehlen aller auf Entzündung und Eiterung hinweisenden Erscheinungen scheint die Annahme eines congenitalen Zustandes, also eines sog. Foramen Rivini, als die ungezwungenste Erklärung dieses eigenthümlichen Befundes sich zu ergeben. Zudem lassen sich ähnliche Defecte an dem vorderen oberen oder hinteren oberen Rand des Trommelfells auch an Lebenden gelegentlich beobachten, wie ich zwei solche Fälle der ersterwähnten Art in meinem Lehrbuche (4. Aufl. S. 27) anführte. Huschke erklärte zuerst in seinen „Beiträgen zur Physiologie und Naturgeschichte" (Weimar 1834, S. 51) und später in seiner Umarbeitung der Sömmering'schen Lehre von den Eingeweiden und Sinnesorganen (Leipzig 1844, S. 823) solche nicht erworbene Oeffnungen im Trommelfell für Hemmungsbildungen, da er das Trommelfell beim früheren Fötus offen angetroffen habe, eine Deutung, die gewiss die richtige ist. Oben fehlt gerade der das Trommelfell einrahmende Knochenreif, der Annulus tympanicus, und geht das eigentliche Trommelfell überhaupt nicht bis zum oberen Rande des Knochens, sondern liegt über dem Processus brevis nur jene dünne, der dem Trommelfell eigenthümlichen Fasern vollständig entbehrende Membran, die sogenannte Membrana flaccida Shrapnelli. Wie leicht also kann das Zusammenwachsen dieser beiden verschiedenen Elemente — Trommelfell und Membrana flaccida — gestört werden und nur ein theilweises, ein unvollkommenes sein, so dass an der Grenze zwischen beiden ein Loch oder ein Kanal entsteht. Trotz alledem taucht immer von Zeit zu Zeit, gleich der nie ganz umzubringenden Seeschlange, die Beschreibung eines normalerweise im Trommelfell vorkommenden constanten Loches oder Kanales auf. Auffallend ist hierbei nur, dass noch Niemand darauf verfallen ist, an der Lippe und im Gaumen eine constante Spalte zu beschreiben, da an diesen Theilen doch auch gelegentlich, und zwar nicht einmal so gar selten, angeborene Lücken sich finden.

Dass sich in unserem Falle eine aus den Oberflächenproducten des Gehörgangs und wohl auch des Trommelfells zusammengesetzte Anhäufung innerhalb der nach innen vom Hammer und Amboss begrenzten Lagerstätte fand, mag kaum etwas Befremdendes haben; ebenso wenig wird es auffallen, dass ein solches, ganz allmälig entstehendes und peripherisch immer mehr anwachsendes Gebilde eine Druckatrophie an den erwähnten Gehörknöchelchen hervorrief.

B.

Pathologische Befunde des Mittelohrs ohne Eiterung.

XIII u. XIV.

Beiderseitige Verdickung der Schleimhaut der Paukenhöhle mit Unbeweglichkeit des Steigbügels und theilweiser Verwachsung der hinteren Tasche des Trommelfells. Beträchtliche Veränderung am runden Fenster.*)

Anna Sohn, 64 Jahre alt, Pfründnerin im Ehehaltenhause, ist nach der Aussage von Dr. GEIGEL, dem ich die weiteren Notizen verdanke, und der Wärterin schon seit Jahren sehr schwerhörig, ganz taub erst seit einigen Wochen, seitdem sie krank ist. „Sie erkrankte mit gastrischen Erscheinungen, denen sich im Verlaufe allmälig als Symptome eines chronischen Gehirnleidens starker Schwindel, bedeutender Kopfschmerz, Apathie, Abnahme der Intelligenz, doch ohne Alienation und schliesslich allgemeine Macies zugesellten, an welcher sie zu Grunde ging." Ich sah sie einige Tage vor ihrem Tode, indessen in einem so marastischen Zustande, dass auf weitere Untersuchung zu Lebzeiten verzichtet werden musste. Starb am 12. Juli 1857.

Ueber die Schleimhaut der Rachenhöhle lässt sich nichts Genaueres sagen, indem die Leiche, obwohl ziemlich frisch, in Folge der Julihitze in starker Zersetzung begriffen ist.

Linkes Felsenbein (Präp. Nr. 103). Die Mündung der Tuba zeigt nichts Auffallendes; die Tuba selbst sehr geräumig und weit, selbst an ihrer engsten Stelle. Abnormes Secret weder in ihr, noch in der Paukenhöhle zu constatiren. Die Auskleidung derselben hat etwas sehr Dichtes und Starres und lässt sich in grösseren zusammenhängenden Stücken abziehen. Die Furchen und Linien für die Gefässe und Nerven der Paukenhöhle sind überall sehr stark ausgesprochen (wie auch sonst am Schädel die Gefässkanäle sehr stark ver-

---

*) Zuerst veröffentlicht in Virchow's Arch. f. pathol. Anat. 1859. Bd. XVII. S. 27.

tieft sind). Der Steigbügel zeigt sich ganz fest eingekeilt und unbeweglich; er zerbricht beim Versuch ihn zu bewegen, obwohl derselbe keineswegs gewaltsam angestellt war. Das Promontorium
ist auffallend stark entwickelt, so dass der Raum der Paukenhöhle
dadurch verengt ist. (Schon vom Gehörgange aus war sein Durchscheinen durch das Trommelfell sehr auffallend als ein gelblicher Re-
flex hinter dem Umbo.) Das runde Fenster ist stark verengt und
in einen engen Schlitz reducirt, durch den man kaum die Spitze einer
feinen Pincettenbranche einführen kann.

Rechts (Nr. 104). Ebenfalls Unbeweglichkeit des Steigbügels
mit auffallender Entwicklung des Musc. stapedius. Zwischen dem Kanal
dieses Muskels und dem Promontorium über die daselbst befindliche
Grube eine starre Membran ausgespannt. Der Ueberzug des Promontorium weniger verdickt als links. Das runde Fenster und
der zu demselben führende Kanal in seiner normalen Grösse vorhanden, doch ist die Membran selbst verdickt, und der dieselbe bedeckende
Vorsprung zeigt eine kleine spitze Exostose. Auf beiden Seiten die
hintere Tasche des Trommelfells in ihrem dem Hammergriffe
zugewandten Winkel verwachsen.

--- --- ---

XV u. XVI.

**Nach einer starken Verkältung rasch auftretende Taubheit, welche bald
zurückgeht, aus der sich aber eine allmälig zunehmende hochgradige
Schwerhörigkeit entwickelt.**
**Sehr ausgesprochener alter Rachencatarrh. Rechts: Hyperämische
Verdickung der Schleimhaut der Tuba und der Paukenhöhle. Adhäsionen um die Gehörknöchelchen herum. Starke, vascularisirte Pseudomembran über dem Eingang zum runden Fenster, dessen Membran sehr
verdickt und gefässreich. Trommelfell abnorm flach, undurchsichtig,
moleculäre Kalkeinstreuung in dasselbe. Musc. tensor tympani auffallend
sehnig. — Links: Im Wesentlichen dieselben Veränderungen, nur stärker
ausgesprochen, zugleich Beweglichkeitsbeschränkung der Gehörknöchelchen.*)**

Kaspar Kranz, 53 Jahre alt, Pfründner im Ehehaltenhaus,
früher Anatomiedienersgehülfe, wurde von mir einige Wochen vor seinem ganz plötzlichen Tode untersucht. Wenn man deutlich in seiner
Nähe spricht, so versteht er selbst ziemlich leise Gesprochenes, während er selbst Lautgesprochenes, wenn man einige Fuss entfernt ist,
nicht mehr versteht. Meine Uhr hört er rechts nur beim Andrücken
an die Ohrmuschel, links selbst dann nicht, wohl aber, wenn ich an
die Rückseite der Uhr mit dem Nagel kratze (wegen der Gravirung
auf der Rückseite ein ziemlich lautes Geräusch). Er erzählt mir, dass
er vor 20 Jahren, als Soldat in Griechenland stehend, Räubern in die

---

*) Zuerst veröffentlicht in Virchow's Arch. f. pathol. Anat. Bd. XVII. 1859.
S. 28.

Hände gefallen sei, die ihn, vollständig entkleidet, die Nacht mit sich in die Berge führten. Den nächsten Tag wäre er vollständig taub gewesen. Bald wieder frei, kam er ins Lazareth, wo sich seine Schwerhörigkeit wesentlich besserte, jedoch nur, um in den nächsten Jahren allmälig wieder einen bedeutenden Grad zu erreichen. So wie jetzt befände sich seine Schwerhörigkeit seit etwa 9 Jahren, bei feuchtem Wetter höre er indessen immer etwas schlechter. Leide dabei fortwährend an Schnupfen und Catarrhen, häufig an Schwindelanfällen und Athembeschwerden und hat eine sehr beträchtliche Herzhypertrophie.

Rechts. Trommelfell gleichmässig bläulich-grau, undurchsichtig, matt und ohne Glanz. Hammergriff nicht deutlich zu sehen; Trommelfell auffallend flach; links das Trommelfell etwas mehr glänzend, sonst ebenso.

Sein Tod, vier Wochen nach dieser Untersuchung, am 7. September 1857, war ein ganz plötzlicher und unerwarteter. Ohne alle vorausgegangene Störungen fiel er auf einmal um und war todt. Die Section zeigte eine colossale Hpertrophie des linken Herzens, zugleich Granularatrophie der Nieren, dann eine gelbe Platte im Hinterlappen des Grosshirns, eine kleine pigmentirte Narbe im rechten Sehhügel und Synechie der Dura mater mit dem Schädeldach.

Die Schwellkörper an den Choanen sehr stark entwickelt. Die Schleimhaut des Rachens ungemein hypertrophisch, zeigt allenthalben hervorspringende weissliche, linsenförmige Erhabenheiten, die nach Hinwegnahme der oberflächlichsten Schicht sich als eine Menge, durch weisse Fäden zusammenhängende Drüsen erweisen, von demselben Ansehen, wie die Elemente der Parotis, meist 1—2 Mm. lang und mehr in der Fläche entwickelt, manchmal aber auch rundlich. Sie zeigen einen traubenförmigen Bau, ihr Inhalt Kerne. Der Zusammenhang und die Ausdehnung dieser entwickelten Drüsenschicht wird am klarsten, wenn man die Schleimhaut von dem darunter liegenden Gewebe lospräparirt und gegen das Fenster hält. In ungemein massenhafter Entwicklung finden sich diese Drüsen namentlich in der ROSENMÜLLER'schen Grube hinter dem Ostium pharyngeum tubae. Zwischen und auf ihnen reichliche Gefässe. Die Schleimhaut in der Nähe der Tubenmündung stark schwärzlich gefärbt durch Pigmenteinstreuung; auch lässt sich durch Aufgiessen von Wasser viel fadenziehender Schleim entfernen.

Rechtes Felsenbein (Präp. Nr. 105). Im unteren Theil der Tuba nichts Abnormes; wo die knorpelige Tuba in die knöcherne übergeht und der Kanal am engsten, ist die Schleimhaut verdickt, löst sich in kleinen Fetzen ab, und ist schwärzlich punktirt, von da gehen einzelne Gefässchen nach oben, die namentlich in der Gegend des Trommelfells zahlreicher werden. Die Sehne des Musc. tensor tympani sehr starr und kräftig, nach oben und vorn mit angrenzender Schleimhaut verwachsen. Der Muskel selbst auffallend stark und sehr sehnig. — Wie mir schon zu Lebzeiten auffiel, dass der Hammergriff im Trommelfell nicht, wie gewöhnlich, deutlich sichtbar war,

so zeigt sich dies nun auch nach Eröffnung des äusseren Gehörgangs, der sehr trocken und ohne alles Ohrenschmalz. Das Trommelfell erscheint von aussen viel flacher, als ob der Hammer etwas
nach einwärts gezogen, fixirt wäre und zwar in einer zu seiner normalen Lage parallelen Richtung. In der Paukenhöhle kein Secret,
am Promontorium ziemlich starke Gefässentwicklung. Die Gehörknöchelchen sind sämmtlich einzeln beweglich, auch der Steigbügel sowohl allein, als im Zusammenhang mit dem Amboss; doch
ertrecken sich allenthalben um Steigbügel wie Amboss feine Adhäsionen herum. Der Hammerhals durch ein starkes abnormes Band
an die oberhalb des Trommelfells liegende Paukenhöhlenwand fixirt.
Eingang zur Fenestra rotunda verbaut durch starres Gewebe, das
sich über sie hinüberspannt und sich als eine zusammenhängende Membran mit einzelnen weisslicheren Zügen abziehen lässt — ziemlich resi-
stentes Bindegewebe mit einem reichlichen Capillarnetz. Die Schleimhaut des Promontorium verdickt, lässt sich in stärkeren Fetzen abziehen
und besitzt zahlreiche Gefässe. Auch bei mikroskopischer Untersuchung
ergibt der Musc. tensor tympani auffallend viel gelocktes, dichtes
Bindegewebe, das manchmal in Fibrillenform angelagert ist, daneben
indessen auch Querstreifen ungemein deutlich. Ebenso besitzt der
Musc. stapedius neben gut erhaltenen quergestreiften Bündeln sehr
viel Bindegewebe, und ausserdem eigenthümlich längliche, leichtstreifige
Gebilde, ähnlich langen Muskelfibrillen, die aber im Inneren leicht
körnig und ohne Querstreifen sind. Sie sehen körnig veränderten
Muskelbündeln am ähnlichsten, wie sie ROKITANSKY in seiner neuen
Ausgabe abbildet. — Nervus acusticus normal, Axencylinder ungemein deutlich. (Das Präparat hatte einige Tage in ganz schwacher
Chromsäurelösung gelegen.) In Schnecke und Vorhof nichts Abnormes. Nach Hinwegnahme der Schnecke gelingt es, die Membran
des runden Fensters rein auszulösen, zu welcher der Zugang durch
die vorhin erwähnte Pseudomembran von der Paukenhöhle aus ver-
sperrt war. Zwischen dieser Pseudomembran und der eigentlichen
Membrana tympani secundaria besteht ein 1 Mm. tiefer Zwischenraum,
wie alle Vertiefungen und Gruben bei dem grobknochigen Individuum
sehr entwickelt sind. Die Membran selbst stark verdickt, gefässhaltig,
hellt sich unter Essigsäureeinwirkung wenig auf, erst nach Zusatz von
Salzsäure (zu gleichen Theilen mit Wasser verdünnt) und zwar mit
einiger Gasentwicklung. — Bei genauerer Untersuchung findet sich die
Verbindung zwischen Amboss und Hammer abnorm fest, wenn auch
keine merkliche Beweglichkeitsbeschränkung stattfindet, es ziehen sich
um das Gelenk starke Verdickungen herum, die aus starrem Bindegewebe mit eingestreutem Kalk bestehen. — Endlich wird das Trommelfell aus seinem Falze gelöst und seine beiden Schichten, die
Radiärfaser- und die Ringsfaserschicht, gesondert untersucht. Beide
sind körnig getrübt, vorzugsweise die Ringsfasern, welche in directem
Zusammenhang mit der Schleimhautplatte stehen. Und zwar sind die
feinen dunklen Körnchen, welche sich als kohlensaurer Kalk, durch
Zusatz von Essigsäure und verdünnter Salzsäure erweisen, in die Fasern

selbst eingelagert, während die zwischen den Fasern liegenden Bindegewebskörperchen sehr klein, verkümmert und mit einem trüben Inhalt gefüllt sind.

Links (Nr. 106), wo die Uhr nicht einmal beim Andrücken an
die Ohrmuschel gehört wurde. Im Ganzen dieselben Veränderungen
wie rechts, nur theilweise stärker ausgesprochen. Auch hier ist das
Trommelfell nach aussen abnorm flach, Hammergriff und Processus
brevis mallei nach aussen kaum sichtbar, weil sie mehr nach innen
gegen die Paukenhöhle zu liegen und der Kopf des Hammers nach
aussen durch starke Bänder abnorm fixirt ist. Gehörknöchelchen
in ihrer Beweglichkeit vermindert. Gelenkkapsel des Hammer-
Amboss-Gelenks stark verdickt, beide Knöchelchen lassen sich nur
mit einander, nicht einzeln, bewegen und erst durch grössere Gewalt
aus ihrer Verbindung bringen, die sich sonst auf den leichtesten Zug
löst. Der Steigbügel lässt sich bei Zug an der Sehne seines Muskels weniger bewegen als gewöhnlich. Sehne des Musc. tensor tympani stark verwachsen mit der anliegenden Schleimhaut und durch
ein starkes Band mit den durch die Fissura Glaseri tretenden Gebilden.
Trommelfell wenig durchsichtig, starr, Ringsfasern abnorm stark
entwickelt. Es fällt mir auf, dass die Radiärfasern sehr spaltig sind,
vielfach sich theilen und Aeste abgeben, während man sonst, selbst
bei sehr genauer Untersuchung, zweifelhaft bleibt, ob eine Theilung
und Verästelung der Trommelfellfasern überhaupt stattfindet. Membran des runden Fensters ½ Mm. dick, also enorm verdickt, lässt
sich in mehrere Schichten zerlegen und enthält viele Gefässe. — In
der Schnecke auffallend viele schwarze Pigmentklumpen.

Die vielen Einzelheiten dieses so zusammengesetzten Sectionsbefundes, welche alle in Veränderungen der Schleimhaut bestehen,
müssen auf wiederholte Catarrhe der Paukenhöhle bezogen werden. So allein lassen sich alle diese verschiedenen Anomalien
unter einem Gesichtspunkte zusammenfassen, in keiner anderen
Weise ungezwungen deuten und mit der Anamnese in Ueberein-
stimmung bringen. Nach einer sehr intensiven Erkältung trat plötzlich vollständige Taubheit ein, die sich wohl wieder verlor, aber
doch einen gewissen Grad von Schwerhörigkeit mit grosser Neigung zu Recidiven zurückliess, welche auch allmälig zu einer sehr
bemerkbaren Schwerhörigkeit führten. Ich kenne kein anderes
Leiden, das ohne Schmerzen, ohne Ausfluss oder anderweitige Lähmungserscheinungen so plötzlich zu vollständiger Taubheit führen
kann, als den acuten Catarrh des Ohres, zu dem wahrlich durch
den nächtlichen Marsch in adamitischer Tracht reichliche Veranlassung vorlag. Acute Catarrhe lassen ferner, wenn zurückgegan-
gen, in der Regel einen gewissen Grad von Schwerhörigkeit mit
Neigung zu Recidiven und chronischen Hyperämien der Schleim-

haut zurück, die ohne geeignete örtliche Behandlung gewöhnlich
zu einem höheren Grade von Harthörigkeit führen. In Folge jener
wiederholten Entzündungsvorgänge und chronischen Hyperämien
der Schleimhaut des Rachens und der Paukenhöhle, welche sehr
häufig gemeinschaftlich ergriffen sind, bildeten sich alle jene Veränderungen aus, wie wir sie hier als Verdickung der Gelenkkapsel der Gehörknöchelchen, als Pseudomembran am runden
Fenster oder Verdickung der Membran desselben, als Adhäsionen
des Hammerkopfes mit ihren Folgen auf Abflachung des Trommelfells und Einwärtsziehen des Hammergriffes, als Hypertrophie der
Ringfaserschicht des Trommelfells u. s. w. vor uns finden. Dass
solchen chronisch-entzündlichen Vorgängen häufig, namentlich in
späteren Lebensjahren, Kalkeinlagerungen beigesellt sind, ist aus
der allgemeinen pathologischen Anatomie bekannt.

Die Catarrhe der Paukenhöhle und ihre Folgen liefern das
bei Weitem grösste Contingent der zur Beobachtung und zur Behandlung kommenden Schwerhörigkeiten, daher einige hierher
gehörige Bemerkungen wohl am Platze sein möchten. Beim acuten
Catarrh des Ohres müssen wir uns nach vorliegenden Beobachtungen am Kranken und an der Leiche die Schleimhaut geschwellt,
hyperämisch, und die unter normalen Verhältnissen jedenfalls sehr
unbeträchtliche Schleimproduction in der Paukenhöhle wesentlich
gesteigert denken. Was wird nun nach vorübergegangenem acuten
Stadium aus dem einmal gesetzten Product, dem die Paukenhöhle
erfüllenden oder wenigstens ihre Wände bedeckenden Schleime?
Die Tuba Eustachii mag wohl unter den gewöhnlichen normalen
Verhältnissen, unterstützt durch ihr wimperndes Epithel, die Entfernung des spärlichen Secretes der Paukenhöhle nach unten vermitteln. Sobald dieses Secret aber reichlicher und zäher wird,
kann von einer genügenden Entleerung, von einem „Abfluss", wie
man sich gewöhnlich ausdrückt, auf diesem Wege um so weniger
die Rede sein, als das an und für sich geringe Lumen der Tuba
alsdann durch die stete Theilnahme ihrer Schleimhaut an dem
entzündlichen Vorgange und folgende Schwellung noch mehr verringert ist. Noch dazu findet man bei entzündlichen Zuständen
des Mittelohrs an der Leiche meist die Schleimhaut da, wo die
Tuba in die Paukenhöhle mündet, auffallend stark geschwollen,
wodurch eine Art Abschnürung zwischen Tuba und Paukenhöhle
einzutreten scheint. Reichlich gesetztes und zähes Exsudat bleibt
somit in der Paukenhöhle und wird daselbst weitere Veränderungen

eingeben. Entweder zerfällt es fettig und wird dann allmälig auf-
gesogen, oder es wird unter Verlust seines Wassergehaltes immer
dicker, zäher und weniger, so dass der mittlere Raum der Höhle
immer mehr frei wird, und das Secret nur noch den Wänden an-
klebt, sowie den Gehörknöchelchen und der Innenseite des Trommelfells. Wie nun aus dem freien Exsudate sich möglicherweise
Organisationen entwickeln, so wird jedenfalls ein längeres Ver-
harren der erkrankten, alle Gebilde der Paukenhöhle überziehenden Schleimhaut in ihrem hyperämischen und geschwellten Zustande den Grund legen zu den verschiedenen Folgezuständen,
wie wir sie bei Caspar Kranz und mehreren anderen hier mitgetheilten Fällen finden. Diese Organisationen, die entweder aus
dem freien Exsudate oder durch parenchymatöse Veränderungen
der Schleimhaut entstehen, stellen sich verschieden dar je nach
der Oertlichkeit, an der sie sich entwickeln, entweder als band-
artige Adhäsionen und Pseudomembranen oder als Verdickung der
Schleimhaut, der Gelenkkapseln, des Trommelfells und der Membran des runden Fensters u. s. w. Je nach der akustischen Dignität
der Stelle, wo sich solche Organisationen gebildet haben, wird
sich dann der Einfluss dieser verschiedenen Folgezustände des
Ohrencatarrhs für das Gehör gestalten. An gewissen Stellen der
Paukenhöhle werden selbst beträchtliche anatomische Veränderungen das Hörvermögen des betreffenden Individuums verhältnissmässig wenig schwächen, ähnlich wie selbst sehr umfangreiche
Hornhauttrübungen, wenn sie peripherisch und ausser dem Bereich der Pupille gelegen, dem Sehvermögen sehr wenig oder gar
keinen Eintrag thun. Umgekehrt werden dagegen manche nur sehr
beschränkte Alterationen in der Paukenhöhle sich verhalten wie
centrale, wenn auch kleine Hornhautflecken und die Sinnesschärfe
sehr wesentlich beeinträchtigen. Nun finden wir aber in der Paukenhöhle gerade an Stellen, die nach den Lehren der Physiologie für den Gehörsinn am wichtigsten zu sein scheinen, so an
den Gehörknöchelchen, namentlich dem Hammerkopf, vor Allem
aber um den Steigbügel herum und am Eingang*) zur Membran

---

*) Die Membran des runden Fensters oder die Membrana tympani secun-
daria liegt keineswegs an der Oberfläche der Labyrinthwand der Paukenhöhle,
wie man sich das gewöhnlich vorzustellen scheint, sondern etwa 1 Mm. tiefer
am Ende eines kleinen Kanals, der ebenso weit als die Membran, etwas schief
von hinten nach vorn geht. Man kann daher beim Lebenden, selbst wenn

des runden Fensters, am meisten Unebenheiten und am reichlichsten Wandfläche auf gegebenem kleinen Raume sich gegenüber liegen, so dass wir uns nicht wundern dürfen, gerade an diesen Stellen auch am häufigsten Neubildungen in Form von Strängen und Membranen sowie Verdickungen zu begegnen.

Macht man sich auf diese Weise die Entwicklung solcher Veränderungen in der Paukenhöhle klar, die häufig den störendsten Einfluss auf den Gehörsinn und somit auf die ganze Lebensstellung des Individuums üben, so wird man sich auf der anderen Seite weniger täuschen über die Behandlung, durch welche man bei einmal eingetretener Erkrankung solchen Ausgängen vorbeugen kann. Indication bei einem Ohrencatarrh wird also sein: einmal baldmöglichste Entfernung des Secrets aus der Paukenhöhle, ausserdem möglichst vollständige Zurückbildung der hyperämischen und geschwellten Schleimhaut zur normalen Beschaffenheit. Auf diese Weise wird man nicht nur die bereits vorhandene Functionsstörung beheben, sondern auch den angedeuteten Gefahren und den drohenden Organisationen vorbeugen. Dass hier nur von einer örtlichen Behandlung mittelst des Katheters sichere und rasche Erfolge zu erwarten sind, indem man so allein mechanisch den Schleim entfernen und in geeigneter directer Weise, z. B. durch Einleitung von Dämpfen in die Paukenhöhle, auf die erkrankte Schleimhaut einwirken kann, möchte man a priori schon annehmen; aber es zeigt mir auch bisher die Erfahrung, dass nur eine solche örtliche Behandlung acuter Ohrencatarrhe mit einiger Sicherheit vor Recidiven und vor allmäliger Entwicklung von Schwerhörigkeit schützt. Acute Catarrhe der Paukenhöhle gehen nicht selten unter günstigen Verhältnissen von selbst oder unter allgemeiner Medication zurück, zugleich mindert sich die stets hochgradige Schwerhörigkeit — wie wohl auch in obigem Falle nur eine allgemeine, keine örtliche Behandlung eingeleitet wurde — allein in der Regel erholt sich das Gehör nicht vollständig und es entwickelt sich später eine langsame, aber stetig zunehmende Schwerhörigkeit. Diese Erfahrung, die sich mir sehr deutlich aus einer Reihe von Beobachtungen aufdrängt, lässt sich sehr gut deuten und erklären nach den oben gegebenen Auseinandersetzun-

---

das ganze Trommelfell fehlt, vom Gehörgang aus nur den Eingang dieses Kanals, niemals die Membran selbst sehen, wie das ein bekannter Ohrenarzt behauptet, der an diese falsche Anschauung gar seltsame Schlüsse knüpft.

gen, wie sie sich durch Vergleichung einer Reihe von pathologisch-anatomischen Befunden von selbst ergaben.

Doch noch eine weitere direct praktische Nutzanwendung,
moralische wie diagnostische, sei uns gestattet, diesem Sectionsbefunde abzugewinnen. Manche Ohrenärzte glauben sich nur dann
berechtigt, ein catarrhalisches Leiden der Paukenhöhle anzunehmen, wenn beim Einblasen von Luft durch den Katheter ein bro-
delndes Geräusch, ein Schleimrasseln, in der Paukenhöhle zum
Vorschein kommt und zugleich dem Lufteinblasen unmittelbar
eine mehr oder weniger grosse Verbesserung des Hörens folgt.
Folgezustände von Catarrhen, wie also unser vorliegender Fall
und die grosse Menge ähnlicher in der Praxis vorkommender,
werden demnach bei einer solchen Auffassung der Dinge entweder
gar nicht oder falsch gewürdigt. Als Caspar Kranz starb, war
kein Secret weder in seiner Tuba noch in seiner Paukenhöhle
vorhanden, geschweige denn soviel, um ein Schleimrasseln zu erzeugen. Wäre er nun an seinem Todestage katheterisirt worden
oder an einem anderen Tage, an welchem er ebenso wenig frischen Catarrh und ebenso wenig Secret in seinem mittleren Ohre
gehabt hätte, als an dem Tage seines plötzlichen Todes, so wäre
die Luft jedenfalls mächtig und rein in die Paukenhöhle gelangt,
und da sie durchaus kein Hinderniss ihres Eindringens und ihres
Ausbreitens gefunden, auch bis zum Trommelfell eingedrungen.
Denn all die wesentlichen Veränderungen in der Paukenhöhle, so
wichtig sie für die Sinnesschärfe, so bildeten sie doch nicht im
geringsten ein Hinderniss für den freien Eintritt eines Luftstroms
in die Paukenhöhle. Eine Besserung des Hörvermögens wäre
sicherlich auch nicht eingetreten, weil ja kein Schleim zum Entfernen da war. KRAMER stützt nun seine Diagnose „nervöse Schwerhörigkeit" wesentlich darauf, dass bei dieser Krankheitsform die
Luft beim Einblasen durch den Katheter kein Hinderniss fände
und die Hörweite dadurch nicht gebessert würde und sagt, von
den einzelnen diagnostischen Zeichen der „nervösen Schwerhörigkeit" sprechend, S. 726 seines Werkes „Die Erkenntniss und Heilung der Ohrenkrankheiten" (Berlin 1849): „Die Luft, welche durch
den Katheter eingeblasen oder mit der Luftpresse in mehr oder
weniger starkem Strome in denselben eingeleitet wird, strömt mit
reinem, trocknem Tone, in freiem, breiten Strome, ohne auf irgend
welches Hinderniss zu stossen, durch die Eustachi'sche Trompete
bis an die innere Seite des Trommelfells; selbst der mildeste leich-

teste Anhauch erreicht schon dieses Ziel. Es muss also das mittlere Ohr von jeder organischen Abweichung vom völlig gesunden Zustande vollkommen frei sein." Darnach hätte also Caspar Kranz an „nervöser Taubheit" gelitten, trotz der massenhaften Veränderungen, die seine Paukenhöhle darbot! Ich denke, KRAMER sollte nicht so eifrig gegen pathologisch-anatomische Studien predigen und förmlich vor solchen warnen. Wenn man das, was solche Sectionen des Ohres uns bieten, ruhig betrachtet und darüber nachdenkt, wie sich der einzelne Fall wohl zu Lebzeiten unseren diagnostischen und therapeutischen Hülfsmitteln gegenüber verhalten hätte, so wird man, auch wenn man den Kranken nicht zu Lebzeiten untersucht, katheterisirt, beobachtet und behandelt hat, wie das KRAMER verlangt, unstreitig Manches lernen, was bildend und erweiternd auf unsere Anschauungen über die Krankheiten der Gehörorgane einwirken wird; wogegen der, welcher sich solchen bildenden Einflüssen verschliesst, bald veraltet und zurückbleibt.

Gehen wir schliesslich auf einzelne Punkte des obigen Sectionsbefundes genauer ein, so ist die punktförmige, schwärzliche Pigmentirung, die sich auf der Rachenschleimhaut in der Nähe der Tubenmündung und in der Tuba selbst findet, entsprechend ähnlichem Vorkommen, z. B. auf der Darmschleimhaut, jedenfalls auf frühere beschränkte Blutaustritte zu beziehen, deren Farbstoff sich in schwarzes Pigment umgewandelt hat, und bezeugen diese schwarzen Punkte früher stattgehabte Entzündungen. Frische, verschieden grosse oberflächliche Extravasate in der Rachenschleimhaut habe ich mehrmals an der Leiche gesehen. — Was die anfangs erwähnten, eine zusammenhängende Lage darstellenden Drüsen betrifft, so handelt es sich um die gewöhnlichen traubenförmigen Schleimdrüsen der Rachenschleimhaut, von denen KÖLLIKER in seiner Gewebelehre sagt, dass sie an der hinteren Wand des Pharynx und in der Nähe der Ostia pharyngea der Tubae Eustachii eine ganz continuirliche Schicht bilden. So massenhaft und so stark entwickelt sah ich diese Drüsen indessen nie als hier, wo auch die ganze Schleimhaut in sehr bedeutendem Maasse verdickt war. Man sieht diese Drüsen als flache Erhabenheiten sehr deutlich beim Oeffnen des Mundes auch in den unteren Theilen des Pharynx und kann bei Rachencatarrhen mehrfach ihre Veränderungen verfolgen.

Catarrhe des Pharynx und der Paukenhöhlenschleimhaut kommen wie an der Leiche so auch am Lebenden ungemein häufig neben einander vor. Sie scheinen meist in causalem Zusammenhange zu stehen, wie auch therapeutische Einwirkungen auf die Rachenschleimhaut sehr häufig günstigen Einfluss auf den Catarrh des Ohres ausüben. Ich erfahre dies nicht selten in sehr unzweideutiger Weise beim Gebrauche verschiedener Gurgelwässer, vor Allem aber beim Aetzen des Rachens mittelst starker Höllensteinlösungen, die, ich weiss nicht warum, von so vielen Aerzten für höchst gefährlich und bedenklich gehalten werden. Ich wende sie seit längerer Zeit in meiner Praxis fast täglich an und habe nie den geringsten Nachtheil, wohl aber constant sehr günstige Wirkungen auf die chronische Schwellung und Hyperämie der Pharyngealschleimhaut, häufig auch auf den chronischen Catarrh des Ohres gegeben. Die schwächste Lösung, der ich mich bediene, ist die von 20 Gran auf die Unze, die stärkeren und häufiger gebrauchten 30 und 40 Gran auf dieselbe Dosis Wasser. Man erfüllt ein an einem gekrümmten Fischbeinstabe befestigtes Schwämmchen mit der Lösung, und führt man nun dasselbe energisch hinter das Gaumensegel, so kann man je nach der dem Fischbein gegebenen Krümmung ziemlich weit, jedenfalls bis zum Ostium pharyngeum tubae, hinauf gelangen. Kommt man nicht rasch hinter das Gaumensegel, so schliesst dasselbe so energisch den Eingang ins Naso-pharyngealcavum ab, dass man nur die untere Partie des Pharynx mit dem Schwämmchen berührt und sodann häufig Brechbewegungen hervorruft, die man bei empfindlichen Leuten schon aus Rücksicht gegen sich selbst, sein Gesicht und seine Wäsche, vermeiden muss. Bei diesen Aetzungen, wie noch mehr bei den Gurgelwässern, kommt gewiss neben der directen therapeutischen Wirkung, die das Aetzmittel oder das Gurgelwasser auf die Schleimhaut ausübt, noch der weitere Umstand in Betracht, dass die unter der Schleimhaut liegenden Muskeln des Gaumens und Rachens zu sehr activer Thätigkeit angeregt und so die Entleerung der Drüsensecrete sehr wesentlich begünstigt wird.

Endlich sei noch auf das Factum aufmerksam gemacht, dass neben einer starken Hyperämie der Paukenhöhlenschleimhaut sich ein reichliches Capillarnetz auf beiden verdickten Membranen des runden Fensters vorfand. Leider habe ich nichts notirt, ob Caspar Kranz zu Lebzeiten über öfteres Ohrensausen klagte, eine häufige Qual der Schwerhörigen, die an chronischem Catarrhe des Mittel-

ohres leiden. Indessen liegt die Frage nahe, ob solche Hyperämien in der nächsten Nähe des Labyrinthes weniger durch Fortleitung von Gefässgeräuschen, wie sie wohl kaum bei Capillaren
anzunehmen sind, als auf reflectorischem Wege, als peripherischer
Reiz, nicht die Ursache solcher subjectiven Gehörempfindungen
sein könnten?

<hr>

XVII.
Lange bestehende schmerzlose Schwerhörigkeit.
Ausgesprochener alter Rachencatarrh. Adhäsionen in der Paukenhöhle.
Anchylose zwischen Hammer und Amboss. Trommelfell undurchsichtig,
trüb, abnorm concav. Gelenkverbindung zwischen Amboss und
Steigbügel getrennt.*)

Anna Seitz aus Würzburg, 53 Jahre alt, Pfründnerin im Ehehaltenhaus, früher als Wäscherin häufigen Verkältungen ausgesetzt,
litt oft an Heiserkeit und Halsentzündungen, ist schon seit lange etwas
schwerhörig, welche Schwerhörigkeit allmälig ohne Schmerzen, dagegen
mit häufigem Ohrensausen zunahm. Hört gegenwärtig meine Taschenuhr von ca. 5′ Hörweite rechts 3″, links 6″. — Beidseitig die Trommelfelle bläulich grau. Collapsus der Wände des Gehörgangs. Litt
an Tuberculose mit Bronchiectasie, woran sie zwei Monate nach der
Untersuchung am 7. Februar 1858 starb. Die Leiche wurde injicirt
und ich erhielt nur die Gehörorgane der rechten Seite (Präp. Nr. 108),
und zwar nachdem die Leiche einige Wochen in Spiritus gelegen.

Schleimhaut an den Choanen ungemein verdickt; auffallend ist
namentlich die Dicke des durchschnittenen weichen Gaumens
(durchaus keine Injectionsmasse eingedrungen), zwischen dessen beiden Schleimhautüberzügen eine sehr entwickelte körnige Drüsenmasse
eingelagert ist. An der vorderen Seite des Gaumensegels eine Menge
feiner Oeffnungen sichtbar, aus denen sich etwas Secret ausdrücken
lässt. Schleimhaut des Rachens und des Ostium pharyngeum
tubae ebenfalls sehr stark verdickt. Schleimhaut der Tuba durchaus nicht gewulstet, diese eher erweitert als verengt. Dort wo die
knorpelige Tuba in die knöcherne übergeht, findet sich ein deutlicher
Absatz, wie eine Einschnürung, indessen ohne Verengerung des Lumens. Oberhalb dieser Stelle ist die knöcherne Tuba sogleich sehr
weit und steigt mit parallelen Wänden zur Paukenhöhle auf. Die
Flimmerhaare des Cylinderepithels noch deutlich. Die Knochenlamelle,
welche den Canalis caroticus von der Tuba trennt, verdünnt, an
einer Stelle durchlöchert. Trommelfell auffallend concav, Hammer
durch Adhäsionen an die äussere Wand fixirt, ausserdem anchylosirt
mit dem Amboss. Bei dem weiteren Oeffnen der Paukenhöhle zeigt

<hr>

*) Zuerst veröffentlicht in Virchow's Arch. f. pathol. Anat. 1859. Bd. XVII.
S. 50.

sich die Verbindung zwischen Amboss (resp. Sylvi'schen Beinchen) und Steigbügel getrennt, ohne dass ich mir bewusst wäre, eine besondere Erschütterung beim Eröffnen der Paukenhöhle bewirkt zu haben. An den Knöchelchen dieser Verbindung durchaus nichts Abnormes; Sylvi'sches Knöchelchen normal. Die Schleimhaut der Paukenhöhle lässt sich bei dem Alter des Präparates nicht mehr beurtheilen. Trommelfellfasern scheinen etwas dicker zu sein; dabei sehr trüb, starke Gasentwicklung bei Essigsäurezusatz, die indessen keine wesentliche Aufhellung hervorbringt. Die Anchylose des Hammer-Ambossgelenks zeigt sich durch Verdickung der Gelenkkapsel hervorgebracht, die sich als dunkler Streifen abziehen lässt.

Dieses im Ganzen nicht sehr günstige Beobachtungsobject schliesst sich den anderen Beobachtungen an, wo ebenfalls Catarrhe der Rachenhöhle die Schwerhörigkeit und die Veränderungen in der Paukenhöhle begleiteten. Solche Fälle würden ein sehr gutes Object für ein genaues Studium der Anatomie des Gaumens und der Rachenhöhle abgeben. Sehr auffallend war namentlich die Entwicklung des in das Gaumensegel eingebetteten Drüsenlagers, von dem Goldstücker*) mittheilt, dass es für gewöhnlich eine die Hälfte des weichen Gaumens einnehmende Schicht bilde. A. v. Szontagh**) zählte 100 Schleimdrüsen-Ausführungsgänge an der vorderen, 40 an der hinteren Fläche des weichen Gaumens, und berichtet zugleich, dass sich einzelne Muskelbündel nicht nur zwischen den Drüsen hinziehen, sondern dieselben auch theilweise umgreifen, so dass sie bei ihrer Contraction die Drüsen nothwendig pressen müssen, was für die oben angeführte Ansicht spricht, dass beim Gebrauch der Gurgelwässer der beim Gurgeln nothwendigen energischen Muskelzusammenziehung und deren Einfluss auf die Drüsen ein wesentlicher Antheil der Wirkung derselben zugeschrieben werden müsse.

Was die eigenthümliche Trennung zwischen Amboss und Steigbügel betrifft, so fand ich dieselbe schon mehrmals an Leichen. Hier muss man sich vor Allem fragen, ob eine solche seltsame Trennung zweier Gehörknöchelchen nicht Folge der Präparationsmethode sein kann oder aber auf Macerationsvorgänge an der Leiche bezogen werden muss. Unter diesen Sectionen, in deren

---

*) „De staphylorraphia". Dissert. inaugur. Vratisl. 1856. Im Auszug mitgetheilt in Reichert's Bericht über die Fortschritte der mikroskopischen Anatomie im Jahre 1856. J. Müller's Arch. 1857. Heft 6.
**) „Beiträge zur feineren Anatomie des menschlichen Gaumens" in den Sitzungsberichten der Wiener Academie. 1856. Bd. XX. Heft 1. S. 7.

Mittheilung ich eben begriffen bin, fand ich dreimal diese Trennung zwischen Amboss resp. SYLVI'schen Beinchen und Steigbügel.
Bei dem einen Falle, wo die Leiche über 8 Tage zum Muskelpräpariren diente, die Paukenhöhle mit eitrigem Secret erfüllt war
und sich ausserdem im Gehörorgane deutliche Macerationserscheinungen fanden, kann kaum ein Zweifel über die cadaveröse Natur
dieses Befundes und sein Entstehen post mortem walten. Zweifelhaft bleibt dies in obigem Falle, wo die Leiche bereits mehrere
Wochen lag, wenn auch als Injectionspräparat in Spiritus, und
sich keine Flüssigkeit in der Paukenhöhle befand. Bei einem
anderen Falle dagegen, wo sich auf der einen Seite derselbe Befund ergab, liegt keine Ursache für eine solche Erklärung vor.

Wenn wir uns nach weiteren Erklärungen umsehen, auf welche
Weise die Verbindung zwischen Amboss und Steigbügel zu Lebzeiten getrennt werden könnte, wäre es einmal möglich, dass reichliche Ansammlung von Exsudat in der Paukenhöhle entweder auf
mechanischem oder chemisch-physikalischem Wege eine allmälige
Lösung derselben bewerkstelligte, wie wir ja manchmal bei lange
dauernden Otorrhöen ein Gehörknöchelchen aus allem Zusammenhange gelöst mit dem Ausflusse nach aussen kommen sehen.
Eine solche Zerreissung der sehr zarten Verbindung könnte ferner
zu Stande kommen, wenn das eine der beiden Gehörknöchelchen
oder beide durch Pseudomembranen und Verwachsungen in einer
Richtung fixirt wären, dass ihre Verbindung nothwendig eine Zerrung erleiden müsste, welche allmälig zu einer Berstung der
zarten Membran führte, welche allein — Amboss und Steigbügel
besitzen nämlich kein eigentliches Gelenk und keine fibrösen,
stärkeren Bänder zwischen sich — diese beiden Knöchelchen zu-
sammenhielt. Aehnliche Verhältnisse, wie ich sie zu dieser Hypothese und Erklärung benutzte, nämlich verminderte Beweglichkeit
und abnorme Fixationen der Gehörknöchelchen, fanden sich in
mehreren hier beschriebenen Fällen; was mich aber noch mehr
zu einer solchen Deutung brachte, ist, dass sie sich auch auf
mehrere Fälle anwenden lässt von Trennung der Amboss-Steigbügel-Verbindung, welche ich in TOYNBEE's mehrerwähntem Catalog auffand, der indessen diesen Befund nur einfach mittheilt,
ohne weiter darauf einzugehen. Schliesslich muss aber darauf aufmerksam gemacht werden, dass bei einer so delicaten Arbeit, wie
die Zerlegung des Gehörorgans ist, auch dem Geübtesten manchmal
eine Verletzung der Integrität der Theile mit unterlaufen könnte;

wenn man das knöcherne Dach der Paukenhöhle wegnimmt, kann
man den dicht darunterliegenden Kopf des Hammers leicht in
einer unsanften Weise berühren, was häufig allein genügt, eine
solche Luxation in der Steigbügel-Amboss-Verbindung künstlich hervorzurufen. Jedenfalls sind wir noch weit entfernt, einen solchen
auffallenden Befund, dessen ganze Natur noch nicht genügend fest-
gestellt ist, bereits zur Erklärung einer ganzen Reihe von klinischen Beobachtungen benutzen zu dürfen, wie dies ERHARD gethan hat.*) Ich habe bereits in einer Reihe von Fällen bei durch-
löchertem oder zerstörtem Trommelfell auffallenden und bleibenden
Nutzen vom Tragen des „künstlichen Trommelfells" von TOYNBEE
gesehen, ohne mir indessen über die Wirkung desselben klar geworden zu sein. Dass es der Druck ist, den der fremde Körper
ausübt und nicht der Verschluss der Trommelfellöffnung, wie
TOYNBEE meint, darin gebe ich ERHARD vollkommen Recht; denn
es ist vollständig gleichgültig in der Wirkung, ob man TOYNBEE's
Kautschukplättchen, das ich im Ganzen vorziehe, oder das Wattekügelchen von YEARSLEY und ERHARD tragen lässt, auch braucht
der Abschluss zwischen Paukenhöhle und Gehörgang durchaus
kein vollständiger zu sein. In einem Falle sah ich bei durchaus
unverletztem Trommelfell dieselbe zauberartige Wirkung, als ich
ein Wattekügelchen an den unteren Rand desselben anpresste.

——

XVIII u. XIX.

**Langjährige, hochgradige Schwerhörigkeit, häufig mit heftigen Ohren-
schmerzen.
Chronische Entzündung im Schlundgewölbe. Beidseitig die Schleimhaut
der Paukenhöhle ungemein stark verdickt, mit eigenthümlichen drüsigen
Auflagerungen. Membran des runden Fensters stark verdickt und vas-
cularisirt. Hammer-Amboss-Gelenk anchylosirt. Links Steigbügel und
Amboss von einander getrennt. Rechts verdichtete Stränge auf der hypertrophischen Schleimhautplatte des Trommelfells. Verwachsung
der hinteren Tasche.**)**

B a r b a r a R ö t t i n g e r aus Samberg, 74 Jahre alt, Pfründnerin
im Juliusspital, wurde 4 Monate vor ihrem Tode von mir untersucht.
Bedeutend schwerhörig, indem sie nur versteht, wenn man in ihrer
Nähe ziemlich laut spricht; hört meine Uhr rechts beim Anlegen ans

---

*) „Ueber Schwerhörigkeit heilbar durch Druck". Leipzig 1856.
**) Zuerst veröffentlicht in Virchow's Arch. f. pathol. Anat. 1859. Bd. XVII.
S. 54.

Ohr, links gar nicht. Beidseitig die Trommelfelle ohne Glanz und schiefergrau, namentlich an der Peripherie, dabei vom hinteren oberen Rande eine hervorragende, aber nicht anders gefärbte, gekrümmte Linie gegen den Processus brevis mallei sich ziehend. Das Grau des Trommelfells erscheint namentlich am Umbo etwas radiär gestreift, als ob die einzelnen Radiärfasern verdichtet wären. Gibt an, bereits vor 40 Jahren einmal recht heftige Schmerzen in beiden Ohren gehabt zu haben. Seit 15 Jahren will sie aber erst auf der linken Seite schwer hören, litt dann häufig an „Kopfgicht" und heftigem Reissen in beiden Ohren, wobei sie allmälig auch rechts schwerhörig wurde. Findet, dass ihre Schwerhörigkeit namentlich in den letzten zwei Jahren bedeutend zugenommen habe.

Section der Felsenbeine (Präp. Nr. 109 u. 110). Schleimhaut der hinteren Schlundwand allenthalben stark geschwollen, mit mannigfachen Taschen und Falten versehen. Aus mehreren Oeffnungen lässt sich ein glasiger zäher Schleim ausdrücken. Tubenmündungen ungemein weit, wie klaffend erhalten durch das umliegende verdickte Gewebe.

Linkes Felsenbein. Im Verlaufe der knorpeligen Tuba mehrmals gelbliche Flecke auf der Oberfläche, wie fettige Entartung; das Lumen weit, hie und da etwas Schleim in ihr. Die Gehörknöchelchen sehr wenig beweglich; kurzer Schenkel des Amboss mit starren sehnigen Bandmassen an den Knochen befestigt. Ob der Steigbügel beweglich war, lässt sich nicht sagen, da er beim Trennen des Präparates zerbrach. Das Gelenk zwischen Amboss und Steigbügel war schon vorher getrennt, ohne dass ich mir dies durch eine Gewalteinwirkung erklären konnte. Die Schleimhaut der Paukenhöhle grau und sehnig, lässt sich in ziemlich derben und dichten Stücken abziehen und zeigt sich hypertrophisch, am Boden der Paukenhöhle allenthalben weissliche Streifen in ihr, wie von partiellen Verdickungen; diese weissen Streifen am stärksten in der nächsten Nähe des Trommelfells. Dasselbe trüb, man sieht die Radiärfasern auffallend stark, wenn man das Trommelfell mit der Schuppe des Schläfenbeins gegen das Licht hält. Ueber dem Eingang zur Fenestra rotunda ziehen sich Pseudomembranen, die sich in mehreren Schichten abziehen lassen und sich als ein dichtes, trübes, der Essigsäure lange widerstehendes Gewebe erweisen, mit eigenthümlichen, verschieden grossen, theils runden, theils höckerig-drusigen Gebilden, welche theilweise gelblich oder bräunlich gefärbt sind und sämmtlich über der Oberfläche erhaben zu sein scheinen. Dabei gelbröthliche Stränge mit mehrfachen Unterbrechungen, obliterirte Gefässe. Nach dem Abzug dieser oberflächlichen Schichten lässt sich aus dem Kanal, der zur Membran des runden Fensters führt, ein dichter derber Pfropf herausziehen, trübes, theilweise ziemlich dichtes, faseriges und homogenes Bindegewebe mit theils erhaltenen, theils obliterirten Gefässen, an manchen Stellen eine Menge grosser trüber Kugeln, die bei Druck Fetttropfen austreten lassen. Hie und da noch kleine gelbe, runde Kugeln auf dem Gewebe aufsitzend, theils drusig, theils von homo-

gener Structur. — Die Verbindung zwischen Hammer und Amboss
abnorm fest; von beiden Gelenkflächen lassen sich ½ Mm. dicke Schichten abheben, von mässiger Cohärenz und Consistenz, am meisten erweichtem Knorpel ähnlich im äusseren Ansehen — eine trübe Grundsubstanz mit sehr reichlichen, meist eckigen Zellen. — Der Processus
mastoideus durchweg massiv, nur eine einzige kirschkerngrosse Höhlung besitzend, welche von einer graulich glänzenden, derben und
dichten Membran ausgekleidet ist; unter ihr der Knochen dicht und
weiss, weiterhin leicht porös, röthlich.

Rechts. Tuba frei, nirgends verengt, Beweglichkeit der Gehörknöchelchen wesentlich verringert. Amboss nach hinten mit
starken Bändern an den Sinus mastoideus befestigt. Steigbügel-Amboss-
verbindung erhalten. Steigbügel förmlich eingebettet in Adhäsionen, die namentlich zahlreich sind in der Nähe der Steigbügelplatte;
er lässt sich erst nach stärkeren Versuchen bewegen. Fenestra
rotunda kaum zu entdecken, indem ihr Eingang durch verdichtetes
Gewebe ausgeglichen ist. Aehnliche Verdichtungen der Schleimhaut
mit Falten- und Strangbildungen auch an der Innenfläche des Trommelfells, namentlich an seiner Peripherie und dort, wo der Eingang
der Tuba an das Trommelfell angrenzt. Nur das Centrum des Trommelfells ist durchsichtig, die ganze Peripherie stark schnig grau und
zwar durch Verdickung der Schleimhautplatte. Ein sehr auffallender
verdichteter, weisslicher Strang geht von der Tuba aus noch 1½‴
über die Innenfläche des Trommelfells bis zum Ende des Griffes. Aehnliche spannende Falten gehen nach hinten und unten vom Trommelfell zur benachbarten Schleimhaut. Eine mehr taschenartige Bildung
findet sich oben und vorn an der Innenfläche des Trommelfells, den
Eingang in die vordere Tasche versperrend. Die hintere Tasche ist
bis auf den Rand verwachsen. Schleimhaut auch am Promontorium stark grau und verdickt. Carotis interna in ihrem Kanal stark
atheromatös.

Bei chronischen Catarrhen können sich sehr umfangreiche
Veränderungen in der Paukenhöhle ausbilden, ohne dass der Patient je durch andere Symptome, als die Abnahme seines Hörvermögens, auf sein Leiden aufmerksam gemacht wird, namentlich ohne dass je Schmerzen sich eingestellt hätten. Im obigen
Falle wurde ein acuter Schmerzanfall und später häufig „Reissen"
im Ohre angegeben. Es wäre nicht unwahrscheinlich, dass die
weisslichen, verdickten Streifen an verschiedenen Partien der
Paukenhöhlen von stürmisch auftretenden Processen herrührten,
wie sie auch im Mittelohr meist mit Schmerzen verlaufen; jedenfalls müssen aber diese verdickten Stränge, namentlich die sich
von der Umgegend auf die Innenfläche des Trommelfells herüber-
zogen, spannend und zerrend auf die Nachbarschaft, besonders auf

das Trommelfell eingewirkt haben, welche Zerrung leicht unter
Umständen reissende Schmerzen verursachen musste, indem ja das
Trommelfell einen sehr beträchtlichen Nervenreichthum besitzt und
am Boden der Paukenhöhle, wo sich solche Streifen vorwiegend
zeigten, mehrfache Nervenausbreitungen sich finden.

Die eigenthümlich runden und höckerig-drusigen Gebilde an
den verdickten Membranen der Fenestra rotunda erinnerten mich
am meisten an die kalkigen Auflagerungen und Drusen, wie sie
Prof. HEINRICH MÜLLER an der Glaslamelle der Chorioidea bei
alten Leuten sah und im Archiv für Ophthalmologie Bd. II. Abth. 2
(1856) S. 1—65 ausführlich beschreibt und abbildet. Einmal fand
ich bei einer 84jährigen Person solche ähnliche Gebilde, nur
manchmal mehr schlauchförmig oder wie auf Stielen sitzend in
der Schleimhautplatte des Trommelfells und im oberen Theil der
Tuba, wo sie mir jenen Hervorragungen zu ähneln schienen, welche
GERLACH in seinen „mikroskopischen Studien" (S. 64) als normal
vorkommende Papillen oder Zotten des Trommelfells beschreibt,
von deren Vorkommen an jüngeren Leuten ich mich bisher nicht
überzeugen konnte.

XX.

**Atrophie des Trommelfells. Ablösung des Trommelfellrandes und Ver-
wachsung desselben mit der Labyrinthwand; dadurch entstandene, von
aussen unsichtbare Verbindung zwischen Gehörgang und Paukenhöhle.*)**

Aus einem zur Präparation der Gefässe injicirten und in Spiritus
aufgehobenen Cadaver. Sonstiges unbekannt.

Links. Alles normal.

Rechtes Felsenbein (Nr. 77). Nachdem die vordere Wand
des Gehörgangs entfernt ist, erscheint das Trommelfell für den
ersten Anblick auffallend gross. Bei näherer Untersuchung ergibt
sich, dass dasselbe an seinem vorderen oberen Anheftungsrande vom
Knochen abgelöst, nach einwärts gezogen und mit dem Processus
chochleariformis verwachsen ist, wodurch ein nach oben in die Paukenhöhle offener Trichter entsteht, dessen hintere Wand mit der Sehne
des Musc. tensor tympani zusammenhängt, und dessen vordere Wand
sich am Eingange der Tuba herüberspannt. Die dadurch bedingte,
schräg nach oben verlaufende Verbindungsöffnung zwischen Paukenhöhle und Gehörgang ist von der Grösse einer kleinen Erbse und
liegt am vorderen oberen Rande des Trommelfells. Die Verwachsung
selbst ist eine innige und breite; der dabei betheiligte Abschnitt des

*) Zuerst veröffentlicht im Arch. f. Ohrenheilk. 1871. Bd. VI. S. 52.

Trommelfells ist derber und leicht braunroth. Das übrige Trommelfell erscheint bedeutend dünner als normal, geradezu atrophisch, deshalb auch ungewöhnlich durchsichtig, so dass Chorda tympani
und Amboss von aussen ganz deutlich zu sehen sind. Dem Ambossschenkel liegt das einwärts gezogene Trommelfell auch besonders nahe.
Der Hammergriff selbst ragt vom Proc. brevis an seiner ganzen
Länge nach isolirt und leistenförmig nach aussen. Mucosa der Paukenhöhle scheint nicht verdickt zu sein.

Wir können hier streng genommen nicht von einer Perforation des Trommelfells sprechen, weil die Ablösung des Trommelfellrandes durchaus keinen Substanzverlust bedingte. Da man
nach lange dauerndem Tubenabschlusse nicht selten ähnliche Bil-
der eines in seiner ganzen Ausdehnung tief nach innen gedräng-
ten, atrophischen Trommelfells zu sehen bekommt, so liesse sich
der Befund am ehesten so deuten, dass zuerst eine Verwachsung
des durch die einseitige, äussere Belastung stark in die Tiefe ge-
drückten Trommelfells an seinem oberen vorderen Rande mit der
gegenüberliegenden Labyrinthwand stattgefunden hätte; durch allmälig sich steigernde Spannung wäre schliesslich die äusserste
Peripherie des Trommelfells, welches dort gerade des Sulcus tympanicus und Annulus cartilagineus und somit der festeren Einfal-
zung in den Knochen entbehrte, von der Haut des Gehörgangs
oder der Membrana flaccida in einiger Ausdehnung abgelöst worden, so dass dann eine offene Verbindung zwischen Gehörgang
und Paukenhöhle vorhanden war. Nicht undenkbar wäre auch,
dass eine congenitale Lücke, ein Foramen Rivini, sich zu einem
solchen Befunde ausbildete.

Hätte man dieses Loch von aussen zu Lebzeiten sehen können? Ganz entschieden nein, weil dasselbe ganz randständig lag.
Man hätte aus dem Vorhandensein von Schleim im Gehörgange
auf ein Vorhandensein schliessen, es aber ohne besondere Hülfsmittel nicht zur Anschauung bringen können. In diesem Archiv
Bd. IV. S. 114 sind kleine, mit langem Stiele versehene Stahlspiegelchen erwähnt, mit denen man im Stande sei, sich unter
manchen Verhältnissen eine bessere Seitenansicht der Gehörgangswände und die Aufnahme sonstiger bei der gewöhnlichen Beleuchtung unsichtbarer Befunde in der Tiefe des Ohres zu verschaffen. Mein trefflicher Zuhörer A. EYSELL construirte mir zu
gleichem Zwecke im Sommer 1869 Ohrentrichterchen, an deren
innerem Ende kleine Stahlspiegelchen in verschieden offenen stumpfen Winkeln eingefügt sind. Mit solchen Vorrichtungen, ange-

nommen, dass ihre Einführung tief genug vertragen wird, liessen
sich auch solche Befunde, gleich den nicht sehr seltenen Gehör-
gangsfisteln, am Lebenden ganz gut zur optischen Wahrnehmung
bringen.

XXI.
Ringförmige Hypertrophie der Schleimhaut des Trommelfells mit starker Kalkeinlagerung in die Speichenfaserschichte.*)

Zwei Felsenbeine (Präp. Nr. 95 u. 96) einer 84 jährigen Pfründnerin des Juliusspitals. Links normales Trommelfell, und auch in
der Paukenhöhle nichts Auffallendes zu bemerken.

Rechts zeigt das Trommelfell schon von aussen eine wesentlich andere Färbung; es ist weniger grau mit rosigem Schimmer, sondern
dichter grau und besitzt namentlich mehrere streifige Stellen, die stärker
grau erscheinen. Nach Eröffnung der Paukenhöhle zeigt sich auch
von innen ein verdichteter Streifen am Trommelfell, der concentrisch
mit dem Rande verlaufend, ca. 1/2 Mm. breit und etwas nach innen
erhaben ist; an ihn zieht sich eine fadenförmige Adhäsion vom Ende
des langen Ambossschenkels, wie sich auch sonst verschiedene feine
Bänder zwischen Hammer, Amboss und den benachbarten Theilen finden.

Dass es sich hier um eine Hypertrophie des Schleimhautüberzuges am Trommelfell handelte, ergab sich auch daraus, dass
sich eine eigene, aus Bindegewebe bestehende Schichte von der
Ringfaserschicht nach innen abpräpariren liess. Die Ringfasern
selbst erschienen ziemlich normal durchscheinend, dagegen zeigten
die Speichenfasern schon bei schwacher Vergrösserung ein gelblich getrübtes Ansehen und eine Menge kleiner, das Licht stark
brechender, scharf contourirter Körnchen, die noch viel deutlicher
werden bei stärkerer Vergrösserung und namentlich in den Fasern, aber auch zwischen ihnen liegen und von verschiedener
Grösse sind. Dass dieselben aus Kalk bestehen, erweist sich auch
dadurch, dass sie auf Zusatz von verdünnter Salzsäure verschwinden. Auf den Zusatz von concentrirter Essigsäure verliert sich
die Trübung und der Körncheninhalt nur sehr langsam und erst
nachdem das Präparat eine Zeit lang um so trüber geworden ist.
Aber auch so treten die Bindegewebskörperchen zwischen den
Fasern nur sehr wenig hervor, indem das Gewebe durchaus nicht
jene Durchsichtigkeit bekommt, wie es sonst zur Deutlichkeit der
zelligen Elemente nothwendig ist.

*) Zuerst veröffentlicht im Arch. f. Ohrenheilk. 1871. Bd. VI. S. 54.

XXII.

Hypertrophie der Tuben- und Paukenhöhlen-Schleimhaut mit theilweiser Verwachsung der Trommelfelltaschen.*)

Rechtes Felsenbein (Präp. Nr. 97) eines unbekannten erwachsenen Individuums.

Am oberen Abschnitte der Tuba (unterer nicht vorhanden) faltige, ziemlich derbe, weissliche Streifen in der Schleimhaut der vorderen Wand; dieselben erstrecken sich 6—8 Mm. lang in der Längenrichtung der Tuba bis zum vorderen Rande des Trommelfells und hängen dort mit einer ringförmigen verdichteten Lage zusammen, welche sich an der ganzen Peripherie der Innenfläche des Trommelfells herum zieht. Die vordere Tasche ist vollständig verwachsen und sind an ihrer Stelle mehrere derbe Stränge sichtbar, welche sich bis zur Sehne des Musc. tensor tympani hin erstrecken. Die hintere Tasche existirt nur nach unten und vorn, oben und hinten ist sie verwachsen; ihre innere Oberfläche gleichsam netzartig. Die Schleimhaut der Paukenhöhle wulstig und bedeutend verdickt.

XXIII.

Breites horizontales Verwachsungsband in der Paukenhöhle, dieselbe in zwei Räume trennend und Abflachung des Trommelfells bedingend.**)

Linkes Felsenbein (Präp. Nr. 201) eines 60jähr. Mannes (von der Carotis interna aus mit Carminleim von Prof. HEINRICH MÜLLER injicirt).

Trommelfell weisslich grau, stark verdickt und eigenthümlich flach; der Hammergriff abnorm gerade stehend. Beim Eröffnen der Paukenhöhle findet sich ein durch die ganze Paukenhöhle sich entlang ziehendes, horizontales Adhäsionsband, durch welches das Cavum tympani in eine obere kleine und eine untere grössere Höhle getrennt ist, und steht die Tuba eigentlich nur mit der unteren Abtheilung in Verbindung. Dieses Band beginnt von der Sehne des Musc. tensor tympani, umfasst diese Sehne und ebenso das Steigbügelgelenk, und zieht sich die innere und äussere Paukenhöhlenwand, Trommelfell- und Labyrinthwand, in ausgedehnter Weise verbindend bis zum Eingang der Warzenfortsatzzellen, welche nur mit der oberen Abtheilung der Paukenhöhle in Verbindung stehen. Während der Hammergriff tiefer liegt und nicht an der Verwachsung sich betheiligt, wird der lange Ambossschenkel durch dieses Band vom Trommelfell weiter abgezogen, und mag dieser Umstand wohl die eigenthümliche Flachheit des Trom-

---

*) Zuerst veröffentlicht im Arch. f. Ohrenheilk. 1871. Bd. VI. S. 54.
**) Zuerst veröffentlicht im Arch. f. Ohrenheilk. 1871. Bd. VI. S. 55.

melfells erklären; mit dem Amboss ist auch der Hammerkopf tiefer nach
innen gezogen, wodurch der andere Theil des Hebels, der Hammergriff, etwas weiter nach aussen gegen den Gehörgang zu gerückt ist.
Auffallend weit stehen Amboss-Hammer-Gelenk von der über dem Trommelfell gelegenen, flach und gehöhlten Partie des Knochens ab. Die
ausgedehnte Pseudomembran ist glatt, nicht dick, aber ziemlich kräftig
(durch Carmin stark geröthet).

Die Schleimhaut der Paukenhöhle ist etwas gelockert und infiltrirt; nach unten findet sich an den Wänden ziemlich viel Schleim,
der sich in gelblich grauen Klümpchen mit der Pincette abheben lässt.
Processus mastoideus ist fast ganz massiv (wie übrigens auch
auf der rechten, sonst ganz normalen Seite).

Leider wurde unterlassen, vor der Zerlegung des Präparates
Luft in die Paukenhöhle von der Tuba aus einzublasen und dabei
das Ohr zu auscultiren. In diesem Falle hätte man sicher ein
verändertes Geräusch beim Eindringen der Luft in den durch das
breite Adhäsionsband getheilten, resp. verkleinerten Raum ver-
nommen und damit vielleicht Anhaltspunkte gewonnen zur Diagnose des sonst von aussen nicht erkennbaren Vorganges. Vgl.
hierüber die Anmerkung auf S. 275 der 4. Auflage meines Lehrbuches.

XXIV u. XXV.
Exsudativer und adhäsiver Catarrh des Mittelohrs an einem Individuum.*)

Zwei Felsenbeine von einem 24jähr. Individuum (Präp. Nr. 70
und 71).

Links. Trommelfell normal; auffallend deutlich sieht man
den Ambossschenkel, namentlich an seinem unteren Ende, von aussen
durchschimmern. Bei Eröffnung der Paukenhöhle zeigt sich, dass
das Ende des Ambosses mit dem Trommelfell fest verwachsen ist, so
dass beim Versuche, den Amboss abzulösen, das Trommelfell an dieser
Stelle zerreisst. Auch ist die hintere Tasche durch Verklebung ihrer
Wände nahezu ganz aufgehoben. Sonst nichts Abnormes am Trommelfell oder in der Paukenhöhle nachzuweisen.

Rechts. Der obere Theil der Tuba ist gefüllt mit rahmiger
gelblicher Flüssigkeit, ihre Schleimhaut verdickt und geschwellt. Ebenso
die Schleimhaut der Paukenhöhle, namentlich an der Innenfläche
des Trommelfells, welches ödematös mit derselben Flüssigkeit durchtränkt ist. Epidermisüberzug des Trommelfells mattglänzend; einige
röthliche (jedenfalls cadaveröse) Flüssigkeit im Gehörgange.

*) Zuerst veröffentlicht im Arch. f. Ohrenheilk. 1871. Bd. VI. S. 56.

XXVI u. XXVII.

Beidseitig senile Osteoporose des knöchernen Gehörgangs und Ankylose des Hammer-Amboss-Gelenkes. Links gallertiger Catarrh der Paukenhöhlen-Schleimhaut. Rechts Ablösung des Griffendes vom Trommelfell und stramme Verwachsung des oberen Hammertheiles nach aussen. Einseitige Atrophie des Musc. tensor tympani.*)

Eine 75jährige Pfründnerin aus der Irrenabtheilung des Juliusspitals, die, schon sehr lange an Verwirrtheit leidend, unter den Erscheinungen von Coma senilis am 14. März 1856 starb. Weiteres konnte ich nicht erfahren.

Linkes Ohr (Präp. Nr. 11). Schläfenbein auffallend porös und leicht. Die vordere Wand des knöchernen Gehörgangs so dünn, dass sie beim leichtesten Druck einbrach. Nur etwas gelbliche Absonderung im Gehörgang.

Das Trommelfell gleichmässig nach innen gezogen, stark verdickt, fühlt sich unelastisch wie fleischig an.

Die Knochenschichte über der Paukenhöhle und über dem Antrum mastoideum ziemlich dick. Alle Hohlräume des Mittelohrs erfüllt mit einer röthlichen gallertigen Masse, die auf dem Objectgläschen glitzert und sich als vorwiegend aus Cholestearin, Fett, Körnchenhaufen und Blutkügelchen bestehend erweist. Auch die Gehörknöchelchen sind in sulziges Gewebe, in welches die Paukenhöhlenschleimhaut verwandelt ist, förmlich eingebettet. Hammer und Amboss sind abnorm fest mit einander verbunden und besitzen allseitig Adhäsionen mit den benachbarten Wänden und unter sich. Die Ankylose des Hammer-Amboss-Gelenkes war eine so feste, dass diese beiden Knöchelchen herausgenommen nur mit einiger Kraft getrennt werden konnten. Die Verwachsung ging von den Rändern der Gelenkhöhle aus, die Gelenkflächen selbst sahen nicht knorpelig, sondern matt und röthlich aus. Der Steigbügel ist deutlich beweglich unter der Pincette, aber vollständig umgeben von röthlicher, zäher Flüssigkeit, welche reichlich körnigen Detritus, dann viel Blutkügelchen und Fett, Zellen mit Körnchen oder mit grossen Kernen und manchmal Cholestearin enthält. Der Schleimhautüberzug des Trommelfells sehr stark verdickt und stellt eine röthliche wuchernde Masse vor. Ein Stückchen des röthlichen Schleimhautüberzuges zeigt amorphes körniges Gewebe mit reichlichen Gefässen, hie und da büschel- oder sternförmige Krystallbildungen (Margarin?)

Auch die Schleimhaut der knöchernen Tuba ist kolossal verdickt.

Der Musc. tensor tympani zeigt kaum Andeutungen von Querstreifen; die ganz deutlichen Bündel sind sehr blass und enthalten nur Bindegewebe und Fett.

Die Foramina emissaria Santorini theilweise sehr stark entwickelt.

---

*) Zuerst veröffentlicht im Arch. f. Ohrenheilk. 1871. Bd. VI. S. 65.

Rechtes Ohr (Nr. 12). Knochen in gleichem Zustande wie links. Auch hier die vordere Wand des knöchernen Gehörgangs durchscheinend dünn, an einer Stelle defect. Im Gehörgange eine dünne, schwärzliche Lage eingedickten Ohrenschmalzes, das auch die Oberfläche des Trommelfells überzieht. Das Trommelfell ist weniger stark verdickt wie links. Namentlich von aussen betrachtet sieht man am Rande einen graulichen sehnigen Streifen sich herumziehen, der oben in der Höhe des Proc. brevis den Rand verlässt und sich gegen den kurzen Fortsatz zu zieht, ohne in die Ausbuchtung (Membr. flaccida) sich zu erstrecken, welche auf beiden Seiten sehr stark sich entwickelt zeigt. Dieser sehnige Streifen ist am mächtigsten oben und hinten, wo er breiter wird, nach aussen etwas prominirt und offenbar kalkige Massen enthält, die bei der Berührung mit der Pincette kreischen. Vorn und oben fehlt er ganz. Der Hammer ist an seinem Halse mit der Membrana flaccida sehr innig verwachsen und sein Kopf mit der äusseren Wand der Paukenhöhle, also über dem Trommelfell, durch ein ganz kurzes und sehr starkes Band verlöthet. Während so der obere Theil des Hammers vom Proc. brevis an durch dichtes Gewebe allseitig nach aussen festgehalten wird, so steht der unterste Abschnitt des Hammergriffes etwas vom Trommelfelle ab, ist vom Umbo losgelöst und ragt frei nach innen in die Paukenhöhle, einen spitzen Winkel mit der Mitte und der unteren Hälfte des Trommelfells bildend. Von aussen sieht man somit das Griffende gar nicht, während Proc. brevis und oberer Theil des Griffes sehr stark hervortreten. Mit diesem Einwärtsstehen des Griffendes in Beziehung steht jedenfalls ein starkes und breites Adhäsionsband, welches vom Semicanalis pro Musc. tensore tympani theils zum vorderen oberen Rande des Trommelfells, theils zur Sehne des Musc. tensor tympani herübergeht, die dadurch etwas nach vorn gezogen ist. Der lange Schenkel des Amboss ist mit der hinteren oberen Partie des Trommelfells verwachsen und hängt ferner mit dem Manubrium mallei durch eine dichte gefässreiche Bandmasse zusammen. Gelenkverbindung zwischen Hammer und Amboss stark ankylotisch. Der Musc. tensor tympani dieser Seite enthält deutlich quergestreifte Muskelbündel in grosser Menge. Hie und da sieht man Fett in ihnen auftreten, an anderen Stellen sind die Querstreifen nur streckenweise sichtbar. Indessen ist der Muskel unvergleichlich besser erhalten als auf der anderen Seite.

In Bezug auf den Zustand des knöchernen Gehörgangs schliesst sich der obige Befund an den im Fall Utz*) an, wo wir einen senilen Vorgang als Ursache der Rarification und Lückenbildung an gleicher Stelle als wahrscheinlich annehmen mussten.

Sehr auffallend ist die sich rechts vorfindende Ablösung des Hammergriffendes vom Trommelfelle. Am natürlichsten scheint

*) Siehe S. 1.

es, dieselbe als Folge mechanischer Zerrung anzunehmen, die in diesem Falle von zwei Seiten abhebend auf den unteren Theil des Griffes einwirkte: einmal oben, wo der Hammerkopf nach aussen stark fixirt war und hierdurch das untere Ende des Hebels in der Richtung nach innen rücken musste, und zweitens fand ein direct den Hammergriff in der gleichen Richtung nach innen ziehender Einfluss statt durch das an die Sehne des Musc. tensor tympani sich ansetzende, starke und breite Adhäsionsband.

Eine ähnliche, nur viel weiter entwickelte Ablösung des Hammergriffs aus seiner Verbindung mit dem Trommelfell findet sich von mir beschrieben in Virchow's Archiv Bd. XVII. S. 67 u. 68 (Fall XV, linkes Ohr*), und ist das betreffende Felsenbein (Nr. 149) noch in meiner Sammlung vorhanden. Ich erinnere mich deutlich zweier Fälle aus meiner Praxis, wo der Griff in mehr oder weniger beträchtlicher Ausdehnung vorübergehend unsichtbar wurde, resp. das Trommelfell von demselben während des Einpressens von Luft in die Paukenhöhle sich abhob. In beiden Fällen hatte eine übertrieben häufige Anwendung des VALSALVA'schen Versuches stattgefunden und in beiden Fällen verlor sich diese abnorme Beweglichkeit des Griffes, nachdem eine Zeit lang jede Art des Lufteinblasens unterlassen wurde.

Nach den von GRUBER und von BRUNNER**) vertretenen Anschauungen über die Verbindungsverhältnisse zwischen Hammergriff und Trommelfell — zu so verschiedenen Ergebnissen dieselben vorläufig auch führten — liesse sich die Entstehung einer Loslösung dieser beiden Gebilde von einander leichter erklären, als dies mit den früheren Angaben der anatomischen Forscher der Fall war. Wenn namentlich die Untersuchungsergebnisse BRUNNER's sich bestätigen, dass zwar nicht zwischen Hammergriff und seinem Knorpel eine Discontinuität besteht, wie GRUBER annimmt, wohl aber die Fasern des Trommelfells mit der lateralen Kante des Griffes in räumlich sehr beschränkter Ausdehnung und hier nur in sehr laxer Weise zusammenhängen, so müsste man sich füglich verwundern, dass nicht sehr häufig nach lange und oft angewandter kräftiger Luftdouche eine ausgedehnte Abhebung dieser Theile von einander, ein Hinausgetriebenwerden des Trommelfells ohne Hammergriff, zur Beobachtung kommt.

---

*) Siehe den später hier mitgetheilten Fall Raum.
**) „Beiträge zur Anatomie u. Histologie d. mittleren Ohres". Leipzig 1870. S. 14—22.

Eines ist aber sicher: dass das Aussehen des Hammergriffes und sein Verhalten zum übrigen Trommelfelle, namentlich in Bezug auf seine seitliche Begrenzung, in diagnostischer Beziehung einer viel eingehenderen Würdigung werth ist, als dies von den Ohrenärzten wohl meist bisher geschah. Bald erscheint der Griff auffallend weiss, bald ganz scharfkantig, selbst mit kleinen Hervorragungen und Höckerchen versehen, oder über die Fläche des übrigen Trommelfells leistenartig hervortretend, bald sieht man ihn in der ganzen Länge oder doch vom Processus brevis an oder am Umbo auffallend verbreitert, seine seitlichen Grenzen verwaschen und ihn ungewöhnlich gelb, in einzelnen Fällen lässt sich in der Mitte des wie geschwollen aussehenden Processus brevis eine kleine Dalle oder Vertiefung unterscheiden u. s. w. Seit die Neuzeit uns gelehrt hat, dass das Verhältniss zwischen Hammergriff und Trommelfell und die histologische Beschaffenheit dieser Theile keineswegs so einfach sich verhält, wie wir dies früher unter Anwendung weniger guter Präparationsmethoden glaubten, seitdem gewinnt die klinische Betrachtung, aber auch namentlich die bisher noch vollständig fehlende pathologisch-anatomische Untersuchung dieser Gebilde eine erhöhte Bedeutung.

Es sei gestattet, hier noch auf Eines hinzuweisen. Dem zuerst von GRUBER gelieferten Nachweise, dass auch am Hammergriffe des Erwachsenen Knorpelelemente in constanter Weise vorkommen, folgten in nicht zu langer Zeit die Beschreibungen EYSELL's*), sodann RÜDINGER's und BRUNNER's von einem constanten Knorpelmantel des Steigbügel-Fusstrittes, der auch früher schon von TOYNBEE und von MAGNUS erwähnt wurde. Am Beginn und am Ende der Kette der Gehörknöchelchen wäre somit in entscheidender Menge und Anordnung das gleiche histologische Element vertreten, das in physikalischer Beziehung zwischen Knochen und Membran steht und jedenfalls als Zwischenglied ganz dazu angethan ist, die mechanische Arbeit der Ueberleitung von Schwingungen und Bewegungen von Membran auf Knochen, von Knochen auf Membran möglichst zu vereinfachen. Ist es nun nicht a priori wahrscheinlich, dass bei pathologischen Processen des Mittelohres diese an den verschiedenen Stellen angelagerten Knor-

---

*) Es sei hier bemerkt, dass EYSELL's Untersuchungen im Winter 1869/70 hier entstanden, seine Abhandlung sammt den Zeichnungen Mitte März 1870 der Redaction zugestellt und das 4. Heft des V. Bandes dieses Archivs am 2. Juni ausgegeben wurde.

pelelemente sich vorwiegend häufig in gleicher Weise verhalten, und sollte man nicht im Stande sein, aus der Beschaffenheit des sichtbaren und der Sonde zugänglichen Hammergriffes gewisse Schlüsse zu machen auf ein ähnliches oder gleiches Verhalten am Fusstritte des Steigbügels? Oder haben wir uns nicht eigentlich schon angewöhnt, zu den Zeichen der Synostose des Steigbügels oder der Sklerose der Mittelohrgebilde ein eigenthümlich „knöchernes", ein auffallend weisses und scharf begrenztes Aussehen des Hammergriffes, eine besonders „trockene" Erscheinung des ganzen Trommelfells zu rechnen? Für die klinische Untersuchung, namentlich mit folgender histologischen Prüfung dieser Gebilde, wäre hier ein weites und grosses Feld eröffnet. Ob sich nicht auch hierbei für die Therapie dieser bisher so trostlosen Fälle etwas gewinnen liesse? Der Hammergriff selbst liegt natürlich ganz günstig für äussere Eingriffe und Einwirkungen, das Trommelfell selbst aber, wenn nicht sehr stark verdickt, ist sicherlich durchgängig für gas- und dampfförmige Einströmungen, wenn sie mit einer gewissen Gewalt und in feiner Vertheilung vom Gehörgange aus auf dasselbe einwirken. Ich gestehe, ich habe mich neuerdings für einzelne Fälle solchen von der Wissenschaft eigentlich noch gar nicht acceptirten Methoden der Einwirkung vom Gehörgange aus zugewandt, und erwähne ich diese Versuche, damit sie auch von anderen Seiten in Angriff genommen und genügend auf ihre Wirksamkeit geprüft werden mögen.

Im obigen Falle fand sich links eine gallertige oder sulzige Beschaffenheit der Paukenhöhlenschleimhaut. Dass eine solche ziemlich häufig beim chronischen Paukencatarrh vorkommt, davon kann man sich auch am Lebenden überzeugen, wenn man nach vorgenommener Paracentese mittelst feiner Sonde — am besten auf einem Griffe in stumpfem Winkel befestigt und vorn nur abgerundet — den Rand des Einschnittes oder noch besser den etwa gebildeten Lappen abhebt und nun den gegenüberliegenden Theil der Labyrinthwand beleuchtet. Für manche Fälle liesse sich eine solche Tympanoskopie noch weiter ausdehnen, wie ja auch SCHWARTZE zu diagnostischen Zwecken eine Sondirung des Steigbügels durch einen Trommelfelldefect hindurch vorschlägt.*)

*) Dieses Archiv Bd. V. S. 270.

XXVIII u. XXIX.

Chronischer Paukenhöhlencatarrh mit beidseitiger Verkürzung des Musc. tensor tympani und einseitiger Verwachsung des Griffendes mit dem Promontorium.*)

Ein 22jähriger Student Sch., der an Typhus mit Bronchopneumonie im Februar 1869 im Juliusspital starb, soll früher schon an Schwerhörigkeit mit Mandelhypertrophie gelitten haben. Felsenbeine (Präp. Nr. 274 u. 275), an denen leider die knorpeligen Tuben fehlten.

Links. Dura mater am Tegmen tympani etwas trüb und fleckig verdickt und sehr hyperämisch; ebenso ist der ganze Knochen der Pars petrosa sehr blutreich. Durch das durchscheinende, nur leicht getrübte und stark concave Trommelfell ist schon von aussen gelbröthlicher Schleim bemerkbar. Nach Eröffnung der knöchernen Tuba und der Paukenhöhle findet sich eine grosse Menge röthlich gefärbten, zähen Schleimes, namentlich in den unteren Theilen der Paukenhöhle und hinten an den Gehörknöchelchen. Der Hammerkopf liegt der Labyrinthwand ganz an und zwar in Folge von starker Verkürzung der sehr dicken Sehne des Musc. tensor tympani. Von dieser Sehne an ist die Paukenhöhle und noch mehr das Antrum mastoideum von einer röthlichen, gallertigen, wandständigen Masse erfüllt, der im hohen Grade sulzig geschwellten Schleimhaut. Ausserdem ist die Mucosa nur mässig hypertrophisch. Ueberzug des Hammer-Amboss-Gelenkes stark verdickt. Steigbügel anscheinend gut beweglich. Boden der Paukenhöhle ohne alle Leisten und zelligen Vertiefungen. Processus mastoideus auffallend massiv, fast ohne grössere Hohlräume.

Rechts. Auch hier bereits in der knöchernen Tuba viel viscider Schleim, der ebenfalls im unteren Raume der Paukenhöhle reichlich vorhanden ist; derselbe erscheint indessen weniger röthlich als links der Fall war und enthält dafür mehrfach kleine gelbliche (Fett) Klümpchen. Das Trommelfell sehr trüb, aber nicht stark verdickt. Hammergriff von aussen kaum zu sehen wegen starker Schräglage. Vom Processus brevis geht eine auffallend stark ausgeprägte lange Leiste nach hinten. Hammerkopf nicht so nahe der Labyrinthwand gerückt wie links; dagegen ist das Griffende mit dem Promontorium verwachsen mittelst eines verhältnissmässig breiten, kräftigen, aber dehnbaren Bandes, von dem nach oben eine fadenförmige Adhäsion zum Bauch des Musc. tensor tympani abgeht; ebenso ist ein circa 1 Mm. breites Adhäsionsband zwischen Ambosskörper und Labyrinthwand. Hammer-Amboss-Gelenk gut beweglich, weniger verdickt. Schleimhaut der Paukenhöhle mässig verdickt. Im Antrum mastoideum weit weniger gallertiges Gewebe als links.

Wäre der junge Mann nicht dem Typhus unterlegen, so wäre er unzweifelhaft einer das ganze Leben sich hinziehenden Ver-

---

*) Zuerst veröffentlicht im Arch. f. Ohrenheilk. 1871. Bd. VI. S. 69.

kümmerung seiner freien Existenz und einer nur bedingten Verwendbarkeit seiner geistigen und körperlichen Kräfte durch die Veränderungen ausgesetzt gewesen, welche sich bereits in seinen beiden Paukenhöhlen ausgebildet hatten. Dass dieselben, abgesehen von der Schleimerfüllung, vor dem Typhus längst dagewesen und nicht von demselben abhängig waren, ist selbstverständlich; zufällig wissen wir aber auch noch, dass der junge Commilitone schon längere Zeit schwerhörig war und sich deshalb früher hatte die Mandeln herausschneiden lassen. Kurz vor seiner tödtlichen Erkrankung hatte einer seiner nächsten Verwandten mich in seinem Interesse interpellirt.

Legen wir uns gegenüber einem solchen Befunde ruhig und offen dar, was die gewöhnlichen Behandlungsweisen des chronischen Ohrcatarrhs hier vermocht hätten. Wir wären im Stande gewesen, den hypersecretorischen Schwellungszustand seiner Tuben- und Paukenhöhlenschleimhaut durch Lufteinblasungen, durch Eintreiben von Salmiakdämpfen, durch Einspritzungen schleimverdünnender oder adstringirender Mittel zu mindern, im günstigen Falle auch, namentlich unter Mithülfe gelegentlicher Paracentese einerseits und energischer Behandlung der Nasen- und Rachenschleimhaut andererseits, ganz wegzuschaffen. Aber für wie lange Zeit hätte diese Besserung angehalten? Höchstens so lange, als durchaus keine Schädlichkeit, keine Verkältung, kein Schnupfen, kein öfterer Aufenthalt in rauchigen, heissen Wirthshäusern, kein Excess im Rauchen und im Trinken vorgekommen wäre.

Armer Student! Valere non vivere est vita.

Ohne eine oft aufgenommene oder fast stets fortgesetzte Behandlung des Ohres, vielleicht selbst trotz einer solchen und trotz günstiger äusserer Verhältnisse, hätte sicher die Verdickung der Paukenhöhlenschleimhaut und die von ihr bedingte Schwerbeweglichkeit der Gehörknöchelchen zugenommen, die Sehne des Trommelfellspanners hätte sich immer mehr verkürzt und eine immer stärkere Einwärtsspannung des Trommelfells bedingt, die rechtsseitige Verwachsung des Griffendes hätte sich allmälig weiter nach oben erstreckt, und so hätten sich die Bedingungen für die Schallleitung immer ungünstiger gestaltet. Das ist das Schlimme am chronischen Catarrhe des Ohres, dass wenn einmal gewisse pathologische Veränderungen sich organisirt haben, damit allein schon die Bedingungen zu einer Fortsetzung und Weiterentwicklung des krankhaften Processes gesetzt sind. Selbst also wenn wir nichts

weiter von unserer therapeutischen Wirksamkeit beanspruchen, als
die Erhaltung des Kranken auf dem bisherigen Hörgrade, werden
wir oft genug die Beseitigung bereits gesetzter Organisationen an-
streben müssen. Dass es sich gegenüber vorgeschrittener Verwachsungen und namentlich bei der Verkürzung der Sehne des
Musc. tensor tympani nur um operative Eingriffe handeln kann,
ist ebenso klar, als dass unsere Fähigkeit solche Zustände mit
einiger Exactheit am Lebenden zu erkennen, in den meisten Fällen
noch sehr lückenhaft ist. Von zwei Seiten werden wir hier namentlich lernen müssen; einmal muss eine viel genauere Aufnahme
und Differenzirung des Trommelbefundes Platz greifen, und dann
möge uns die Physiologie aufklären, durch welche Art von Functionsstörungen jede einzelne der bekannten häufigeren pathologischen Veränderungen der Paukenhöhle sich äussert.

XXX.

Starke Verdickung und Infiltration der ganzen Paukenhöhlen-Schleimhaut mit Obliteration des obersten Abschnittes. Ankylose der Gehör-knöchelchen.*)

Simon Diem, 61jähriger Pfründner aus dem Elhchaltenhause.
Hat in seiner Jugend viel an Ohrenschmerzen und Ausfluss gelitten
und ist schon lange schwerhörig. Starb im Januar 1860. Ich erhielt
nur das linke Felsenbein (Präp. Nr. 190).

Das Trommelfell ganz undurchsichtig und stark gelblich grau,
in der Mitte sehr stark eingezogen, die die Membrana flaccida nach
unten begrenzenden Leisten ungemein entwickelt. Processus brevis
ungewöhnlich stark hervortretend. Das Antrum mastoideum mit
röthlicher gewulsteter Masse erfüllt, welche auch den obersten Abschnitt der Paukenhöhle ausfüllt. Die Schleimhaut sehr stark verdickt und weissgrau. Hammerkopf und Ambosskörper mit der Labyrinthwand verwachsen. Die Sehne des Musc. tensor tympani sehr
kurz, dick und starr und mit dichtem röthlichem Gewebe verbunden,
welches den obersten Abschnitt der Paukenhöhle ausfüllt resp. obliterirt und den obersten Theil von Hammer und Amboss einschliesst. Die
Gehörknöchelchen sämmtlich ankylotisch, nur zwischen Amboss
und Steigbügel war einige Bewegung möglich. Der Steigbügel
selbst ist vollständig unbeweglich, ist namentlich nach unten in verdichtetes, infiltrirtes, gelbgraues Schleimhautgewebe eingehüllt und dadurch ausgiebig mit den Wänden des Pelvis ovalis verlöthet. Eingang
zum runden Fenster nicht verwachsen.

---

*) Zuerst veröffentlicht im Arch. f. Ohrenheilk. 1871. Bd. VI. S. 71.

Dieser Fall lässt sich im Vergleich zum unmittelbar vorher angeführten Falle als ein vorgerücktes Stadium des gleichen Processes ansehen, nur hätte unser Student wohl schon im Verlaufe der nächsten 10—20 Jahre sich in diesem Zustande befunden.

XXXI.
Synostose des Steigbügels mit dem ovalen Fenster. Verkalkung der Membran des runden Fensters mit Verengerung seiner Nische.*)

Margaretha Müller, 66 Jahre alt, starb im Juliusspital am 23. Mai 1859 an Pyämie nach Amputation des Unterschenkels. Nach Angabe ihres Arztes wäre sie so taub gewesen, „dass man gar nichts mit ihr reden konnte". Weiteres nicht bekannt. Leider erhielt ich nur das rechte Felsenbein (Präp. Nr. 173).

Am Trommelfell von aussen nichts Besonderes, als dass vom Processus brevis nach hinten eine scharfe Leiste ging. Die Schleimhaut des Rachens etwas verdickt. Sehr stark verdickt die Schleimhaut an der Paukenmündung der Tuba, an der sonst nichts auffällt. Die Mucosa der Paukenhöhle lässt sich in derben Streifen abziehen. Die Sehne des Musc. tensor tympani ist an ihrem Ansatz am Hammer stark mit den benachbarten Theilen verwachsen, ausserdem zieht sich eine bogenförmige Falte am vorderen oberen Theil des Trommelfells gegen den Hammergriff zu und verdeckt den Eingang zur vorderen Tasche, welche oben verwachsen und dadurch eigentlich aufgehoben ist. Die hintere Tasche ist frei, dagegen ist die Schleimhaut ihres inneren Blattes stark verdickt und hyperämisch. Hammer und Amboss sind in ihrer Beweglichkeit beeinträchtigt durch eine Reihe ziemlich starker Pseudomembranen, welche den langen Ambossschenkel und den Hammergriff mit einander verbinden und ausserdem beide Gehörknöchelchen an die äussere Paukenhöhlenwand oberhalb des Trommelfells fixiren. Der Steigbügel ist fest eingekeilt im ovalen Fenster und absolut unbeweglich. Betrachtet man die Steigbügelplatte von innen, vom Vorhofe aus, so lässt sich die Verwachsung derselben als eine knöcherne (Ankylosis ossea) erkennen; die Grenze zwischen Knochenwand des ovalen Fensters und der Basis stapedis ist kaum zu unterscheiden. Die Querstreifen des Musc. tensor tympani ungemein deutlich und schön, weniger die des Musc. stapedius, der überhaupt auffallend klein erscheint. Seine Fibrillen sind meistens auffallend schmal, viel schmäler als die vom Tensor tymp. Der Eingang zum runden Fenster ist schlitzförmig verengert und mit einer ziemlich dicken Lage hypertrophischer Schleimhaut ausgekleidet; zugleich zieht sich über denselben eine mässig starke Membran hinüber. Die Membran des runden Fensters erscheint stark verdickt und weiss; von der Labyrinthseite aus weggenommen, erweist

*) Zuerst veröffentlicht im Arch. f. Ohrenheilk. 1871. Bd. VI. S. 72.

sie sich als vollständig verkalkt, mit Streifen und unregelmässigen Knochenkörperchen versehen. Am Labyrinth und am N. acusticus nichts Abnormes nachzuweisen. Die Arteria carotis interna in ihrem Cerebraltheile ist stark atheromatös, nicht so innerhalb des Canalis caroticus.

Dieser Fall schliesst sich den von Schwartze neuerdings (dieses Archiv Bd. IV. S. 4) vorgeführten Fällen von Synostose des Steigbügels an und zwar fand hier die Verwachsung nicht mit den Wänden des Promontorium resp. des Pelvis ovalis, wie dies in der vorhergehenden Beobachtung (Diem) der Fall war, sondern mit den Rändern des ovalen Fensters selbst statt. Leider findet sich keine Aufzeichnung, ob die Schleimhaut des Promontorium hyperämisch war, worauf Schwartze, auch in diagnostischer Beziehung, ein so grosses Gewicht legt. Nur an der hinteren Tasche findet sich Hyperämie verzeichnet. Die Verkalkung der Membran des runden Fensters, welche sich ja nicht so gar selten findet, war hier bereits im Uebergang zur eigentlichen Verknöcherung begriffen.

XXXII u. XXXIII.
Verschiedene Grade von Obliteration der Paukenhöhle.*)

Barbara Meyer, 81jährige Pfründnerin der Huebertspflege, welche nach Mittheilung des Anstaltsarztes, des Herrn Dr. Herz sen., schon seit langer Zeit höchst schwerhörend war, so dass man ihr immer stark ins Ohr schreien musste. Es fiel demselben auf, dass man während ihres zum Tode führenden Unwohlseins weniger laut schreien musste, und behauptete er entschieden, dass sie zu dieser Zeit besser gehört habe als früher. Starb im Januar 1860 unter den Erscheinungen von Marasmus senilis und Lungencatarrh.

Felsenbeine (Präp. Nr. 192 und 193).

Rechts. Das Trommelfell glänzend, aber grösstentheils gelblich weiss, in der Mitte stark vertieft. Der ganze obere Abschnitt bildet mehrere unregelmässige Vertiefungen und ist stark nach innen gezogen. Ebenso liegt der Hammergriff stark nach innen, ist aber wegen der ebenfalls weisslichen Farbe des ganzen Trommelfells kaum von diesem zu unterscheiden. Auch von innen erscheint das Trommelfell in Folge allseitiger Kalkeinsprengung weisslich und stark verdickt und ist es von seiner ebenfalls mit verdickter Mucosa überzogenen Umgebung nicht scharf abzugrenzen. In der Paukenhöhle einiger Schleim, namentlich in den Vertiefungen. Die ganze hintere Hälfte des Cavum tympani ist nicht lufthaltig, sondern ist durch eine

*) Zuerst veröffentlicht im Arch. f. Ohrenheilk. 1871. Bd. VI. S. 73.

succulente Gewebsmasse ausgefüllt, welche den Steigbügel, die Steigbügel-Amboss-Verbindung, den Amboss und die hintere Hälfte des Trommelfells einschliesst, so dass alle diese Theile unter sich und mit den
Wänden der hinteren Paukenhöhlenhälfte verwachsen sind. Das Hammer-Amboss-Gelenk von verdickter Schleimhaut umgeben, indessen
noch etwas beweglich; ebenso ist der Fusstritt des Steigbügels,
wenn man ihn vom Vorhof aus betrachtet, noch etwas im ovalen Fenster verschiebbar. In der Nähe des ganz in feuchte Gewebsmasse
eingehüllten Steigbügels mehrere weissgelbliche Klümpchen (fettig verändertes Secret). Der Kanal zum runden Fenster ist mit Bindegewebe ausgefüllt, die Membran des runden Fensters selbst zeigt sich,
vom Vorhof aus abgelöst, fast vollständig verkalkt.

Musc. stapedius sehr blass schon vom blossen Auge. Bei mikroskopischer Untersuchung ergeben sich die Querstreifen nur theilweise
und dann nur schwach sichtbar, viele Muskelbündel sind körnig.

Links. Das ganze Trommelfell kalkweiss, glänzend, zeigt
allenthalben zerstreute Kalkeinlagerungen in Form von kleinen gelben
Platten. Dasselbe ist in verschiedene seichte Vertiefungen getheilt,
dabei aber in seiner ganzen Ausdehnung trichterförmig nach innen gezogen, so dass der Gehörgang geradezu in die Tiefe verlängert erscheint. Vom Hammergriff auch keine Andeutung vorhanden; dagegen
ist ganz oben in der Mitte von aussen eine rundliche knöcherne Hervorragung sichtbar, welche nach Eröffnung der Paukenhöhle sich als
Rest des Hammerkopfes erweist.

Die Eröffnung der Paukenhöhle erklärt überhaupt erst die
ganz seltsame Erscheinung des Trommelfells von aussen. Blos das
vordere Drittel des Cavum tympani und ein Theil der untersten Partie
erweist sich als lufthaltiger Raum. Der übrige, also weitaus grössere
Theil der Paukenhöhle ist obliterirt, indem über $2/3$ des Trommelfells
aufs innigste und sehr fest in der ganzen Ausdehnung mit der Labyrinthwand verwachsen ist. Das kleine eckige Restchen vom Hammerkopf findet sich mit der inneren Wand sehr fest verlöthet; vom
Griffe und vom Amboss nichts vorhanden. Durch dieses Hineinge-
zogensein des Trommelfells hat sich eine eigenthümliche Verlängerung
der hinteren oberen Wand des äusseren Gehörgangs gebildet, welche
sich als etwa erbsengrosse, dicht unter dem Tegmen tympani liegende,
zum Theil vom Trommelfell gebildete Vertiefung nach aussen reprä-
sentirt. Nach Eröffnung des Vorhofes, in dem nichts Abnormes zu
bemerken ist, kann man sich überzeugen, dass der Steigbügelfusstritt noch etwas verschiebbar ist; ob von dem Schenkel des Steigbügels noch etwas vorhanden, lässt sich nicht beurtheilen, ohne dass
man das interessante Präparat vollständig zerstörte. Die Mucosa im
unteren Theil der Paukenhöhle sehr stark verdickt und gewulstet.

Auf der rechten Seite war die Paukenhöhle nur noch theilweise als lufthaltiger Raum vorhanden, weil sich in Folge catarrhalischer Vorgänge ein sulziges Gewebe entwickelt hatte, das
den übrigen Theil des Cavum tympani ausfüllte. Da gerade die

Gehörknöchelchen von dieser neugebildeten Gewebsmasse eingehüllt waren, so musste eine bedeutende Störung der Schallleitung
durch sie bedingt sein. Dazu kam in diesem Falle eine fast vollständige Verkalkung der Membran des runden Fensters, welche
eine Ortsbewegung des Labyrinthwassers, vom Steigbügelfusstritt
auf dasselbe übertragen, nahezu unmöglich machen musste.

Im linken Ohre, wo der Hammer bis auf einen kleinen Rest
des Kopfes und der ganze Amboss fehlte, muss ein Zerstörungsprocess, am wahrscheinlichsten in Folge einer eiterigen Pauken-
höhlenentzündung, als vorausgehend angenommen werden. Was
sich uns als verkalktes „Trommelfell" darstellte, war dann zum
guten Theil regenerirtes Gewebe, das nach innen eingedrückt und
mit der Labyrinthwand verwachsen war. Nur an den Stellen
vorn und unten handelte es sich dann um wirkliche Trommelfellreste. Eine genauere mikroskopische Analyse wurde im Interesse
des höchst interessanten Präparates unterlassen.

Aehnliche Befunde des Trommelfells, wie hier die Leiche er-
gab, kommen übrigens nicht so ungemein selten an Lebenden zur
Beobachtung. Die Abbildung 12 auf Tafel II der POLITZER'schen
Beleuchtungsbilder mit den grubigen Einziehungen des Trommel-
fells ähnelt in mancher Beziehung unseren oben geschilderten
Präparaten.

C.

Pathologische Befunde bei constitutioneller Syphilis.

XXXIV u. XXXV.

Oberflächenverdickung des Trommelfells und exsudative Mittelohr-entzündung ohne Perforation bei constitutioneller Syphilis.*)

Ursula B., 45 Jahre alt, starb im Ehehaltenhause am 15. Juli 1856 unter den Erscheinungen der Pneumophthisis.

Die Section ergab neben chronischer, schieferiger und käsiger Pneumonie mit sehr beträchtlicher Höhlenbildung allgemeine inveterirte Syphilis. (Alte ausgedehnte syphilitische Leberentzündung mit bedeutender Verkleinerung und Deformation. Sehr ausgedehnte vernarbte syphilitische Ulcerationen an der Zunge, Pharynx und Larynx, sowie am Uterus und Vagina.)

Linkes Felsenbein (Präp. Nr. 51). Gehörgang trocken, kein Ohrenschmalz. Das Trommelfell in situ erscheint leicht rosenfarbig, gleich einem Fingernagel, welche Farbe, wie sich später ergibt, auf Rechnung des Durchscheinens der leicht injicirten röthlichen Schleimhaut der Paukenhöhle kommt. Nach Entfernung der Pyramide erweist sich das Trommelfell als sehr durchscheinend, namentlich in seiner Mitte, und nur am Rande etwas stärker graulich. Sonst die Paukenhöhle normal und die Zellen des Warzenfortsatzes in gewöhnlicher Weise entwickelt.

Rechtes Felsenbein (Nr. 52). Gehörgang trocken, wenig Cerumen. Das Trommelfell in situ etwas abgeplattet, hat ein mattes, derbes und glanzloses Ansehen und ist etwas gerunzelt. Oberflächlich ist es fein injicirt und strahlen die Gefässchen vom Umbo gegen die Peripherie aus, sind aber in der Mitte und am Rande am deutlichsten. Die unteren drei Viertheile des Trommelfells erscheinen hellgelblich, wie von dahinter angesammeltem Eiter; nach oben zeigt das Trommelfell eine tiefersitzende bläulichrothe Farbe. Vom Hammergriff ist von aussen nichts zu sehen.

Bei näherer Untersuchung ergibt sich später die Epidermislage

---

*) Zuerst veröffentlicht im Arch. f. Ohrenheilk. 1571. Bd. VI. S. 57.

des Trommelfells stark verdickt, indem sie sich in mehrere Schichten
zerlegen lässt. Nach ihrer Entfernung lassen sich die gefüllten und
stark entwickelten Gefässe des Trommelfells erst deutlich erkennen,
sowohl die längs des Hammergriffes verlaufenden, als auch die kleineren Gefässstämmchen, welche allenthalben am Rande vom äusseren
Gehörgang auf das Trommelfell übergehen, indessen nur ganz kurz
sind. Mit diesen Gefässen lassen sich Fetzen der Cutisschicht abziehen, welche ebenfalls abnorm stark entwickelt ist.

Von der Tuba ist nur der obere Theil am Präparate enthalten,
dessen Schleimhaut missfärbig, aufgelockert und verdickt ist. Die Paukenhöhle ist gänzlich erfüllt von einer ziemlich cohärenten, weissgelblichen, käsig-gallertigen Masse, die den Wänden allenthalben dicht
anliegt und nur schwer von ihnen zu trennen ist. Sie stellt sich als
eingedickter Eiter dar und enthält grosse Zellen mit einem oder mehreren Kernen in verschiedenen Entwicklungsstadien, freie Kerne, oft
in Zerfall, Körnchenkugeln, Epithel, endlich spindelförmige Zellen, alle
diese Gebilde häufig in fettigem Zerfall befindlich. Bei näherer Untersuchung ergibt sich, dass dieser eingedickte Inhalt der Paukenhöhle
im engsten histologischen Zusammenhange steht mit deren Schleimhaut, welche sich etwa um das Sechsfache verdickt ergibt und nebst
vielem eingelagerten Bindegewebe mehrere Lagen Epithelzellen besitzt,
von denen die oberflächlichen spindelförmig und manchmal mit Ausläufern versehen sind (ähnlich den „Krebszellen“)*), auch einen grossen,
sehr deutlichen Kern besitzen. Die Membran verhält sich indessen
auf Essigsäurezusatz ziemlich resistent. — Die Gefässe dieser Schleimhaut sind ebenfalls verändert, zeigen in ihren Wandungen eine ungewöhnliche Menge von Kernen, theilweise mit Fettmolekülen gefüllt.

Der Musc. tensor tympani ist ebenfalls fettig degenerirt, seine
Bündel zeigen grosse Neigung zu fibrillärer Spaltung, Querstreifen kaum
sichtbar, dabei viele Fettmoleküle in den Fibrillen, welche etwas dunkler
als gewöhnlich sind. Der Steigbügel ganz vergraben in der Schleim-
hautmasse.

Die Hohlräume des Warzenfortsatzes unendlich klein; in
den winzigen, mit einer stark injicirten Membran ausgekleideten Zellen
eine dünne röthliche Flüssigkeit. Während sich der Warzenfortsatz
des linken, gesunden Hörorgans ganz normal verhielt, war derselbe
auf der rechten Seite viel massiver und viel ärmer an Hohlräumen,
als dies sonst der Fall zu sein pflegt.

Eiteriger Ohrencatarrh, wenn auf phthisischem Boden wur-
zelnd, neigt auffallend zu dünnflüssiger Absonderung, zu Zerfall
und Zerstörung der Gewebe, nicht zur Hyperplasie. Es ist daher
sehr unwahrscheinlich, dass im obigen Falle die rechtseitige Exsudation in der Paukenhöhle von der Phthise bedingt war, der

---

*) Diese Aufschriebe stammen aus dem Jahre 1856, wie ich mir zu be-
merken erlaube.

die Kranke erlag. Die Beschaffenheit des eiterigen Secretes und
der Zustand der Paukenhöhlenschleimhaut sprechen überhaupt
mehr für eine längere Dauer und einen langsamen Verlauf des
eiterbildenden Processes, so dass wir eigentlich einen chronischen
eiterigen Catarrh des Mittelohrs vor uns hatten, der ausnahms-
weise trotz der Massenhaftigkeit der krankhaften Absonderung
nicht zur Perforation des Trommelfells und nicht zur Otorrhoe
geführt hätte. Freilich war auch das Trommelfell in seinen epi-
dermoidalen sowohl als in seinen Corium-Elementen von einer ähnlichen Hyperplasie ergriffen und hatte somit an Widerstandsfähig-
keit wesentlich gewonnen.

Mit grösserer Wahrscheinlichkeit dürfen wir den höchst auffallenden Befund mit der constitutionellen Syphilis, wie sie unumstösslich vorlag, in ein Abhängigkeitsverhältniss bringen, wobei
wir nicht unerwähnt lassen wollen, dass allerdings Schwartze
in seiner trefflichen Abhandlung über die Erkrankungen des Ohres
bei constitutioneller Syphilis*) keine derartige acute oder chronische eiterige Entzündung der Paukenhöhle als bei Syphilis bisher beobachtet aufgeführt hat.

Betrachten wir diesen Befund vom therapeutischen Gesichtspunkte, so würde wohl heutzutage kein Ohrenarzt in einem ähnlichen Falle, sobald er richtig erkannt ist, eine gründliche, kreuz-
weise Spaltung des Trommelfells unterlassen und nun durch Einblasen von Luft und von verdünnenden oder auflösenden Flüssigkeiten
mittelst des Katheters gestrebt haben, das Secret der Paukenhöhle
nach aussen zu treiben. Mit der Luftdouche allein ohne Paracentese würde wohl Niemand mehr gegenwärtig bei so massenhafter Ansammlung eingedickten Eiters sich genügen lassen.

Uebrigens ist die Luftdouche allein doch immerhin im Stande,
einen wesentlichen Einfluss auf die allmälige Verminderung resp.
Entfernung von Exsudaten und Transsudaten, die in der Paukenhöhle abgeschlossen sind, auszuüben. Es scheint mir, als ob zwei
Momente bei dieser vielfach besprochenen Frage noch nicht genügend hervorgehoben wurden. Bei innigerem Verklebtsein der
Tubenwände und dadurch bedingter Störung des Luftdurchgangs
durch den Tubenkanal kann von einer Fortdauer der natürlichen
Wimperbewegung der Epithelzellen in der Tuba und wohl auch
in der Paukenhöhle nicht mehr die Rede sein. Dagegen dürfen

---

*) Dieses Archiv Bd. IV. S. 253—271.

wir mit Sicherheit annehmen, dass die Bewegung der Flimmerhaare, welche für die Fortschaffung kleiner Secretmoleküle aus
der Paukenhöhle und aus der Tuba bestimmt geeignet ist, wieder
ermöglicht wird, wenn auch in vielen Fällen nur für kurze Zeit,
sobald die verklebten Schleimhautflächen mittelst eingeblasener
Luft von einander abgehoben wurden. Andererseits wirkt die
durch uns eingeblasene Luft unbedingt zertheilend auf das Secret
und bedingt Ortsveränderungen desselben mindestens innerhalb
der Paukenhöhle selbst, wie uns dies die Vergleichung des Trom-
melfell-Befundes vor und nach der Luftdouche häufig ganz deutlich
zeigt. Es ist nun klar, dass ein solches mechanisches Zersprengen
und Zerstäuben des vorher überwiegend an einzelnen Vertiefungen
und Absackungen angesammelten Secretes mit Vertheilen desselben über eine grössere Wandfläche der Paukenhöhle und ihrer
Nebenräume die schliessliche Entfernung des Secretes aus der
Paukenhöhle wesentlich fördern muss, mag dieselbe vorwiegend
durch eine Aufsaugung vermittelst der Blut- und Lymphgefässe
oder vorzugsweise mittelst mechanischer Fortbewegung in den
Pharynx unter Mithülfe der Wimperhaare stattfinden.

Rascher wirkt natürlich die Paracentese der Paukenhöhle.
Es fragt sich nur, ob die Erkennung von Secretansammlung hinter
dem Trommelfell immer so einfach und stets sicher ist. Dies muss
entschieden verneint werden. Bei durchscheinendem Trommelfell
freilich ist die Diagnose eine sehr leichte, insbesondere nach der
Luftdouche oder bei Vorwärts- oder Rückwärtsneigen des Kopfes,
und brauchen wir auf die bekannten Trommelfellbefunde, welche
sich hierbei zeigen, an diesem Orte nicht einzugehen. Anders
liegt die Sache, wenn das Trommelfell stärker trüb oder verdickt
ist; dann lassen sich in der Regel höchstens noch partielle An-
lagerungen von gelbem Secret, wie sie namentlich hinten oben
öfters das Trommelfell auswärts bauchen, durch das Gesicht erkennen. Bewegt der Kranke den Kopf, so übt die Ortsveränderung des Secrets manchmal einen diagnostisch verwerthbaren Einfluss auf das Gehör und auf das Gefühl des Kranken aus; doch
fehlen solche Erscheinungen nicht selten auch vollständig in Fällen, wo die Paracentese unmittelbar hierauf Secretanhäufung nachweist. Abgesehen davon, dass die Fähigkeit mancher Kranken,
sich selbst zu beobachten und über das Beobachtete Rechenschaft
abzulegen, entsetzlich gering ist, müssen wir uns auch vergegen-
wärtigen, wie ungemein zäh und schwerbeweglich (manchmal gleich

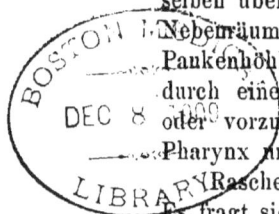

Kleister oder verkochtem Sago) das Paukenhöhlensecret sein kann, und dass die an und für sich im Allgemeinen nicht sehr grosse Empfindlichkeit der Mucosa durch ödematöse Schwellung und Infiltration des die sensiblen Nerven überziehenden Gewebes leicht beträchtlich herabgesetzt wird. In einigen Fällen gibt die auf den Scheitel aufgesetzte Stimmgabel ebenso bestimmte Anhaltspunkte, wie bei einseitiger Cerumenanhäufung, in anderen lässt uns die Stimmgabel vollständig im Stich oder hängt das stärkere Gehörtwerden derselben auf der einen Seite von anderen Ursachen ab, die nicht durch den Trommelfellstich entfernt werden können.

Auf eine Erscheinung in der Application der Luftdouche sei hier noch hingewiesen. Jeder Ohrenarzt wird schon gefunden haben, dass, nachdem er eine gewisse Anzahl Tropfen Flüssigkeit durch den Katheter in die Paukenhöhle geblasen hat, kein so bestimmtes oder auch gar kein Anschlagegeräusch mehr bei den nächstfolgenden Versuchen, Luft einzublasen, entsteht, und auch von Seite der Kraft, die zum Zusammendrücken des Ballons nothwendig ist, deutliche Zeichen eines vermehrten Widerstandes für das Eindringen der Luft ins Ohr sich ergeben. War die eingespritzte Flüssigkeit eine reizende, so mag der Grund dieser Erscheinung oft in einer künstlich erzeugten Schwellung der Tubenschleimhaut und dadurch verminderter Durchgängigkeit des Tubenkanals liegen; es stellt sich aber die Zunahme des Widerstandes und der Mangel des nahen Blase- oder Anschlagegeräusches auch bei Einspritzungen von ganz indifferenten Flüssigkeiten, z. B. von Kochsalzlösung ein. Ich habe, gestützt auf diese Beobachtung, aus einem constant schwierigen Eindringen der Luft mehrmals in Fällen, wo sonst kein Anhaltspunkt zur Annahme einer Flüssigkeitsansammlung in der Paukenhöhle vorlag, Veranlassung genommen zur Paracentese, und in nicht wenigen Fällen hat mir der Erfolg Recht gegeben, so dass also die Paracentesennadel unter Umständen an die Stelle der Bougie oder Darmsaite getreten wäre, und die früher wahrscheinlich angenommene „Verengerung der Tuba" sich aufgelöst hätte in eine Secretanhäufung im Cavum tympani. In anderen Fällen irrte ich mich freilich auch und liess sich nichts entleeren; dann hatte aber doch in der Regel die „trockene" Paracentese bewirkt, dass die Luft nun viel kräftiger eindrang und gewöhnlich auch bleibend, wenn die Oeffnung im Trommelfell längst wieder zugewachsen war, der Widerstand für eingetriebene Luft und für eingeblasene Flüssigkeit ein verminderter, somit von nun an eine kräftigere therapeutische Einwirkung aufs Ohr ermöglicht war. Seit sich mir solche Erfahrungen aufdrängten, ist constant erschwertes Eindringen von Luft oder Flüssigkeit ins Ohr für mich eine der Indicationen des Trommelfellstiches geworden, indem sich hierbei häufig Secret in der Pauke vorfindet oder dann doch die weiteren Einwirkungsmöglichkeiten sich günstiger gestalten. Der Einstich oder selbst ein Längsschnitt des Trommelfells ist ja in der überwiegenden Mehrzahl der Fälle an und für sich ein so äusserst geringfügiger, fast harmlos zu nennender Eingriff, dass es ganz gut gestattet ist, ihn probeweise auszuführen und man ihn oft geradezu als Versuch machen muss, solange die Diagnose der Flüssigkeitsansammlung nicht auf festeren Füssen steht, als dies zur Zeit noch der Fall ist. Dass zudem bei allen auffallend rasch auftretenden Mittelohraffectionen und bei allen jähen Schwankungen im Gehöre und im Sausen an chronischem Catarrhe Leidender an die Wahrscheinlichkeit eines serösen, schleimigen oder eiterigen Ergusses zu denken und oft genug ein solcher nachzuweisen ist, davon braucht hier nicht weiter gesprochen zu werden.

Nur über das Instrument zur Paracentese des Trommelfells — richtiger wäre Paracentese der Paukenhöhle, wie man Paracentese der Brust- und der Bauchhöhle u. s. w. sagt — möchten einige weitere Bemerkungen nicht ganz zwecklos sein.

Die von den Augenärzten zur Paracentese der Hornhaut gebrauchte DESMARRES'sche Nadel, eigentlich ein zweischneidiges Messerchen, das mit keilförmiger scharfer Spitze endet, scheint mir, namentlich wenn die Ferse des Instrumentes verlängert ist und sie im stumpfen Winkel vom Griffe absteht, aus verschiedenen Gründen entschieden zweckmässiger zu sein, als die von SCHWARTZE und auch von POLITZER ausschliesslich empfohlene Staarnadel. Mit letzterer läuft auch eine geschickte Hand und ein ruhiges Auge Gefahr, tiefer in die Paukenhöhle einzudringen, als beabsichtigt ist, während bei der DESMARRES'schen Nadel für das Gesicht sowohl als für das Gefühl ein deutlicher Anhaltspunkt vorhanden ist, der uns über die Entfernung belehrt, in der die Spitze des Instrumentes sich befindet. Bei dem Gebrauch der Staarnadel muss man ferner sehr häufig zur Vergrösserung der gemachten Oeffnung noch zu dem von SCHWARTZE angegebenen Erweiterungsmesser seine Zuflucht nehmen, während man mit der Hornhaut-Paracentesen-Nadel mit seltenen Ausnahmen nicht blos

stechen, sondern auch schneiden kann. Selbst in den häufig vorkommenden Fällen, wo das Trommelfell in einem Längs- und in
einem Querschnitt gespalten wird, die sich im rechten Winkel
treffen, genügt mir gewöhnlich auch für den zweiten immer schwie-
rigeren Schnitt das gleiche Instrument. Ich möchte letzteres daher
für sicherer und gefahrloser, auch andererseits für vielseitiger
brauchbar erklären.

Bei dieser Gelegenheit soll noch einer Methode Erwähnung
gethan werden, die ich in neuerer Zeit öfter anwende, wenn es
mir darauf ankommt, mit Sicherheit und rasch eine grössere Flüs-
sigkeitsmenge in die Paukenhöhle einzubringen, was bekanntlich
durch die Tuba nicht immer gelingt. In solchen Fällen spritze
ich von aussen durch das Trommelfell hindurch ein und benütze
ich hierzu die PRAVAZ-LEITER'sche Spritze mit einem circa 2½″
langen Ansatz, der im stumpfen Winkel abgebogen ist und dicht
hinter der durchbohrten Spitze einen kleinen, ringförmigen Wulst
trägt. Letzterer soll für Gefühl und Gesicht das leisten, was bei
der DESMARRES'schen Nadel der leistenförmige Queransatz nützt,
in welchen der schneidende Theil übergeht. Man kann mit Hülfe
dieses Instrumentes Einstich und Einspritzung in einem Acte vornehmen oder eine schon vorhandene resp. zur Entleerung von
Secret eben angelegte Oeffnung zur Einspritzung von Flüssigkeit
benützen. Im obigen Falle z. B., wo das Secret in der Paukenhöhle nicht nur massenhaft vorhanden, sondern auch von besonders dicker Consistenz und mit den Wänden aufs innigste verbunden war, würde eine auf diese Weise von aussen vorgenommene Einspritzung passender Flüssigkeit am ehesten im Stande
gewesen sein, lösend und verdünnend einzuwirken und wäre dann
allmälig die Entfernung derselben durch die Tuba und durch
den Gehörgang, selbstverständlich unter Mithülfe der Luftdouche,
eine leichtere und sichere geworden. —

Schliesslich mag noch darauf hingewiesen werden, dass im
oben berichteten Falle der Warzenfortsatz auf der Seite, wo die
Paukenhöhle eitererfüllt war, an der entzündlichen Thätigkeit
Theil nahm und sich viel reicher an Knochensubstanz und weniger
luftführend erwies, als auf der anderen, gesunden Seite. Dass ein
solcher Zustand des Warzenfortsatzes — auch ohne Erkrankung
des nervösen Apparates — im Stande ist, die „Knochenleitung"
an dieser Stelle herabzusetzen, wird sich nicht verkennen lassen.
Es wäre höchst interessant zu erfahren, ob bei constitutioneller

Syphilis die lufthaltigen Räume des Schläfenbeins auffallend häufig durch vermehrte Knochenbildung verkleinert werden.

XXXIV u. XXXV.

Beiderseitige Otorrhoe mit einseitiger Gesichtslähmung. — Tuberculose der Lungen und des Darmes. Eiterige Meningitis. Ausgedehnte Caries beider Felsenbeine, auf der einen Seite Thrombose des Sinus transversus, ferner Caries des Keilbeins und Ulcerationen am Gaumen und in der Nase.*)

Johann Riffel, 1½ Jahre alt, infans spurius, mit allen Zeichen angeborener Syphilis, hatte nach den Angaben, die ich dem damaligen Assistenten der Poliklinik, Dr. GERHARDT, verdanke, schon mehrere Monate eiterigen Ausfluss aus beiden Ohren nebst starker Anschwellung der Lymphdrüsen am Halse. Als das Kind von der Poliklinik übernommen wurde und ich es zum ersten Male sah, befand es sich bereits in einem soporösen Zustande, in dem es häufig laut aufschrie. Gesicht blass, Puls klein und schnell. Ausser dem sehr reichlichen Ausfluss aus beiden Ohren zeigte es heftigen Nasencatarrh und beim Oeffnen des Mundes Eiter am Gaumen, dabei rechterseits eine auffallende und fast vollständige Lähmung des Fascialis. Die Pflegeeltern behaupten, das Kind hätte früher gehört, reagire aber schon längere Zeit nicht mehr auf äussere Geräusche; an einem bereits moribunden 1½jährigen Kinde selbst Weiteres erniren zu wollen, wäre natürlich mehr als umsonst gewesen. Tod einige Tage nach seiner Aufnahme am 2. Juni 1857.

Section: Leiche sehr blass und mager. Submaxillar- und Subclaviculardrüsen sehr stark angeschwollen, theilweise käsig, theilweise im Centrum erweicht. Beide Lungen, vorne adhärent, zeigen in der oberen Partie grosse Cavernen und im mittleren Theile pneumonische, theilweise tuberculisirende Herde. Mässiges Hydropericardium. Tuberculöse Geschwüre im Dünndarm, die sich an die PEYER'schen Plaques halten und theilweise bis auf die Serosa reichen. Starker Hydrocephalus internus und externus. Gehirnsubstanz sehr erweicht. Eiteriges meningitisches Exsudat, entsprechend der hinteren Fläche des Felsenbeins und mit demselben verklebt. Soweit die mir überlieferten Angaben. Den Kopf hatte Herr Prof. RINECKER die Güte, mir zur weiteren Untersuchung zu überlassen.

Untersuchung des Kopfes und der Felsenbeine (Präp. Nr. 99 und 100).

Rechts. Aeusserlich fiel schon ein stark missfarbiges Aussehen der Ohrmuschel an ihrer Anheftungsstelle an den Knochen, sowie eine bedeutende Anschwellung und grünliche Färbung der oberen Partie

---

*) Zuerst veröffentlicht in Virchow's Arch. f. pathol. Anat. 1859. Bd. XVII. S. 19.

des Sternocleidomastoideus und seiner ganzen Umgebung auf. Nachdem die vordere Wand des knorpeligen Gehörganges weggenommen war, eröffnete sich die Aussicht in einen grossen Jaucheherd, welcher die Paukenhöhle und die ganze Umgegend des äusseren Ohrs in sein Bereich gezogen hatte. Derselbe erstreckte sich so weit nach hinten und oben, dass die ganze Ohrmuschel und die hinter ihr liegende Haut von dem Knochen abgehoben war; dieser selbst war hinter der Muschel in einem Umfang von 3 Mm. etwa vom Periost entblösst, rauh, erweicht und porös, so dass er unter dem leisesten Druck nachgibt und nach innen durchbricht. Nach unten zu sind die Weichtheile allenthalben abgehoben von der hinteren und vorderen Fläche der Pyramide, die hier überall ohne Knochenhaut und stark röthlich gefärbt ist. An der vorderen Fläche der Pyramide ein circa 3 Mm. im Durchmesser haltendes, zackiges Loch, das mit Gehörgang und Paukenhöhle communicirt. Noch weiter nach vorn erstreckt sich die Ablösung der Weichtheile vom Knochen bis zur Cavitas glenoidea des Unterkiefers, dessen Gelenkfortsatz sehr porös und stark missfarbig. Beim Ausspülen dieser Kloake entleeren sich ausser theils flüssigem, theils eingedicktem Eiter mit schwärzlichen Fetzen und Flocken einige eckige und zackige Knochenstückchen, darunter ein rundes, allenthalben angeätztes Stückchen, jedenfalls der Kopf des Hammers, dann Amboss und Steigbügel, letztere schwärzlich gefärbt und allenthalben Vertiefungen und Unebenheiten zeigend. Von diesem Jaucheherde aus erstrecken sich Fistelgänge nach verschiedenen Seiten, theils die Weichtheile unterminirend, theils die benachbarten Knochen durchbohrend; einer davon geht zum Sinus transversus, resp. Fossa sigmoidea des Warzenfortsatzes; ebenso hat sich die Fissura Glaseri in einen solchen ziemlich weiten Fistelgang verwandelt. Betrachtet man das Felsenbein von innen, so erscheint die Dura mater, da wo die Pyramide in den Schuppentheil übergeht, in ziemlicher Ausdehnung grünlich gefärbt. Zieht man nun die mit dem Knochen stark verwachsene Dura ab, so zeigt sie an ihrer Innenfläche, entsprechend der von aussen sichtbaren Entfärbung, eine etwa 10 Mm. im Durchmesser haltende Verdickung, welche uneben, in der Mitte schwärzlich, nach aussen gelbgrünlich ist, und der eine ebenfalls stark missfarbige Stelle im Knochen an der Fissura petrososquamosa entspricht. Dieser Sutur entlang finden sich zerfallene Massen, aus Extravasat und Exsudat gemischt, nach deren Entfernung die Sonde in die Paukenhöhle dringt, eben dort, wo deren Decke stets mehr oder weniger dünn ist und dicht unter sich den Kopf des Hammers birgt. Wird von dieser Stelle aus die Paukenhöhle weiter eröffnet, so zeigen sich allenthalben in ihr, den Zellen des Warzenfortsatzes und in dem knöchernen Theil der Tuba graugrünliche, den Wänden dicht anhängende, theils fetzige theils bräunliche Massen, kurz überall peripherisch fortschreitender Zerfall der Weichtheile und des Knochens, in die auch der Canalis Fallopii gezogen ist, da wo er mit dem Nervus facialis an der hinteren Wand der Paukenhöhle verläuft. — Oeffnet man nun endlich den Sinus transversus,

so zeigt sich derselbe ausgefüllt mit einem nach oben derben und weisslichen, nach unten röthlichen und weicheren Faserstoffgerinnsel, das
am Uebergang des Sinus in die Vena jugularis interna in vollkomme-
nem Zerfall und Entfärbung begriffen ist. Da wo diese Erweichung
des Thrombus beginnt, endet die oben erwähnte Fistel, welche vom
äusseren Jaucheherd den Knochen und die dort missfarbige Wand des
Sinus durchbohrt.

Links. Aeusserlich am Ohre nur wenig Secret zu sehen. Nach
Hinwegnahme der vorderen Wand des Gehörgangs ebenfalls Caries
des Felsenbeins, doch ohne die weitgehenden jauchigen Verhee-
rungen, wie auf der rechten Seite. Nur dem Eingang in die Paukenhöhle zunächst Entblössung des Knochens mit theilweisem Substanzverlust. Der Eingang in die Paukenhöhle ganz frei, vom Trommelfell und Hammer nichts mehr zu sehen. Beim Wassereingiessen
schwimmt der Amboss heraus mit vielen gelblichen fetzigen und
käsigen Massen. An der Dura mater nichts Abnormes, nach ihrer
Wegnahme erscheint eine kleine Stelle an der Fissura petroso-squamosa missfarbig und erweicht, die Nachbarschaft im Gegentheil dichter
und sclerosirt. Nach Abtragung des Daches der Paukenhöhle
zeigt sich dieselbe wie die Zellen des Warzenfortsatzes grösstentheils mit käsigem Inhalt gefüllt, der aus Eiterkörperchen in fettigem Zerfall begriffen besteht. Sinus transversus blutleer, Wände
normal.

Durch den zu Lebzeiten am Gaumen bemerkten Eiter aufmerksam gemacht, untersuche ich den Kopf weiter und finde ausser zwei
sehr beträchtlichen Perforationen in der vorderen Partie des weichen
Gaumens ebenfalls linkerseits eine mehrere Linien im Umfang haltende Ulceration der Nasenschleimhaut mit Anätzung des Oberkie-
ferknochens im unteren Nasengange, dicht über dem harten Gaumen, ferner eine oberflächliche Caries an beiden Seiten des Keil-
beinkörpers am Ursprung der Flügelfortsätze, sich noch etwas auf
die innere Fläche der inneren Lamelle des Processus pterygoideus her-
über erstreckend. An der hinteren Pharyngealwand, dicht unter
der Basis cranii mehrere bedeutend geschwollene Lymphdrüsen, die
sich als stark hervorragende Wülste darstellen. Ein directer Zusammenhang dieser cariösen Erkrankung des Keilbeins mit der Caries des
Felsenbeins lässt sich nicht nachweisen, indem die Tuba normal und
auch in der die Tuba umgebenden fibro-cartilaginösen Masse, die sich
in nahem Zusammenhange befand mit den verschiedenen Erkrankungs-
herden, keine nachweisbare Anomalie sich finden liess.

Dieser unter Thrombose des Sinus transversus und Meningitis
zum Tode führende Fall von Caries des Felsenbeins würde sich
demnach direct an ähnliche Fälle anschliessen, wie sie LEBERT
in seinem Artikel über Entzündung der Gehirnsinus in diesem
Archiv 1855 beschrieben hat, und liegt hier der Zusammenhang
ungemein klar vor uns, indem eine Fistel von dem Hauptjauche-

herde aus durch die Knochen sich bis zum Sinus transversus erstreckte und dessen Wand selbst noch durchbohrte. Ob es sich
nun in diesem Fall von Caries um ein primäres Leiden des Knochens handelte, oder ob der Knochen erst in Folge einer vorhergehenden Affection der Weichtheile der Paukenhöhle oder des
Gehörgangs in ausgedehnte Mitleidenschaft 'gezogen wurde, darüber lässt sich bei der Spärlichkeit der anamnestischen Momente
kein bestimmter Anhaltspunkt gewinnen. Ich bin indessen geneigt, überhaupt primäre Knochenaffectionen des Felsenbeins, selbst
bei Kindern, für viel seltener zu halten, als die gewöhnlichen Angaben es lehren. Und das aus verschiedenen Gründen, klinischen
wie anatomischen. Dass selbst bei kachektischen Individuen, bei
denen primäre, nicht traumatische Knochenleiden doch noch am
häufigsten vorkommen, diese immer noch ungleich seltener sich
entwickeln, als Entzündungen der Schleimhäute und der äusseren
Haut, wird wohl jede statistische Zusammenstellung aufs Deut-
lichste ergeben. Letztere Leiden ferner, im Ohre vertreten durch
den so häufigen eiterigen Catarrh der Paukenhöhle und die nicht
selteneren Entzündungen der Oberhaut des Trommelfells und des
Gehörgangs, wie sie meist mit profuser Secretion einhergehen und
daher unter dem Sammelbegriff „Otorrhoe" zusammengefasst werden, können unter geeigneten Verhältnissen, namentlich bei Nicht-
beachtung, zu secundären Knochenleiden führen, die im Befunde
dem oben mitgetheilten mehr oder weniger ähnlich sind. Dies
zeigt eine genaue Beobachtung des Krankheitsverlaufes in der
Praxis gar nicht selten und lässt sich auch sehr leicht erklären
und einsehen. Im Gehörgange wie in der Paukenhöhle, ist die
Knochenhaut mit der darüber liegenden absondernden Membran
— Cutis oder Schleimhaut — in so inniger nachbarlicher Beziehung, dass die beiden im Gehörgange nur sehr schwer, in der
Paukenhöhle aber gar nicht getrennt dargestellt werden können.
Ebenso innig ist der Ernährungsbezug und die Gefässversorgung
dieser Theile verbunden, so dass auch Ernährungsstörungen in
der oberflächlich liegenden Membran, Cutis oder Schleimhaut, stets
ihre Rückwirkung auf das eng verbundene und darunter liegende
Periost und den Knochen selbst äussern werden, welche Rück-
äusserungen hier in der Regel um so energischer werden müssen,
als die Beschaffenheit und Enge des Lokals, in Paukenhöhle wie
im äusseren Gehörgange, leicht eine Anhäufung des Secretes ge-
statten und diese auf rein mechanische oder chemische Weise das

Ihrige zur Weiterverbreitung der entzündlichen Störungen beiträgt.
Aus einem Schleimhautleiden der Paukenhöhle, wie aus einer
Entzündung der Haut des äusseren Gehörgangs, kann sich somit
leicht eine sehr ernste und bedenkliche Knochenaffection, wie Caries
des Felsenbeins, entwickeln. Wie die Möglichkeit einer solchen
Entwicklung in dem anatomischen Verhalten der Theile begründet
liegt, so lassen sich auch eine Reihe klinischer Beobachtungen,
wenn unbefangen betrachtet, kaum anders als auf einen solchen
inneren Zusammenhang deuten. Wie häufig aber gerade Schleimhautaffectionen der Paukenhöhle, namentlich bei Kindern sind,
das zeigt ein anatomisches Factum, das in der unverhältnissmäs-
sigen Häufigkeit seines Vorkommens wohl von mir zuerst festge-
stellt wurde. Untersucht man nämlich die Paukenhöhle kleiner
Kinder — die von mir secirten befanden sich im Alter von einigen Tagen bis zu 8 Monaten — so findet man überraschend oft
die Paukenhöhle und die Zellen des Warzenfortsatzes angefüllt
mit einer puriformen rahmigen oder gallertigen Flüssigkeit, die
Schleimhaut sehr lebhaft injicirt und ums mehrfache verdickt,
die Gehörknöchelchen vollständig in dieselbe eingebettet, und
ebenso die Schleimhautfläche des Trommelfells mit einem reichlichen Gefässnetz überzogen — kurz ein Bild, das wir sonst mit
dem Namen „acuter Catarrh der Paukenhöhle" bezeichnen würden. Unter 35 Felsenbeinen von Kindern, die ich bisher auf ihr
anatomisches Verhalten untersuchte, boten nur fünf diesen Befund
nicht dar, über welchen ich bereits im vergangenen November
unserer physikalisch-medicinischen Gesellschaft ausführlich Mittheilung machte, daher ich hier nur in Kürze auf die auffallende
Häufigkeit krankhafter Schleimhautaffectionen des mittleren Ohres,
namentlich bei Kindern, aufmerksam machen wollte.

XXXVI.

Vollständige Taubheit bei einem Syphilitischen.   Vorwiegend negativer Befund im Ohre.*)

„Der 36 Jahre alte Fischer J. in H. litt in seiner Kindheit an
Otorrhoe. Ungefähr 8 Jahre vor seinem Tode wurde er syphilitisch
inficirt. Sein Gehör war zwar schon im Knabenalter schwach, aber

---

*) Zuerst veröffentlicht von Dr. Betz in seinen Memorabilien. Heilbronn a. N.
27. Mai 1863.

doch scharf genug, dass er ohne auffallende Störung mit den Leuten umgehen konnte. Vor 5 Jahren bekam ich ihn wegen Hautsyphilis in Behandlung und ein Jahr darauf wegen Periostiten an dem Schädeldach und den Schienbeinen, deren Producte sich wieder resorbirten, so dass es zu keiner Verschwärung der Haut oder der Knochen kam. Die Zeit, in welche die ernstere Erkrankung des Gehörorgans fällt, kann nicht genau mehr angegeben werden, da der Kranke, unfolgsam und eigensinnig, sich nur bei stärkerer Steigerung der Schmerzen an den Arzt wandte; soviel kann gesagt werden, dass derselbe schon einige Jahre nach der Infection zu leiden anfing. Anfangs bediente er sich noch mit Nutzen eines Hörrohres, in den letzten drei Jahren war er vollkommen taub, so dass man durch Schreiben auf die Tafel sich ihm verständlich machen musste. Aus beiden Ohren kam von Zeit zu Zeit eine eiterige Substanz, die bald von dünnerer bald von dickerer Consistenz war, nicht besonders fötid roch und keine Knochenpartikelchen zeigte.

Alle die energischen Kuren, welche man wegen der inveterirten Lues mit ihm vornahm, hatten auf das Gehör nicht den mindesten bessernden Einfluss. Man vermuthete Caries in beiden Gehörorganen. In den letzten zwei Jahren litt er an ungeheuerer Müdigkeit und an Knochenschmerzen, tabescirte, wurde immer blutleerer, es stellten sich Gastrointestinalcatarrhe, Schwindel u. s. w. ein. Einige Monate vor dem Tode behauptete er eines Tages, das Rauschen eines Wassers gehört zu haben (wahrscheinlich eine centrale Hallucination). In der letzten Woche seines Lebens gesellten sich viele epileptische Anfälle dazu, wobei die Pupillen sich jedesmal ausserordentlich erweiterten. Bei der Section, die sich wegen der Gehörorgane blos auf den Kopf beschränkte, musste die dünne Kopfschwarte durchaus mit dem Messer lospräparirt werden, es war ganz unmöglich, sie nur die kleinste Strecke abzureissen. Die Kopfhaare waren dünn, fein und weich; das Schädeldach ungewöhnlich schwer, hypertrophisch sclerosirt*); die Furchen für die Arterien seicht und glänzend. Die Dura mater löst sich leicht vom Knochen ab; in der Scheitelgegend, wo die Paccinoni'schen Granulationen vorzukommen pflegen, fand sich ein kleines zellstoffiges Exsudat. Die Gefässe der Pia und des Gehirns contrahirt; die Gehirnsubstanz fest, nur der hintere Theil des Corpus callosum erweicht. Sonst fand sich weder im Gehirn noch an der Basis cranii etwas Abnormes vor; nirgends waren Osteophyten oder ulcerirende Stellen zu finden.

Das rechte Ohr, welches ich an der Leiche secirte, zeigte weder im Gehörgange noch in der Paukenhöhle eine cariöse Stelle, die Gehörknöchelchen waren schwer und stark, entsprechend der allgemeinen hypertrophischen Sclerose: die Zellenwände des Processus mastoideus derb und hart, die Zellen klein."

*) Schon beim Hereintragen der äusserst abgezehrten Leiche in das Sectionslokal fiel die Schwere derselben auf, so dass angenommen werden muss, das ganze Skelett sei dieser hypertrophischen Sclerose anheimgefallen.

Soweit Dr. BETZ.

Das linke Ohr wurde mir zugeschickt und von mir untersucht (Präp. Nr. 243).

In der Tiefe des äusseren Gehörganges ziemlich viel eiteriges Secret, das zum Theil eingedickt ist und nach dessen Entfernung mit dem Pinsel erst das Trommelfell deutlich wird. Dieses zeigt eine nierenförmige Perforation, welche fast die Hälfte der Membran einnimmt. Das übrige Trommelfell stark verdickt. Der Hammergriff durch diese alle Schichten begreifende Verdickung des Trommelfells nur schwach sichtbar; sein unteres Ende stark nach Innen gezogen und durch eine ganz kurze, aber breite und starke Pseudomembran mit der gegenüberliegenden Wand der Paukenhöhle, dem Promontorium, verwachsen. In der Paukenhöhle ziemlich reichlich eiteriges Secret von gewöhnlicher, nicht riechender Beschaffenheit. Die Schleimhaut allenthalben stark verdickt und ziemlich gefässreich; Entblössung des Knochens oder Ulceration der Schleimhaut nirgends vorhanden. Musculus tensor tympani vollständig erhalten, zeigt unter dem Mikroskop sich durchaus normal. Amboss und Steigbügel vollständig erhalten und durchaus beweglich. Tegmen tympani wie überhaupt der Knochen ungemein dick und stark sclerosirt; nirgends eine Spur von Caries. Von der Tuba nur der obere Theil am Präparat vorhanden; dieser sehr weit wie häufig bei alten Eiterungsprocessen; Lumen zum Theil mit Eiter erfüllt, Schleimhaut gewulstet.

Der Nervus acusticus von normaler Dicke und Farbe, zeigt (auch nach dem Urtheile von Prof. HEINRICH MÜLLER) durchaus nicht viel Bindegewebe zwischen den gut erhaltenen und markhaltigen Fasern, welche mehrmals sogar noch einen ganz deutlichen Achsencylinder besitzen. Auch ein Vergleich mit dem Facialis (makroskopischer wie mikroskopischer) spricht nicht für eine Abnormität und insbesondere nicht für eine Atrophie des Gehörnerven. Ebenso wenig lässt sich im Vorhofe und in der Schnecke irgend eine nennenswerthe Abweichung von der Norm nachweisen. Inhalt des Vorhofes etwas verdickt, sehr reich an Otolithen, die auch im vorderen Bogengange sich in ungewöhnlicher Menge finden. Die Nervenausbreitung an den Säckchen, entsprechend dem Alter des Präparates nicht mehr nachweisbar.

An der Schnecke die allein noch zu erkennenden gröberen Theile der Lamina spiralis membranacea ganz normal und sehr deutlich.

Epikrise. Mit diesem Befunde vertrüge sich ein mittleres, für den gewöhnlichen Bedarf nahezu ausreichendes Gehör und erklärt er nicht im Geringsten die absolute Gehörlosigkeit, deren Ursache somit im Gehirn allein gesucht werden muss. Was die allerdings auffallende Menge der sonst normalen Otolithen betrifft, so lässt sich kaum denken, dass dieselbe von besonderer Bedeutung ist, zumal uns bisher jedes genaue Maass für die normale

Anzahl derselben abgeht und diese eine wechselnde zu sein scheint.
— Diesem Berichte von mir fügte BETZ weiter folgende Bemerkungen hinzu:

„Es lehrt uns dieser Fall 1. wie sehr man sich hüten muss,
bei Syphilitischen, die an Otorrhoe leiden, die sogar taub sind
und andere Symptome von Erkrankungen des Kopfes zeigen, sogleich eine Caries zu supponiren. Die heftigsten Kopfschmerzen,
die epileptischen Anfälle, die Periostiten waren lauter Momente.
die den Verdacht einer cariösen Zerstörung an der Basis cranii
rechtfertigten. 2. lehrt uns dieser Fall, wie wenig eine allgemeine Behandlung auf Gehörkrankheiten influirt. Die Schmier-
kur, das Jodkali in ausgedehntestem Maassstabe angewandt, brachten nicht den mindesten Nutzen; von der Menge äusserer Mittel,
welche wegen der Taubheit fruchtlos angewandt wurden, will ich
ganz absehen. 3. möchte ich auf die Gefahr hinweisen, in welcher
diejenigen schweben, welche bei vorhandenem Gehörleiden von
allgemeiner Lues befallen werden, denn wenn auch keine specielle syphilitische Erkrankung des Gehörorgans in unserem Falle
nachgewiesen wurde, so participirte doch der knöcherne Theil
des Ohres an der allgemeinen Affection des Skelettes. Es hiesse
die Skepsis zu weit treiben, wenn man einen causalen Zusammenhang der eingetretenen vollständigen Taubheit mit der syphilitischen Allgemeinerkrankung negiren wollte."

D.
Das Gehörorgan beim Typhus.

XXXVII.
Typhus.
Eiterung des äusseren Gehörgangs mit Nekrotisirung der vorderen Wand.
Keine Perforation des Trommelfells.*)

Margaretha Häusler aus Estenfeld, 12 Jahre alt, starb am 17.Mai 1865 auf der medicinischen Klinik. Die Diagnose lautet: Typhus. Die Section ergab ausser Darmtyphus Meningitis cerebro-spinalis und zahlreiche subcutane Abscesse am Halse und Kopfe, einen grösseren noch nicht eröffneten Abscess über dem rechten Tuber parietale.

Zur Untersuchung kam nur das linke Ohr (Präp. Nr. 257), an welchem die Kranke Eiterausfluss gehabt hatte.

An der vorderen Wand des Gehörgangs gegen die Gelenkgrube des Unterkiefers sind die Weichtheile eiterig infiltrirt. An der Stelle der vorderen Wand des knöchernen Gehörgangs finden sich zwei flache unebene, allenthalben angeätzte Knochenplättchen im nekrotisirten und aus dem Zusammenhange mit den Weichtheilen vollständig gelösten Zustande. Trommelfell oberflächlich etwas verdickt, sonst ganz normal. Paukenhöhle ohne Eiter oder sonstige Anomalie. Schleimhaut nicht verdickt.

Dass ein subcutaner Abscess des Gehörgangs das darunter liegende Knochengewebe rasch ausser Ernährungszusammenhang setzt und zum Absterben bringt, hat an und für sich nichts Auffallendes. Eine andere Frage ist es, ob solche Fälle häufig vorkommen. Ich habe noch nichts Aehnliches gesehen und erinnere mich auch nicht ähnliche Mittheilungen gelesen zu haben. Wir müssen aber bedenken, dass das Mädchen neben Typhus noch an ausgebreiteter Meningitis der Schädel- und der Rückenmarkshöhle litt, welche ungewöhnlich ausgedehnte Störungen der allgemeinen

*) Zuerst veröffentlicht im Arch. f. Ohrenheilk. 1871. Bd. VI. S. 50.

Ernährung zugleich am Kopfe und am Halse mehrfache Eiterungsvorgänge hervorgerufen hatten. Diese vordere Wand des knöchernen Gehörgangs, welche aus dem Annulus tympanicus resp. der Pars tympanica ossis petrosi sich entwickelt, ist an und für sich auffallend vielen Fährlichkeiten ausgesetzt, von denen wir in diesen Sectionsberichten schon einige angeführt haben; ausserdem unterliegt sie nicht so selten auf mechanischem Wege, durch Fortsetzung von Schädelbrüchen, vollständigen Aussprengungen, wovon wir bei Gelegenheit eines später berichteten Falles (MÜHLBAUER) mehrere Beispiele kennen lernen werden.

XXXVIII.

Typhus.
Eiteriger Catarrh der Paukenhöhle mit Perforation und Entzündung des Trommelfells. Hyperämische Schwellung in allen angrenzenden Knochenhohlräumen.*)

Kaufmann O. von hier, 68 Jahre alt, starb am Typhus, während welchem sich 14 Tage vor dem Tode eine rechtseitige Otorrhoe entwickelt hatte. Herr Dr. THEODOR HERZ hatte die Güte, mir das Felsenbein (Präp. Nr. 269) zu übermitteln.

Im Gehörgang ziemlich reichlich eingedickter Eiter, am meisten dicht am Trommelfell. Diesem aufliegend eine zusammenhängende weisse Epidermisschichte, nach dessen Entfernung das Trommelfell roth gewulstet, ohne dass der Griff zu erkennen wäre, erscheint. Ganz hinten und oben eine kleine Perforation von circa 2 Mm. Umfang. Durch dieselbe ist die Schleimhaut der Paukenhöhle rothgewulstet sichtbar, ihre Räumlichkeit durch die Tieflage des Trommelfells entschieden verkleinert. In ihr ziemlich viel Eiter.

Dura mater über dem Tegmen tympani durch reichliche gelbliche Einsprengungen getrübt. Auffallend, insbesondere für das Alter des Individuums, ist, wie stark die Fissura petro-squamosa entwickelt ist, welche geradezu klafft; an mehreren Stellen der Knochenspalte zeigen sich entwickelte Gewebsfortsätze der Dura mater und über dem Antrum mastoideum erstrecken sich ziemlich starke Gefässäste aus der Dura durch dieselbe hindurch. Die Mucosa scheint unter dem Tegmen tympani roth durch, und erstreckt sich die Hyperämie und die starke Schwellung auch in die angrenzenden Hohlräume der Schuppe fort. Auffallend entwickelt zeigen sich diese Hohlräume des Felsenbeins medial vom Antrum mastoideum, wo sie sich längs der oberen Kante der Pyramide bis nahe an den Canalis semicircularis superior erstrecken, auch hier mit verdickter und hyper-

*) Zuerst veröffentlicht im Arch. f. Ohrenheilk. 1869. Bd. IV. S. 134.

ämischer Auskleidung versehen. Sehr gut lässt sich bis zu diesen Hohlräumen gehend die beim Fötus eine besondere Rolle spielende Arteria
subarcuata verfolgen.

Dass bei Typhus eitriger Catarrh der Paukenhöhle sich entwickelt, ist bekanntlich ziemlich häufig, auch hat es nichts Auffallendes, dass derselbe zu Perforation des Trommelfells geführt
hat. Seltener möchte sich hiermit eine Oberflächenentzündung
des Trommelfells vergesellschaften, wie sie sich hier durch das
Aussehen des Trommelfells und die auf demselben lagernde und
von ihnen abhebbare Epidermislage kundgab.

XXXIX u. XL.
Schwerhörigkeit im Verlaufe von Typhus entstanden.
**Beidseitig die Paukenhöhle und die Zellen des Warzenfortsatzes mit Eiter
erfüllt, die Schleimhaut derselben stark hyperämisch und geschwellt.
Auf der einen Seite ausserdem Injection der Cutisschichte des beidseitig
imperforirten Trommelfells.*)**

Leonhard Mack, 33 Jahre alt, Dienstknecht aus Grambach,
trat am 14. Januar 1856 mit beginnendem Typhus ins Juliusspital,
im Verlaufe dessen er schwerhörig wurde. Ich sah den Kranken zu
Lebzeiten nicht, kann auch weiter nichts angeben. Starb am 18. Februar. Die Section wies Ileotyphus mit ausgedehnter Ulceration
und besonderem Ergriffensein der Solitärfollikel im unteren Theile des
Ileums nach. Ausserdem Milztumor und parenchymatöse Nephritis.

Linkes Felsenbein (Präp. Nr. 1). Gehörgang trocken, ein
schwacher Ohrenschmalzring an den Wänden da, wo der knorpelige
Gehörgang in den knöchernen übergeht. Das Trommelfell, vom
äusseren Gehörgang angesehen, zeigt sich injicirt, und zwar zieht sich
einmal ein Gefässstrang, welcher mit Gefässen an der oberen Wand
des Gehörgangs zusammenhing, von oben nach unten längs des Hammergriffs bis zu dessen Ende (Umbo), ferner zeigten sich zarte radiäre
Gefässchen, die ebenfalls ganz oberflächlich von der Peripherie des
Trommelfells sich fast bis zu dessen Mitte hin erstrecken. Das Trommelfell selbst schwach gelblich durchscheinend. Bei der Eröffnung der
Paukenhöhle zeigt sich dieselbe, wie die Zellen des Warzenfortsatzes, mit schleimig eiteriger Masse gefüllt, die Schleimhaut
stark hyperämisch geschwellt.

Rechtes Felsenbein (Nr. 2). Im Wesentlichen dasselbe; das
Trommelfell nicht injicirt, opak. In der Paukenhöhle reichlich
puriforme Flüssigkeit, die sich nach der mikroskopischen Untersuchung
als Eiter ergibt.

---

*) Zuerst veröffentlicht in Virchow's Arch. f. pathol. Anat. 1859. Bd. XVII.
S. 6.

Die Schnecke beidseitig in ihrer Knochensubstanz stark gelb-
lich, ihre Weichtheile zeigen eine sehr reichliche Einlagerung von
Pigment.
Die Tuba fehlte an dem Präparat, das mir zukam.

Diese Section bot somit im Ganzen ähnliche Zustände, wie
sie PAPPENHEIM und PASSAVANT von den Ohren Typhuskranker
beschreiben (Henle und Pfeuffer's Ztschr. 1844 u. 1849), nur dass
diese gewöhnlich „Schleim" in der Paukenhöhle fanden, während es sich hier entschieden um „Eiter" handelte. Für meine
eigenen Anschauungen und künftigen Arbeiten hat sie dagegen
einen sehr maassgebenden Einfluss gehabt, indem sie die erste
Section war, die ich am Ohre überhaupt in mehr ausführlicher
Weise anstellte und sie mir so recht zeigte, wie man gut thut,
in Allem, was normale wie pathologische Anatomie des Ohres betrifft, sich weniger auf Autoritäten als auf eigene genaue Beobachtungen zu verlassen.

Was einmal die normal-anatomischen Verhältnisse angeht, so
war ich verwundert, am Trommelfell grössere, dem Hammergriff
entlang verlaufende Gefässe im entschiedenen Zusammenhang mit
Gefässen des äusseren Gehörgangs zu finden, während doch gewöhnlich angenommen wird, dass die Gefässe des Trommelfells
von innen, von der Paukenhöhle, her kommen und einem Zusam-
mentritte der Art. tympanica von der stylomastoidea und der Art.
tympanica von der maxillaris interna ihr Dasein verdanken —
Verhältnisse, wie sie ARNOLD sowohl in seinem Handbuche der
Anatomie sowie in seinem Icones organorum sensuum in genannter
Weise beschreibt und abbildet. Angeregt durch diese erste Section
und diesen Befund, der mir ein wesentlich anderes Verhalten der
Gefässe zeigte, unternahm ich denn weitere Untersuchungen über
diesen Punkt, welche mich zu der Ueberzeugung brachten, dass
der grössere Theil der Gefässe des Trommelfells jedenfalls vom
äusseren Gehörgang kommt, und zwar gerade diese beiden oberflächlich in der Coriumschicht des Trommelfells liegenden Gefäss-
netze, welche wir an dem genannten Typhuskranken vertreten
fanden und von denen das eine an der Peripherie liegende cen-
tripetale Gefässnetz mehr in seinen feinen Reiserchen, die Gefässversorgung dagegen, die längs des Griffes von oben nach
unten geht und vom Umbo aus centrifugale radiäre Aestchen ab-
schickt, nur in ihren Hauptstämmen deutlich entwickelt war.
Ausserdem ergaben mir bald weitere Untersuchungen, dass das

Trommelfell auch an seiner inneren Seite, seiner Schleimhautplatte, eine von der äusseren im Wesentlichen getrennte Vascu-
larisation besitzt, die mit den Gefässen der Paukenhöhle zusammenhängt, — Verhältnisse, welche ich genauer beschrieben habe
in meinen „Beiträgen zur Anatomie des menschlichen Trommelfells" (Zeitschrift für wissenschaftliche Zoologie von Kölliker
und Siebold Bd. IX. S. 97) und wie sie später Gerlach in seinen „Mikroskopischen Studien aus dem Gebiete der menschlichen
Morphologie" (Erlangen 1858) ebenso angegeben und durch Injec-
tionen weiter verfolgt hat.

Unter gewöhnlichen Verhältnissen sieht man sowohl beim
Lebenden als an der Leiche nichts von diesen Gefässen, die erst
nach vorausgegangenen Reizen sich mit Blutkügelchen füllen, sei
es nun bei entzündlichen Vorgängen, wo namentlich häufig die
längs des Griffes von oben nach unten laufenden Gefässe sichtbar
werden, oder nach Reizen, die auf die Innen- oder Aussenfläche
des Trommelfells einwirken; so füllen sich die längs des Griffes
verlaufenden Gefässe häufig schon, wenn lauwarmes Wasser mit
einiger Gewalt in den Gehörgang eingespritzt oder ein kräftiger
Luftstrom durch den Katheter in die Paukenhöhle eingetrieben
wird, fast constant aber, wenn z. B. Salmiakdämpfe, wie sie bei
Catarrhen des Mittelohres von grossem Nutzen sind, durch den
Katheter in dasselbe einströmen.

Genau zu wissen, woher ein Theil seine Gefässzufuhr erhält,
ist nicht nur wissenschaftlich interessant, sondern auch häufig
praktisch sehr wichtig, indem örtliche Blutentleerungen natürlich
dann am meisten Einfluss auf ein erkranktes Organ haben werden, wenn wir sie an einer unter denselben Gefässen stehenden
Stelle vornehmen.   Bei den verschiedenen entzündlichen Affectionen des Ohres ist man von jeher gewohnt Blutegel an den Processus mastoideus zu setzen.   Wenn wir nun wissen, dass der
äussere Gehörgang nur allein von der Arteria auricularis profunda
(aus der Maxill. interna) versorgt wird, welche hinter dem Gelenkfortsatz des Unterkiefers, also vor der Ohröffnung liegt, und
wir oben sahen, dass aus derselben Quelle der bei weitem grössere Theil der Trommelfellgefässe kommt, so scheint es a priori
schon viel gerathener, bei Ohrenentzündungen, deren Sitz im äusseren Gehörgang oder im Trommelfell ist, die Blutegel vor dem
Tragus, dicht hinter dem Kiefergelenk, oder an die äussere Partie
der Ohröffnung selbst anzulegen, nicht aber an den Warzenfort-

satz, dessen Gefässe nur in entfernter Beziehung stehen zu den erkrankten Theilen. Anders dagegen, wenn es sich um Ernährungsstörungen in der Tiefe, in der Paukenhöhle und dem anliegenden Knochen, handelt. In solchen Fällen, wo man mit Blutentziehungen überhaupt nicht sparsam sein darf, wenn man noch zur rechten Zeit bedenkliche Ausgänge vermeiden will, muss man nach dem, was uns die Anatomie lehrt, die Blutegel theils an den Processus mastoideus theils unter die Ohröffnung, ans Foramen stylomastoideum, aber auch vor das Ohr setzen, eingedenk, dass die Paukenhöhle und der angrenzende Knochen von verschiedenen Seiten seine Ernährungszufuhr erhält, einmal von der Art. tympanica, welche durch die GLASER'sche Spalte, also am Kiefergelenk, eintritt, dann von der Stylomastoidea, welche unter der Ohröffnung in den Fallopischen Kanal dringt; endlich aber wird der Zitzenfortsatz von einer grossen Menge Gefässe durchbohrt (Vasa emissaria Santorini), welche in enger Beziehung stehen zur Ernährung des ganzen anliegenden Knochens und zugleich zu den Gehirngefässen, namentlich den Sinus der Dura mater. (Der letztgenannte Ort, der Proc. mastoideus, eignet sich sehr gut, um daselbst mittelst HEURTELOUP'scher küntlicher Blutegel rasche und starke Blutentleerungen vorzunehmen, die hier zuweilen unzweideutige Dienste leisten.) Ich sagte oben schon aus aprioristischen, rein anatomischen Gründen müsste man in dieser Weise die Blutentziehungen bei den verschiedenen Ohrenentzündungen vornehmen, allein auch vielfache eigene Erfahrung bestätigt mir in praxi den Werth dieser Unterscheidungen und den überwiegenden Nutzen der Application der Blutegel vor dem Tragus bei allen Entzündungen, welche den äusseren Gehörgang und das Trommelfell betreffen, wie auch lange, bevor diese anatomischen Verhältnisse durch mich genauer bestimmt wurden, ein sehr gediegener Praktiker und Ohrenarzt, WILDE in Dublin, nach den Ergebnissen seiner Erfahrung darauf aufmerksam machte, dass die Anwendung der Blutegel vor dem Tragus bei schmerzhaften Ohrenentzündungen — und als schmerzhafte Entzündungen am Ohre charakterisiren sich besonders die des äusseren Gehörgangs und des Trommelfells — weit wirksamer wäre, als wenn man sie an den Zitzenfortsatz anlege.

Ein weiteres Moment dieses Befundes, das mich zum selbstständigen Beobachten aufforderte und zum Misstrauen gegen das von „Autoritäten" Ausgesprochene, soweit dies die Anatomie und

Pathologie des Gehörorgans betrifft, ist, dass die Paukenhöhle wie
die Zellen des Proc. mastoideus beiderseitig mit „Eiter" gefüllt
waren. Wer die ohrenärztliche Literatur und ihre häufig höchst
unerquicklichen Zänkereien nicht näher kennt, wird sich wundern, warum ich dies betone. Denn wir wissen, dass „jede Schleimhaut unter Umständen puriforme Elemente liefern könne" (VIR-
CHOW, Cellularpathologie S. 397), finden es also sehr begreiflich,
dass auch das Mittelohr Eiter produciren und mit Eiter gefüllt sein
kann. WILHELM KRAMER indessen, der unerbittliche Censor der
ohrenärztlichen Literatur, sprach sich an verschiedenen Orten mit
gewohnter Schärfe und Strenge gegen die Richtigkeit und Genauigkeit aller der Beobachtungen aus, die von primärer eiteriger
Entzündung der Paukenhöhle Zeugniss ablegen sollten. Finden
wir a priori es für unerklärlich, warum die Schleimhaut der Paukenhöhle nicht ebenso gut Eiter erzeugen könne, wie eine andere
Mucosa, so sprechen neben dem hier mitgetheilten Sectionsbefund
viele andere, namentlich an Kindesleichen, von denen später die
Rede sein wird, wie nicht weniger mehrere Fälle aus meiner
Praxis, für die ich Exactheit der Beobachtung in Anspruch nehme,
entschieden für die Möglichkeit und das Vorkommen primärer
eiteriger Entzündung des mittleren Ohres, die somit nur mit Unrecht geleugnet wird.

E.

Das Gehörorgan und die Tuberculose.

XLII u. XLIII.

Schwerhörigkeit bei einer Tuberculösen.

Links. Epidermisschichten im Gehörgang und am Trommelfell. Umfangreiche Durchlöcherung des Trommelfells mit theilweiser Kalkeinlagerung in die hintere übrig gebliebene Hälfte. Anchylose der Gehörknöchelchen, Verwachsung des Amboss mit dem Trommelfell. — Rechts. Trommelfell undurchsichtig, abnorm flach, zeigt zwei verkalkte Stellen und eine geheilte Perforation; an der inneren Seite mehrere Stränge aus der verdickten und hyperämischen Schleimhaut der Paukenhöhle kommend. Veränderungen an den Gehörknöchelchen.*)

Barbara Hai, 28 Jahre alt, aus Löffelstelzen, starb im Juliusspital an Tuberculose der Lungen und seit 16 Tagen bestehendem Pneumothorax am 6. Juli 1856.

Wurde mir als „schwerhörig gewesen" bei der Section bezeichnet, welche ausser sehr ausgedehnter älterer und frischerer Tuberculose beider Lungen und enormen Cavernen vorgeschrittene Tuberculose des Larynx mit Zerstörung der oberen Stimmbänder und ausgedehnte tuberculöse Ulceration des Dickdarms nachwies.

Linkes Felsenbein (Präp. Nr. 49). Die Auskleidung des knöchernen Gehörgangs von mehreren Lagen membranartig zusammenhängender Epidermis bedeckt, die sich eine nach der anderen abziehen lässt. Ebenso lässt sich von der Oberfläche des Trommelfells eine dicke Lage aus mehreren Epidermisschichten bestehend abheben, welche nach vorn und oben eine kleinerbsengrosse Lücke zeigt. Diese Lücke geht kanalartig von oben nach unten durch die das Trommelfell bedeckenden Massen, und zwar gelangt man mit einer Sonde durch sie hindurch in die Paukenhöhle. Entfernt man diese Epidermislagen, so ergibt sich, dass dieselben eine noch weit grössere Perforation des Trommelfells verdeckten. Es fehlt nämlich die ganze

---

*) Zuerst veröffentlicht in Virchow's Arch. f. pathol. Anat. 1859. Bd. XVII. S. 14.

vordere Hälfte des Trommelfells bis zum Hammergriff, mit Ausnahme eines ganz kleinen vorderen Randes. Der übrige Rest des Trommelfells, also der hintere Theil, ist grau, trübe und zeigt eine ziemlich umfangreiche, weissgelbe Stelle, welche sich rauh, wie verkalkt, anfühlt. Diese verkalkte Partie nimmt über ein Drittel der hinteren Hälfte des Trommelfells ein und erstreckt sich halbmondförmig von oben nach unten und zwar so, dass zwischen der convexen, nach hinten gerichteten Seite des Halbmonds und dem Falze, in dem das Trommelfell befestigt ist, noch eine schmale, relativ normale, d. h. nicht verkalkte Zone, vorhanden ist. — Unterer Theil der Tuba nicht vorhanden am Präparat, die knöcherne Tuba stark weit, kein Schleim in ihr.

Schleimhaut der Paukenhöhle aufgelockert, mit einer röthlichen Flüssigkeit infiltrirt, die wie von Cholestearin glitzert. (Dieselbe Flüssigkeit fand sich auch an den Wänden des Gehörgangs.) Schleimhaut am Hammer-Amboss-Gelenk stark verdickt und aufgelockert; Beweglichkeit im Gelenk vollständig aufgehoben. Der Amboss, dessen langer, dem Hammergriff parallel liegender Fortsatz seiner ganzen Länge nach mit der hinteren Fläche des Trommelfells verwachsen ist, ist mannigfach fixirt, ebenso der Steigbügel. Processus mastoideus besitzt keine grösseren Hohlräume, ist sehr massiv.

Eine genauere mikroskopische Untersuchung der verkalkten Trommelfellpartie zeigt an den Rändern, wo der Verkalkungsprocess weniger intensiv ist, Kalkkörnchen in die Bindegewebskörperchen sowohl als in die Trommelfellfasern selbst eingelagert. Die ersteren finden sich häufig verkümmert, nicht wie gewöhnlich mit Essigsäure leicht darzustellen, wobei eine starke Gasentwicklung stattfindet; manchmal sind die Bindegewebskörperchen auch der ganzen Länge nach mit Fettmolekülen erfüllt. Wo der Process ein intensiverer und sich statt des Trommelfells eine vollständige Kalkplatte findet, die gegen die Paukenhöhle zu prominirt, lassen sich keine bestimmten Gewebselemente mehr nachweisen; es besteht Alles aus undurchsichtigen, zerbröckelnden Massen, die auf Salzsäurezusatz stark aufbrausen. Auch einzelne krystallinische Formen finden sich in diesen Bröckeln.

Rechtes Felsenbein (Nr. 50). Im Gehörgang etwas dünnes gelbes Cerumen; derselbe, wie auch links, gleichmässig sehr weit. Das Trommelfell grau, undurchsichtig, flacher als gewöhnlich, der Hammergriff kaum zu sehen. Das Trommelfell besitzt nach vorn und oben einen kleinen kreidigen Fleck, eine grössere, nahezu halbmondförmige, dichtere, kreidige Stelle nach hinten, ähnlich der auf der linken Seite, nur weniger umfangreich. Dicht unter dem Umbo zeigt sich eine linsengrosse Stelle, die sich vom übrigen Trommelfell durch eine auffallende Durchsichtigkeit und grössere Dünne unterscheidet. Dieselbe, rundlich mit nach oben ausgeschweiftem Rande, scheint bei näherer makroskopischer Betrachtung blos aus dem Epidermisüberzug zu bestehen, welcher sich am scharfen Rande dieser Stelle nach innen vertieft. Eine genaue mikroskopische Untersuchung ergibt, dass es sich in der That um einen Substanzverlust, eine geheilte Perforation,

handelt, indem die fibröse Platte des Trommelfells hier vollständig
fehlt. Die Ränder sind nicht verdickt, sondern verdünnen sich allmälig bis zum gänzlichen Mangel der Tunica propria membranae tympani. An diesen Rändern sind die Trommelfellfasern etwas unregelmässig angeordnet, nicht in der normalen Weise parallel oder concentrisch, zeigen häufig Unterbrechungen in ihrer Continuität und liegen
oft isolirt oder gekreuzt. — Aus der knorpeligen Tuba Eustachii
entleert sich bei Druck eine röthliche (cadaveröse) Flüssigkeit, die sich
auch in der Paukenhöhle findet. Am Uebergang in den knöchernen
Theil ist sie weiter als gewöhnlich und zwar durch Verdünnung der
Knochenlamelle, welche die vordere Wand des Canalis caroticus und
die hintere der knöchernen Tuba bildet. Diese Lamelle ist hier zu
einem ganz durchsichtigen Plättchen verdünnt, das an einer Stelle sogar eine kleine Lücke zeigte, so dass also Carotis und Tubenschleimhaut dicht an einander lagen. In der Paukenhöhle die Labyrinthwand stark injicirt. Schleimhaut namentlich an der Innenfläche des
Trommelfells mässig stark verdickt, vorn, am Ostium tympanicum tubae, wie hinten ziemlich starke verdickte Stränge bildend, die eine
Strecke weit über das Trommelfell sich herein erstrecken und dasselbe jedenfalls abnorm stark spannten und abflachten. Hammer
und Amboss mit einer röthlichen sulzig infiltrirten Masse umgeben.
Steigbügel allseitig durch Adhäsionen fixirt, indessen noch beweglich. Amboss, wie links, mit dem Trommelfell verwachsen in der
ganzen Ausdehnung seines langen Schenkels.

Dieser an anatomischem Detail reiche Sectionsbefund ergibt
uns Manches von Interesse. Was einmal die Kalkeinlagerungen
in das Trommelfell betrifft, so kommen dieselben nicht eben
selten vor; abgesehen von mehreren anderen ähnlichen Ergebnissen bei Sectionen, fand ich sie auch schon öfter am Lebenden,
und zwar bis jetzt immer ähnlich gelagert wie hier, entweder
vorn und oben, dann in einer rundlich-länglichen Gestalt, oder
nach hinten, wo stets in grösserer und zwar halbmondförmiger
Ausdehnung und so, dass der Halbmond mit der convexen Seite
nach hinten schaute und zwischen ihm und den Sehnenring, der
sich um das Trommelfell herumzieht, eine nicht verkalkte Zone
sich befand, ähnlich dem Annulus senilis der Cornea, wo ebenfalls
zwischen der undurchsichtigen Partie und der Scleralgrenze der
Hornhaut stets eine durchsichtige Zone liegt. Meist findet man
aber die Kalkeinlagerung an beiden Stellen. Noch häufiger als
diese Verkalkung trifft man, namentlich bei älteren Personen, eine
weisslichgraue, sehnige Figur in derselben halbmondförmigen Anordnung im hinteren Theile des Trommelfells. Wie weit solche
Kalkeinlagerungen hindernd auf das Hören einwirken, müssen

erst Beobachtungen von Fällen feststellen, die nicht mit anderen
Veränderungen im Gehörorgane complicirt sind — wenn solche
Verkalkungen überhaupt allein vorkommen. Ich traf sie bisher
immer neben intensiven chronischen Catarrhen des Mittelohrs, und
in den Fällen, in denen das Trommelfell dabei nicht perforirt
war, erwies sich die Schwerhörigkeit stets als eine hochgradige.
WILDE in Dublin mag diese Erkrankungsform wohl zuerst beschrieben haben. Er sagt*): „Es bilden sich atheromatöse oder
kalkartige Ablagerungen zwischen den Schichten des Trommelfells, und zwar gewöhnlich bei Frauen von mittlerem Alter. Die
Ablagerung befindet sich gewöhnlich in dem vorderen Theil, ist
von einer gelblichen Farbe und hat einen scharfen, deutlich ge-
zeichneten, aber unregelmässigen Rand, gänzlich verschieden von
dem einer lymphatischen Ausschwitzung, welche gewöhnlich in
die umgebende Membran hineinschattirt. Wenn man mit einer
Staarnadel darauf kratzt, findet man sie rauh, aber ich kann nicht
genau sagen, woraus sie besteht. Ich glaube, ich war der Erste,
der diese eigenthümliche Erscheinung angeführt hat; nämlich vor
10 Jahren in meiner Abhandlung über den Ohrenfluss" (erschien
1844). Mehrere Fälle von solchen kalkigen Einlagerungen ins
Trommelfell gibt dann TOYNBEE an in seinem „Descriptive catalogue of preparations illustrative of the diseases of the ear" London 1857. p. 17; es fanden sich dabei immer noch andere wesentliche Veränderungen namentlich in der Paukenhöhle und den Gehörknöchelchen.

Was die in unserem Falle beiderseitig vorliegende Verwachsung des langen Fortsatzes des Amboss mit dem Trommelfell betrifft, so kommt sie in verschiedener Ausdehnung nicht
selten zur Beobachtung an der Leiche wie am Lebenden; man
kann sie nämlich bei passender Beleuchtung auch am Lebenden
erkennen, wo sich dann an der entsprechenden Stelle des Trommelfells in seiner hinteren Hälfte eine gelbliche Färbung und
manchmal eine Einsenkung bemerklich macht. Dasselbe gilt von
der verdünnten Stelle unter dem Griff des rechten Trommelfells,
die ich nach dem Aussehen vom blossen Auge sowie nach den
Resultaten der mikroskopischen Untersuchung für eine geheilte
Perforation erklären muss, wie sie sich am Lebenden ebenfalls

---

*) „Praktische Beobachtungen aus der Ohrenheilkunde." Aus dem Engli-
schen von HASELBERG. S. 321.

diagnosticiren lässt, zumal man bei ausgedehnter Praxis ziemlich
häufig Gelegenheit hat, Trommelfelle, die früher perforirt waren
und sich von selbst oder unter geeigneter Behandlung schlossen,
später wieder zu untersuchen, wo sie alsdann meist dasselbe Bild
einer mehr verdünnten, meist scharf abgegrenzten, etwas flach ein-
gesunkenen Stelle geben. — Es sind mir indessen auch schon
mehrere Fälle vorgekommen, wo ich entweder selbst eine Perforation des Trommelfells beobachtete, oder dieselbe nach den Angaben des Kranken sicher vorhanden war, und wo ich auch bei
der genannten Untersuchung nicht im Stande war, eine Spur des
früheren Substanzverlustes zu erkennen. Die Regenerationskraft
des Trommelfells nach erlittenen Durchlöcherungen muss überhaupt für eine sehr bedeutende erklärt werden. — Strangartige
Falten bei Verdickung der Schleimhaut der Paukenhöhle, wie sie
hier sich in ziemlicher Stärke über das Trommelfell hinein er-
streckten und jedenfalls einen modificirenden Einfluss auf den
Spannungsgrad des Trommelfells haben müssen, werden wir noch
öfter an Individuen aufzuführen haben, die an den Folgen chronischer Catarrhe des Mittelohres litten. Für die functionellen Störungen bei solchen Leiden könnten sie nach den Gesetzen der
Physiologie von sehr grosser Bedeutung sein und ist nicht zu übersehen, dass das Trommelfell hier flacher als gewöhnlich, der
Hammergriff seiner ganzen Länge nach mehr nach einwärts gezogen und daher von aussen kaum zu erkennen war, Zustände,
wie sie sich auch am Lebenden uns darbieten.

XLIV u. XLV.
Schwerhörigkeit bei einer Tuberculösen.
**Starker Catarrh des Rachens und der Tuba. Beweglichkeitsverminde-
rung einzelner Gehörknöchelchen; rechts ausserdem Verwachsung der
hinteren Tasche des Trommelfells.*)**

Anna Ursprung, 35 Jahre alt, Magd, lag an ausgesprochener
Tuberculose im Juliusspital, wo ich sie einige Wochen vor ihrem
Tode sah. Sie hört meine für Normalhörende 6—8 Fuss weit hör-
bare Cylinderuhr rechts 1 Zoll, links 4 Zoll. Sie bemerkt ihre allmälig ohne Schmerzen oder Sausen zunehmende Schwerhörigkeit seit
etwa 3 Monaten. Gibt an, vor 10 Jahren in Folge des Nervenfiebers

*) Zuerst veröffentlicht in Virchow's Arch. f. pathol. Anat. 1859. Bd. XVII.
S. 23.

das Gehör verloren, später aber wieder ganz gut gehört zu haben. Starb am 7. Juni 1857.

Die Section ergibt ausgedehnte Tuberculose der Lungen mit Cavernenbildung, ausserdem amyloide Degeneration der Leber, Milz und Nieren.

Untersuchung der Gehörorgane (Präp. Nr. 101 und 102). Rechts. Rachenschleimhaut mit Schleim und Secret bedeckt, allenthalben stark gewulstet, mit röthlichen Flecken und Streifen, ähnlich varicösen Gefässen, versehen; dabei eine Reihe Faltenbildungen, Vertiefungen und partielle Wulstungen der Schleimhaut in der Nähe der Tubenmündung. Der hintere Tubenknorpel auffallend dick, um das Dreifache verdickt, was sich beim Durchschnitt aus der Hypertrophie der Rachenschleimhaut und des submucösen Gewebes erklärt. Der Knorpel selbst zeigt namentlich am Ostium pharyngeum tubae feine Löcherchen und Spaltbildungen. Die Schleimhaut der Tuba selbst wenig verändert, mit dicklichem, glasigem Schleim bedeckt. Mündung der Tuba auffallend weit und klaffend, was sich eine Strecke lang fortsetzt, um dann in eine ebenso auffallende Verengerung des Kanals überzugehen. — Auskleidung der Paukenhöhle durchaus anämisch und nicht verdickt. Der Steigbügel lässt sich auffallend wenig hin und her bewegen. — Das Trommelfell von aussen, vom Gehörgang aus, normal aussehend bis auf eine grauliche hervorspringende Leiste, die oben und hinten vom Rande des Trommelfells sich gegen den Processus brevis mallei hinzog. Dieser von aussen sichtbaren Leiste entsprechend zeigt sich, wenn man das Trommelfell von innen, von der Paukenhöhle aus, betrachtet, eine Verwachsung der hinteren Tasche in ihrem vorderen, dem Hammer zunächst liegenden Theile. Der Rand der hinteren Partie derselben, der Peripherie des Trommelfells zunächst liegend, ist frei, nicht verwachsen. Das Ligamentum mallei internum in der GLASER'schen Spalte sehr stark entwickelt. Trommelfell selbst sehr dünn. — Die Wand der Fossa sigmoidea, welche die den Sinus transversus von den Zellen des Warzenfortsatzes trennt, so dünn, dass man sie mit der Pincette leicht durchdrücken kann. — Sinus sphenoidalis, maxillaris und frontalis sind alle sehr stark entwickelt und von einer ganz dünnen, blassen Haut ausgekleidet, ohne alle Secretanhäufung in ihnen.

Links. Derselbe Zustand der Rachenschleimhaut wie rechts. Auffallend ist auch hier das starke Klaffen der Tubenmündung, die einige Millimeter im Durchmesser hat. Aus derselben lässt sich eine ziemliche Quantität glasigen, fadenziehenden Schleims ausdrücken. An der seitlichen Rachenwand unter der Schleimhaut eine stark entwickelte, röthliche Lymphdrüse. Auf Durchschnitten zeigt der Tubenknorpel einzelne Hohlräume, aus denen ein röthlicher Inhalt sich ausdrücken lässt. Unter dem Mikroskop finden sich diese Hohlräume mit Fettkugeln gefüllt, daneben eine bedeutende Wucherung der Knorpelzellen, die theilweise trüb und dunkel, fettig erfüllt sind. In der Paukenhöhle kein Schleim, überhaupt keine wesentliche Veränderung, als dass das Hammer-Amboss-Gelenk ungewöhnlich fest, fast anchylotisch ist, indem eine gesonderte Bewegung eines Knochens nicht stattfinden kann. Der Steigbügel lässt sich in den verschiedenen Richtungen bewegen.

Die hier sich darbietenden Veränderungen in der Paukenhöhle, die Beweglichkeitsverminderung einzelner Gehörknöchelchen und die theilweise Verwachsung der hinteren Tasche des Trommelfells müssen auf stattgehabte catarrhalische Processe bezogen werden, wie wir sie bei Tuberculösen im Mittelohr eben so häufig als auf anderen Schleimhäuten antreffen. Auffallend ist hier nur, dass die Schleimhaut der Paukenhöhle sich ausserdem nicht verdickt und verändert zeigte, was entweder dafür spricht, dass die vorgefundenen Abnormitäten Residuen einer lange vorhergegangenen Entzündung waren, welche nur hier Spuren zurückgelassen, oder dass Affectionen an den Gelenken der Gehörknöchelchen in einer gewissen Selbstständigkeit ohne weitere bedeutende Leiden der Paukenhöhle vorkommen können. Die Anamnese gibt uns hierüber keine Aufschlüsse, indem sie uns sogar zweifelhaft lässt, ob nicht ein Theil der sichtbaren Veränderungen schon aus früherer Zeit stammt. Patientin war vor zehn Jahren schon einmal taub in Folge eines „Nervenfiebers“ (wohl Typhus, bei dem bekanntlich sehr häufig Catarrhe des Mittelohrs mit Schwerhörigkeit vorkommen), und ein gewisser Grad von Schwerhörigkeit könnte immerhin seit jener Zeit bestanden haben, ohne dass Patientin sich desselben bewusst gewesen wäre, wie sich das sehr häufig ereignet.

Was ich unter „Verwachsung der hinteren Tasche des Trommelfells“ meine, wird vielen unklar sein. Da die hintere und vordere Tasche des Trommelfells Gebilde sind, welche zuerst von mir beschrieben wurden und zwar in einem Journale, das mehr von den Anatomen, als von den Praktikern gelesen wird (KÖLLIKER und SIEBOLD's Zeitschrift für wissenschaftliche Zoologie. Bd. IX), es sich hier aber um eine Veränderung handelt, welche häufig vorzukommen scheint und welche man bei passender Beleuchtung auch am Lebenden diagnosticiren kann, halte ich es für rathsam, die entsprechende Stelle hier beizufügen (S. 94 l. c.): „Betrachtet man das Trommelfell in seiner Befestigung im Schuppentheil des Schläfenbeins von innen, nachdem die ganze Pyramide weggenommen und sodann der Amboss aus seiner Gelenkverbindung mit dem Hammerkopfe gelöst ist, so fällt uns ein Gebilde auf, das wohl, weil es gewöhnlich durch den langen Schenkel des

Amboss verdeckt ist, die Aufmerksamkeit der Anatomen wenig
auf sich gezogen hat. Es ist dies eine verhältnissmässig grosse
Duplicatur oder Falte des Trommelfells, die in der hinteren oberen Partie desselben vom Sehnenring ausgehend, und anfangs in
einer eigenen, stets mehr oder weniger stark ausgebildeten, mit
dem Sulcus pro membrana tympani zusammenhängenden Knochen-
rinne und dann auf einem feinen, in die Paukenhöhle mit schar-
fem Rande ragenden Knochenvorsprunge verlaufend, sich gegen
den Hammergriff nach vorn wendet und sich dicht unter der In-
sertion der Sehne des Musc. tensor tympani an die hintere Kante
des Griffes ansetzt. Diese Duplicatur bildet mit dem eigentlichen,
nach aussen gelegenen Trommelfelle eine Tasche, deren grösster
Höhendurchmesser, dicht am Hammer gemessen, bis 4 Mm. beträgt und von oben nach unten an Weite zunehmend ihren freien
concaven Rand nach unten, gegen den Boden der Paukenhöhle,
zukehrt. An diesem freien Rande läuft eine Strecke weit die
Chorda tympani, welche alsdann sich mehr nach oben gegen den
Hals des Hammers wendet und so den tiefsten Ansatz dieser Duplicatur am Hammergriffe als ein kleines Dreieck unter sich lässt.
Diese Duplicatur, welche sich bei jeder Betrachtung des Trommelfells von innen deutlich zeigt, indessen bei durchfallendem
Lichte auch von aussen, ja selbst am Lebenden bei guter Beleuchtung und normal durchsichtiger Membran sich leicht erkennen lässt, schliesst in der durch sie gebildeten und mit verdünnter
Schleimhaut ausgekleideten Tasche nicht selten Schleim ein; ebenso
findet man an der Leiche zuweilen die beiden sich zugekehrten
Schleimhautflächen in einer mehr oder weniger grossen Ausdehnung verwachsen, Verhältnisse, die von grosser praktischer Bedeutung erscheinen, wenn man bedenkt, dass dadurch die Elasti-
cität und Schwingungsfähigkeit des Trommelfells, somit auch sein
functioneller Werth für das Individuum jedenfalls wesentliche
Alterationen erfahren muss."

„Auffallend häufig finde ich auch bei denjenigen meiner Patienten, deren Schwerhörigkeit auf einen chronischen Catarrh des
mittleren Ohres bezogen werden muss, gerade an diesem hinteren
oberen Theile des Trommelfells Veränderungen."

„Dieses Gebilde zeigt sich auch dadurch als eine echte Duplicatur, als ein integrirender Bestandtheil des Trommelfells, dass
es wesentlich von denselben faserigen Elementen zusammengesetzt
ist." „Für den zwischen dieser Falte und der hinteren oberen

Partie des Trommelfells vorhandenen Raum möchte der Name „hintere Tasche des Trommelfells" um so passender sein, als ein ähnlicher abgeschlossener Raum in derselben Höhe auch nach vorn vom Hammer existirt. Diese „vordere Tasche des Trommelfells" ist indessen nicht durch eine Duplicatur der Tunica propria membranae tympani, sondern durch einen dem Hammerhalse sich zuwölbenden und allmälig sich zuspitzenden Knochenvorsprung und alle jene Gebilde bedingt, welche durch die Fissura Glaseri ein- und austreten — also nebst dem nur bei Kindern vollständigen Processus longus mallei, vom Ligam. mallei anterius, der Chorda tympani, der Arteria tympanica inferior und der alle Theile der Paukenhöhle bekleidenden Schleimhaut. Diese vordere Tasche ist wohl auch ziemlich geräumig, hat indessen eine geringere Höhenausdehnung und ist ebenso weniger lang, da ja der Hammer nicht ganz in der Mitte des Trommelfells, sondern näher dem vorderen Rande desselben sich befindet."

— — —

XLVI u. XLVII.

Ohrensausen mit Gehörshallucinationen bei einem Tuberculösen. Schleimansammlung in der Paukenhöhle mit Hyperämie des Knochens. Auf der einen Seite starkes Adhäsionsband in der Paukenhöhle.*)

Michael Braun, 28 Jahre alt, Metzgergeselle, starb am 22. November 1859 im Juliusspitale an Lungentuberculose.

Ich sah den Kranken 18 Tage vor seinem Tode und hörte, dass er bereits vor 2 Monaten wegen starker Schwerhörigkeit mit Sausen, verbunden mit heftigem Fieber und Bronchialcatarrh, im Juliusspitale Aufnahme gefunden habe. Er sei damals nur einige Tage im Spital geblieben, während welcher die Schwerhörigkeit abgenommen habe. Bestimmte Zeichen von Tuberculose seien damals nicht vorhanden gewesen. Am 28. October wurde er wieder aufgenommen und zwar mit ausgesprochenen Erscheinungen von Tuberculose mit Cavernen.

Als ich ihn sah, hörte er für die gewöhnliche Unterhaltung genügend, eine Cylinderuhr von circa 6' Hörweite indessen nur beidseitig 1' weit. Beide Trommelfelle erschienen mattgrau. Griff sehr hervorstehend. Links das Trommelfell unten am Lichtkegel eigenthümlich stark glänzend mit radiären Unterbrechungen. Für gewöhnlich kein Sausen, das nur eintritt, wenn er das Zimmer verlässt.

Bald darauf traten Delirien ein, die allmälig fix wurden und sich als Gehörshallucinationen ausbildeten. Er behauptete fortwährend zu hören, dass die Leute auf der Strasse — sein Zimmer lag zu ebener

— — —

*) Zuerst veröffentlicht im Arch. f. Ohrenheilk. 1871. Bd. VI. S. 63.

Erde, aber von der Strasse durch einen sehr breiten Gang getrennt
— über ihn sprächen und sagten, er wäre syphilitisch. (Er war es
in der That durchaus nicht.) Später brachte er heraus, es wären dies
seine Verwandten, die ihn so verleumdeten. Sein Gehör wurde dabei
nicht auffallend schlecht, auch traten sonst keine Erscheinungen von
Seite des Gehörorgans ein. Der Verlauf seines Leidens war der einer
rasch sich entwickelnden Phthise. Starb am 22. November. Section
wurde nicht gemacht.

Untersuchung der Felsenbeine (Präp. Nr. 183 und 184).

Links. Der mittlere Theil des Trommelfells erscheint von
aussen stärker concav als im Normalen, während die Peripherie ganz
plan ist: also eine Art scharf abgesetzer Scheidung in Peripherie und
Centrum. Dabei das Trommelfell glänzend, sehr durchscheinend und
dünn. Vorn oben sieht man einige Schleimblasen an der Innenfläche
haften.

Der untere (knorpelige) Theil der Tuba fehlt am Präparat; im
oberen Theil ziemlich viel Schleim, ebenso in der Paukenhöhle,
den Wänden und Vertiefungen anliegend. Bei mikroskopischer Untersuchung zeigt dieses Secret ziemlich viele Zellen und freie Kerne, und
wird es auf Zusatz von verdünnter Essigsäure streifig trüb. Schleimhaut der Paukenhöhle leicht durchfeuchtet und verdickt, blass röthlich mit einzelnen grösseren Gefässen. Die Knochen allenthalben
auffallend blutreich, an mehreren Stellen in der Nähe der Fissura
petroso-squamosa dunkel missfarbig. Zwischen Felsenbein und Dura
mater, welche stark hyperämisch ist, viel halbflüssiges Blut. Vom
Steigbügel, welcher, wie alle Gehörknöchelchen, sehr beweglich
ist, spannen sich einige feine Fädchen zu den benachbarten Theilen.

Rechts. Von aussen hinter dem Trommelfell Schleimblasen
sichtbar. Wenn mit einem in die Tuba eingefügten Tubulus Luft in
die Paukenhöhle geblasen wird, so bewegt sich die ganze Peripherie
des Trommelfells, nicht aber der Griff. In der Tuba sehr reichlich
Schleim. Beim Eröffnen der Tuba und Paukenhöhle wird ein
sehr umfangreiches, von oben nach unten gehendes, breites Verwachsungsband sichtbar, welches vom Tegmen tympani etwas schief zur
Sehne des M. tensor tympani verläuft, unter der Sehne dann gerade
abwärts bis zum Griffende geht. Durch dieses Band wird innere und
äussere Paukenhöhlenwand, Promontorium und Trommelfell, verbunden, und wird die obere Abtheilung des Cavum tympani in zwei nicht
mit einander communicirende Abschnitte getrennt, eine vordere und
eine hintere. Dieses Adhäsionsband ist ziemlich stark, namentlich
oberhalb der Sehne, nach unten ist es zarter und zeigt dort gegen
seine Mitte zu eine dünnere Stelle (welche bei starker Luftdouche
leicht zu zerreissen gewesen wäre). An diese Adhäsion lehnt sich
durch ein Verbindungsband die Amboss-Steigbügel-Verbindung an, d. h.
dieselbe ist durch dieses Zweigband in die Verwachsung hineingezogen.
Das erstgenannte breite Band ist weisslich, in der Mitte durchsichtig,
zeigt vom blossen Auge wenigstens keine Gefässe und ist allenthalben
glatt, nicht gewulstet oder infiltrirt, wie sich auch die Schleimhaut

der Paukenhöhle im Allgemeinen nur schwach durchfeuchtet und verdickt zeigt. Nur am Tegmen tympani ist die Mucosa sehr dick geschwellt und dort zeigt sich auch die Adhäsion verdickt und stark durchfeuchtet. Der Steigbügel lässt sich wenig bewegen.

Das Labyrinth dieser Seite wird geöffnet; es lässt sich aber keine besondere Hyperämie oder sonstige Veränderung nachweisen.

Dass subjective Gehörempfindungen, welche durch ein materielles Leiden des Ohres erzeugt sind, das Ohrensausen in seinen verschiedenen Unterarten, nach aussen verlegt und für äussere im Zimmer oder auf der Strasse entstehende Töne und Geräusche (Sprechen, Klopfen an die Wand oder an die Thüre, Läuten der Glocken, Trommeln u. s. w.) gehalten werden, lässt sich sehr häufig bei Ohrenkranken beobachten, namentlich im Beginn ihres Ohrenleidens. Da dies bei sonst ungestörter körperlicher und geistiger Gesundheit vorkommt, so dürfen wir uns um so weniger wundern, wenn solche Sinnestäuschungen, solche falsche Deutungen innerer Töne und Geräusche, bei fieberhaft erregten Menschen und namentlich bei Gehirnkranken und Irren sich sehr häufig ereignen. Bisher wird allerdings die wirkliche Ursache dieser Hallucinationen und Sinnestäuschungen vorwiegend im Gehirn gesucht und dabei des Ohres zu wenig geachtet, von welchem Organe aus doch allein direct mildernd oder selbst heilend auf diese Krankheits-Erscheinung eingewirkt werden könnte. Meines Wissens ist KÖPPE bis jetzt noch der einzige Irrenarzt, der sich dieser wissenschaftlich und praktisch gleich wichtigen Frage ausgiebig angenommen hat.*)

Im obigen Falle mag die Hyperämie des Schläfenknochens und in der Paukenhöhle sowie die Schleimansammlung in letzterer vorwiegend die Ursache des auf das Labyrinth einwirkenden Reizes gewesen sein. Denkbar wäre auch, dass das im rechten Ohre sich findende Adhäsionsband zerrend auf den Steigbügel eingewirkt und so die Reizung des nervösen Apparates mit hervorgerufen habe.

---

*) „Gehörstörungen und Psychosen" in der Allgem. Ztschr. f. Psychiatrie. 1867. Bd. XXIV. Vgl. mein Lehrbuch. 4. Aufl. S. 433.

XLVIII u. XLIX.

Hochgradige Taubheit, die sich sehr rasch neben acuter Phthise entwickelte.

Rechts. Eingedickter fettiger Eiter die Paukenhöhle erfüllend. Schleimhaut geschwellt und hyperämisch. Macerationserscheinungen. — Links.
Trichterförmige Verwachsung des Trommelfells mit der Labyrinthwand
der Paukenhöhle. Abnorme Concavität des Trommelfells von aussen
sichtbar; theilweise Abtrennung des Hammergriffs von demselben.
Wulstung der Schleimhaut.*)

Joseph Raum, 55jähriger Schuhmacher aus Würzburg. Nach
den Mittheilungen meines Freundes, Dr. ALOYS GEIGEL, der längere
Zeit schon Frau und Kinder des Raum in seiner Wohnung behandelte und hierbei häufig mit ihm selbst zu sprechen hatte, bemerkte
man noch kurz vor seiner Erkrankung durchaus nicht, dass er schlecht
hörte. Anfang October erkrankte Raum, bis daher gesund, und verfiel bald in sehr acut verlaufende Lungenphthise. Gleichzeitig mit
dem Beginn dieser Erkrankung fing Patient an nicht mehr gut zu
hören, welche Schwerhörigkeit binnen Kurzem, nach etwa 14 Tagen,
sich zu einer derartigen Taubheit entwickelt hatte, dass man sich nur
durch lautes Sprechen, später selbst Schreien ins Ohr mit ihm ver-
ständigen konnte. Ueber Schmerzen im Ohr klagte Patient nie, wohl
aber über heftiges Ohrensausen. (Ich selbst sah den Kranken zu Lebzeiten nicht.) So blieb es bis zu seinem am 6. December 1858 eintretenden Ende, das also etwa acht Wochen nach Beginn der Erkrankung erfolgte.

Die Section ergab ausgedehnte Phthise beider Lungen.

Da die Leiche auf der Anatomie zum Muskelpräpariren dienen
musste, konnte ich erst acht Tage nach dem Tode die Gehörorgane
(Präp. Nr. 148 und 149) untersuchen.

Rechts. Gehörgang sehr weit, im knöchernen Theile honig-
gelbes, halbweiches Cerumen in Form eines Pfropfes bis zum Trommelfell reichend. Beim Herausziehen dieses Pfropfes zeigt sich an
seinem Ende weisse, breiige, puriforme Masse, von der sogleich noch
mehr durch das Trommelfell aus der Tiefe zum Vorschein kommt. Das
Trommelfell erweicht, zerrissen. Der untere Theil der Tuba
fehlte am Präparat; der obere knöcherne Theil mit derselben dickrahmigen, weisslichen Masse erfüllt, die den Inhalt der Paukenhöhle ausmacht und von der sich durch das Trommelfell etwas aussen
zeigte. Nach Hinwegnahme des knöchernen Tegmen tympani zeigt
sich die Schleimhaut der Paukenhöhle daselbst stark verdickt, gegen
den Knochen zu mit einem reichlichen Gefässnetz, gegen den Raum
der Paukenhöhle zu mit einer dünnen, gelblichen, gallertigen Schicht
versehen. Obwohl beim Eröffnen sicher keine Verletzung des Ham-

---

*) Zuerst veröffentlicht in Virchow's Arch. f. pathol. Anat. 1859. Bd. XVII.
S. 66.

mers vorgekommen, findet sich das Hammer-Amboss-Gelenk getrennt, der Hammerkopf steht etwas mehr nach einwärts, die Knöchelchen selbst weiss und glatt, ohne jede Veränderung. Amboss an seinem kurzen Schenkel fest mit dem Knochen verwachsen. Die weisse Masse, welche die Paukenhöhle erfüllt, ist so cohärent und hängt auch mit den Wandungen so innig zusammen, dass sie selbst durch einen kräftigen Wasserstrom nicht ausgespült werden kann und man sie in kleinen Portionen mit der Pincette entfernen muss. Nirgends lässt sich eine scharfe Grenze zwischen Schleimhaut und Inhalt der Paukenhöhle ziehen, die allenthalben in einander übergehen. Auch Amboss und Steigbügel hängen nicht mehr zusammen, sondern liegen sich nur an. Der Processus mastoideus grösstentheils massiv (die Schädelknochen allenthalben ungemein dick und hart), die wenigen Hohlräume desselben mit einer gelbröthlichen, gallertigen Masse erfüllt.

Die Theile sind so macerirt, dass man z. B. vom Trommelfell nicht sagen kann, wie weit es erweicht, wie weit es durchlöchert war, was wohl der Fall gewesen zu sein scheint.

Der dickrahmige Inhalt der Paukenhöhle besteht aus Detritus, fettkörniger Masse, hie und da fettig erfüllte rundliche Zellen, deren einzelne noch zwei Kerne zeigen. Die oben beschriebene verdickte Schleimhaut unter dem Tegmen tympani lasse ich ausgebreitet auf einem Objectglas eintrocknen und mache dann Durchschnitte. Nach aussen resp. oben zeigen sich einzelne, in Längsrichtung oder in kreisförmiger Anordnung gelagerte, beträchtlich grosse Bindegewebskörperchen, gegen die Paukenhöhle zu wird das Gewebe immer trüber und zeigt dabei eine immer grösser werdende Menge von dicht zusammenliegenden Kernen.

Links. Gehörgang weit, aber rein und ohne Cerumen. Das Trommelfell auffallend stark concav; vom Hammergriff ist nur der Processus brevis zu sehen, welcher abnorm stark hervortritt. Das Trommelfell matt glänzend, dunkelgrau, durchaus nicht durchscheinend, zeigt auf seiner Aussenfläche einzelne rothe Radiärstreifchen, Gefässchen, die von der Wand des äusseren Gehörganges sich auf seine Peripherie fortsetzen. In der knöchernen Tuba etwas weniges missfarbige Flüssigkeit; beim Eröffnen der Paukenhöhle von der Tuba aus zeigt es sich nun, dass die Innenfläche des Trommelfells in ihren unteren zwei Drittheilen mit der Labyrinthwand der Paukenhöhle und mit der unteren Seite der Sehne des Musc. tensor tympani verwachsen, somit nur oberhalb der Muskelsehne ein kleiner Paukenhöhlenraum vorhanden ist. Das Trommelfell zeigt sich trichterförmig nach innen gezogen, die breite Spitze des Trichters ist mit der gegenüberliegenden Wand, der obere Rand mit der Sehne des Tensor tympani, der untere Rand des Trichters mit dem Boden der Paukenhöhle verwachsen. Gegen die Tuba zu zieht sich noch ein breites, rechtwinkelig auf diesem Trichter aufsitzendes Band quer über die Paukenhöhle. Die glatte Innenfläche des Trommelfells an mehreren Stellen mit puriformen gelblichen Klümpchen bedeckt, die Zwischenräume mit einigen Tropfen

schleimiger Flüssigkeit ausgefüllt. Der Hammerkopf ist mit der
gegenüberliegenden Wand, der Labyrinthwand der Paukenhöhle, ebenfalls verwachsen und zwar durch eine sich begegnende Wucherung der
Schleimhaut von beiden Seiten. Der übrig bleibende Raum nach hinten
gegen den Processus mastoideus, wie dessen Zellen selbst, sind
mit gelblicher, stark gewulsteter Schleimhaut ausgefüllt, aus durch-
tränktem Bindegewebe bestehend, an dem sich durch Essigsäure keine
zelligen Elemente nachweisen lassen.

Da die Concavität des Trommelfells nach aussen viel geringer,
als dass sie der sehr ausgesprochenen Convexität des mit der Labyrinthwand der Paukenhöhle verwachsenen Trichters vollständig ent-
spräche, schneide ich letzteren ein. Es zeigt sich nun ein kleiner Zwischenraum zwischen dem eigentlichen Trommelfell und dem Trichter,
und dass also nicht sämmtliche Theile des Trommelfells den in die
Paukenhöhle hineinragenden resp. sie zum grossen Theil erfüllenden
Trichter bilden. Auch wird durch diese Trennung eine genauere Ansicht und Untersuchung der Theile möglich. Der ganze Griff des Hammers vom Processus brevis an ist mit in die Paukenhöhle hineingezogen, die Verwachsung der beiden sich gegenüber liegenden Schleimhautflächen beginnt bereits am Boden der Paukenhöhle, wo eine Wulstung
der Schleimhaut noch am deutlichsten nachzuweisen ist. Mit der einwärts gezogenen Innenfläche des Trommelfells ist auch der Steigbügel verwachsen, welcher vollständig in organisirte bindegewebige
Massen eingehüllt und unbeweglich ist. Ebenso sind Hammer und
Amboss an ihrem Gelenk von verdickter Schleimhaut umzogen und
in ihrer gegenseitigen Beweglichkeit vollständig gehindert.

Am meisten in diese allseitigen Verwachsungen sind die Sehne
des Tensor tympani und die Steigbügel-Ambossverbindung hineingezogen, welche wohl das allmälige Fortschreiten des Processes quer
über die Paukenhöhle am meisten vermittelten. Die Verwachsungen
sind sämmtlich ziemlich fest, doch scheinen die neugebildeten Gewebs-
massen entschieden jungen Datums zu sein und widerstehen dem Ein-
flusse verdünnter Pflanzensäuren nur sehr kurz.

Wir sehen hier zwei verschiedene Folgezustände von Pauken-
höhlen-Entzündung vor uns; auf der einen Seite ist die ganze
Paukenhöhle gefüllt mit Eiter, der in Eindickung und fettigem
Zerfall begriffen ist, auf der anderen Seite finden wir vom Gehörgang aus sichtbar eine ungewöhnliche Concavität des Trommelfells, die sich erklärt durch eine umfangreiche Verwachsung der
Schleimhautfläche des Trommelfells mit der gegenüberliegenden
Wand der Paukenhöhle. Ansammlung von Eiter in der Paukenhöhle sahen wir bereits bei unperforirtem Trommelfelle bei Mack
(XXXIX u. XL), jenem Kranken, welcher während eines Typhus
schwerhörig wurde, und noch häufiger begegnen wir, wie bereits
erwähnt, einem ähnlichen Befunde an den Leichen kleiner Kinder.

Die umfangreiche Erweichung des Trommelfells, wie die Trennung der Gehörknöchelchen aus ihrer gegenseitigen Gelenkverbindung muss als cadaveröse Maceration aufgefasst werden, zumal
die Leiche über 8 Tage lag und so das in der Paukenhöhle angesammelte Exsudat zersetzend und Fäulniss erregend auf die angrenzenden, wenig resistenten Weichtheile einwirken musste.

Der Befund auf der anderen Seite, wo der Griff des Hammers seiner ganzen Länge nach vom Processus brevis*) abwärts
nicht zu sehen, das Trommelfell dagegen abnorm stark concav
war und sich nebst Hammergriff in die Paukenhöhle hineingezogen und mit der gegenüberliegenden Wand derselben ausgedehnt verlöthet erwies, ist geeignet, uns über eine Reihe von Erscheinungen, die der Arzt bei Schwerhörigen trifft, Aufklärung
zu geben. Untersucht man nämlich eine grössere Anzahl Schwerhöriger, deren Leiden auf catarrhalische Vorgänge im Mittelohr
zurückzuführen ist, so findet man gewiss mehrfach die normale
Wölbung oder Krümmung des Trommelfells verändert, namentlich verschieden stark vermehrt, d. h. das Trommelfell concaver
als im Normalen. Dies erkennt man namentlich daran, wie sich
der in der Mitte des Trommelfells verlaufende Hammergriff unserem untersuchenden Auge darstellt. Für gewöhnlich sieht man
diesen vollständig vom Processus brevis mallei an bis zum Umbo
— so nennt man die concavste Partie des Trommelfells am Ende
des Griffes, welche man mit einer nabelförmigen Vertiefung ver-
glich — entsprechend der Concavität des Trommelfells leicht von
aussen nach innen, vom Gehörgang gegen die Paukenhöhle zu
geneigt. Ist das Trommelfell aber concaver als gewöhnlich, so
erscheint der Griff mehr nach einwärts gezogen und wir sehen
ihn nur in perspectivischer Verkürzung, während der über ihm
befindliche kurze Fortsatz auffallend stark gegen uns hervortritt,
welches Verhältniss verschieden ausgesprochen ist je nach dem
Grade, in welchem die Concavität des Trommelfells zugenommen
hat. Hat sie sich sehr bedeutend vermehrt, so sieht man schliesslich gar nichts mehr vom Hammergriffe; um so auffallender erscheint aber dann der Processus brevis. Letzteren finden wir im
obigen Falle, der uns zugleich Aufschluss gibt, wie diese abnorme

---

*) Kurzen Hammerfortsatz nennt man bekanntlich jenes kleine stumpf-
konische Höckerchen, welches zwischen Hals und Griff des Hammers gegen
den äusseren Gehörgang zu liegt und von aussen nahe dem oberen Pole des
Trommelfells zu sehen ist.

Concavität des Trommelfells zu Stande gekommen: das Trommelfell, trichterförmig in die Paukenhöhle hineingezogen, war umfangreich mit der gegenüberliegenden inneren Wand verlöthet.
Andere Ursachen, die auf die Wölbung des Trommelfells von
Einfluss sein können, haben wir bereits wiederholt in den strangförmigen Verdickungen kennen gelernt, welche sich von der Paukenhöhlen-Schleimhaut auf die Innenfläche des Trommelfells fort-
setzten, sowie an den bandartigen Adhäsionen, die sich von dem
Schleimhautblatte des Trommelfells zum Promontorium zogen. Die
ersteren liessen uns das Trommelfell flacher erscheinen, während
es sich von selbst ergibt, dass letztere, namentlich wenn stark
und kurz, geringe Grade von Einwärtsziehung desselben erzielen
können.

Auf welche Weise sich solche Bänder und Verwachsungen,
wie sie uns an ähnliche Vorgänge an serösen Häuten, z. B. Pleura
oder Peritoneum erinnern, in der Paukenhöhle ausbilden, erklärt
uns ebenfalls der obige Sectionsbefund. Die entzündliche Schwellung der Schleimhaut bedingt eine Annäherung der gegenüberliegenden Schleimhautflächen, welche bei endlicher Berührung
leicht zur Abstossung des Epithels und schliesslichen Verwachsung der beiden Flächen führen muss. Je näher sich zwei Flächen liegen, desto leichter werden sie sich natürlich, wenn im
gewulsteten Zustande, berühren. Die innere und äussere Wand
der Paukenhöhle, die Labyrinthwand und das Trommelfell, liegen
an und für sich nicht weit aus einander; allein es ziehen sich
sogar mehrere ebenfalls mit Schleimhaut umkleidete Organe, die
Sehne des Trommelfellspanners und die Gehörknöchelchen, namentlich Amboss und Steigbügel, quer durch die Paukenhöhle von der
äusseren zur inneren Wand, so dass unter Vermittlung dieser
Theile bei länger dauernder Wulstung der Schleimhaut um so
leichter eine allmälige Annäherung und Verwachsung der sich
gegenüberliegenden Flächen eintreten muss. Hierzu kommt noch,
dass bei Catarrh der Paukenhöhle stets auch die Tubenschleimhaut geschwollen oder die Tuba durch angesammeltes Secret von
oben verstopft ist, so dass die Communication zwischen Pauken-
und Rachenhöhle wie der Luftzutritt auf diesem Wege unterbrochen ist. Kann nun die Luft nicht mehr in die Paukenhöhle
und zur inneren Fläche des Trommelfells gelangen, so wird auf
dasselbe nur ein einseitiger Luftdruck vom Gehörgang aus einwirken, dasselbe etwas nach innen gedrückt werden und die Au-

näherung dieser Membran an die gegenüberliegende Fläche jedenfalls begünstigt und vermehrt. (Letzteres Verhältniss scheint mir
bei Betrachtung der Anomalien des Trommelfells und der Paukenhöhle sehr berücksichtigenswerth zu sein, und es lässt sich
leicht einsehen, dass ganz allein der einseitige Druck der atmo-
sphärischen Luft, wie er bei länger dauerndem Verschluss der
Tuba ebenso lange auf der äusseren Trommelfellfläche lasten
muss, wesentliche Veränderungen in der Krümmung und auch in
der Functionsfähigkeit dieser Membran, sowie der mit ihr verbundenen Kette der Gehörknöchelchen hervorrufen muss. Sichere
Beobachtungen von Schwerhörigkeit, allein hervorgerufen durch
solchen langdauernden, einseitigen Luftdruck auf das Trommelfell
bei Luftabschluss von Seite der Tuba, wo jede andere Veränderung mangelte, liegen mir indessen noch nicht vor, da man über
solche Verhältnisse nur sehr schwer ins Klare kommen kann,
wenn man anders an seine Beobachtungen den Maassstab strenger
Selbstkritik anlegt.)

Dass Verwachsungen des Trommelfells mit dem Promontorium und Bildung verschiedenartiger bandartiger Adhäsionen in
der Paukenhöhle nicht zu den seltenen Befunden gehören, ergeben
neben eigenen mehrfachen derartigen Beobachtungen am Lebenden und an der Leiche die vielen ähnlichen Fälle, die TOYNBEE
in seinem mehrerwähnten Catalogue unter „Membrana tympani
fallen in and adherent to the inner wall of tympanum" (p. 21—23),
ferner unter „cavitas tympani containing membranous bands of
adhesion" (p. 36—41) und an anderen Orten anführt. WILDE endlich beobachtete viele solcher Fälle, wo das Trommelfell abnorm
concav erschien, unter seinen schwerhörigen Patienten, und be-
spricht vom klinischen Standpunkte aus diese Zustände an verschiedenen Orten seiner an trefflichen Bemerkungen so reichen
„practical observations on aural surgery". Er nennt diesen Zustand meist „collapse or falling inwards of the membrana tympani". Bei den deutschen Autoren über Ohrenheilkunde kenne
ich keine Angaben über diese Abnormitäten des Trommelfells, die
von Manchen sogar, als aus falscher Beobachtung entsprungen,
zurückgewiesen werden. Es ist dies — beiläufig bemerkt — ein
Beweis für mich, wie wenig gründlich gewöhnlich bei uns das
Trommelfell untersucht wird und wie sehr die Ergebnisse der
pathologischen Anatomie übersehen werden. Ich wenigstens finde
seit lange in meinen Krankengeschichten ziemlich häufig die An-

gabe „Trommelfell auffallend concav", „Hammergriff in Verkürzung zu sehen", „Trommelfell eingezogen, Griff gar nicht zu sehen,
Processus brevis tritt abnorm stark hervor" u. s. w. Diese genaueren Beobachtungen glaube ich einmal meiner Untersuchungs-
methode mit dem Hohlspiegel zu verdanken, vor allem aber meinen anatomischen Arbeiten, welche mich auf solche Veränderungen
aufmerksam machten, daher ich nach ihnen suchte und sie auch
richtig gar nicht selten fand.

Knüpfen wir an die Betrachtung des letzten Theiles unseres
Befundes noch eine direct praktische Frage an. Gesetzt, *Raum*
wäre seinem Lungenleiden, das ihn, den bisher anscheinend Gesunden, so rasch zum Tode führte, nicht erlegen, und wäre mit
denselben Veränderungen im linken Ohre, wie sie uns der Sections-
tisch zeigte, zu einem Ohrenarzt gekommen. Ob derselbe die abnorme Concavität des Trommelfells erkannt und aus ihr Rück-
schlüsse auf Vorgänge bestimmter Art in der Paukenhöhle gemacht, ist sehr fraglich nach dem, was ich eben über die deutschen
Autoritäten der Ohrenheilkunde in diesem Punkte mitgetheilt.
Doch gleichviel, jedenfalls hätte jeder mit den Krankheiten des
Ohres und deren Behandlung nur einigermaassen Vertraute den
Katheter eingeführt und sich durch Eintreiben von Luft durch
denselben und Auscultiren der hierbei entstehenden Geräusche
von dem Zustande zu überzeugen gesucht, in welchem sich Tuba
und Paukenhöhle befänden. Angenommen, der Luftstrom wäre
kräftig genug gewesen, in die Paukenhöhle mit einiger Gewalt
zu dringen, so würde jedenfalls der daselbst noch befindliche ein-
getrocknete und flüssige Schleim mehr oder weniger in Bewegung
gesetzt und von seinem bisherigen Orte entfernt worden sein.
Bei der geringen Menge des in der Paukenhöhle angesammelten
Schleimes und der Bedeutung der übrigen Veränderungen hätte
eine Entfernung desselben kaum einen Einfluss geübt auf das Hörvermögen des Patienten. Ausserdem hätte aber ein wiederholter
und starker Luftstrom, wie ihn eine sehr kräftige Lunge oder
eine Compressionspumpe leistet, sicher schwächere und neuere
pathologische Verklebungen in der Paukenhöhle durch sein Da-
zwischentreten getrennt. Eine solche Trennung einer der vielen
und ausgedehnten Verlöthungen in der Paukenhöhle hätte möglicherweise wiederum keinen Einfluss auf das Hören des Kranken
ausüben können, es hätten aber auch akustisch wichtige Theile
dadurch unter normalere Verhältnisse kommen und zur Fortlei-

tung von Schallschwingungen wieder geeignet werden können, wodurch dann eine wesentliche Besserung in der nahezu aufgehobenen Hörfähigkeit des Patienten eingetreten wäre.

Ich glaube überhaupt, dass wir beim Eintreiben eines kräftigen Luftstromes durch den Katheter in die Paukenhöhle, wie dies jeder beschäftigte Ohrenarzt täglich mehrmals vornimmt, nicht nur Schleim aus derselben entfernen, sondern auch nicht selten grössere mechanische Wirkungen hervorrufen, z. B. Verlöthungen und Verwachsungen zwischen einzelnen Theilen trennen u. dergl. Betrachten wir nur einen Fall wie den obigen, so hätte jede energische Luftdouche eine solche Wirkung ausüben müssen. Adhäsivprocesse in der Paukenhöhle sind aber nach dem oben Mitgetheilten und namentlich nach TOYNBEE's Untersuchungen ungemein häufig, müssen uns also ebenfalls häufig unter den Schwerhörigen vorkommen, die wir katheterisiren. Zu diesen aprioristischen Anschauungen kann ich indessen Beobachtungen aus meiner Praxis fügen, die ich mich nicht im Stande sehe, anders als in dieser Weise zu deuten.

Von der Ansicht ausgehend, dass wir in der Ohrenheilkunde ungemein wenig sicher wissen, dass wir aber auch hier sehr viel lernen können durch ein genaues Beobachten und Studiren der einzelnen Fälle, habe ich in Gewohnheit, das Trommelfell meiner Kranken stets vor und nach dem Einwirken der Luftdouche zu untersuchen und habe mich auf diese Weise mehrfach überzeugt, dass ein kräftig in die Paukenhöhle dringender Luftstrom wesentliche Veränderungen hervorbrachte in der Stellung des Hammergriffes wie einzelner Theile des Trommelfells, die vorher z. B. abnorm eingezogen waren, Veränderungen, welche manchmal von einer überraschenden Hörverbesserung begleitet wurden. Was war nun hier geschehen? welche anatomische Veränderung hatte der in die Paukenhöhle eindringende Luftstrom daselbst hervorgerufen, dass einmal der Patient unmittelbar darauf besser hörte, andererseits die Stellung des Trommelfells eine andere geworden war? Wurde vielleicht Schleim, der sich in der Paukenhöhle angesammelt hatte, weggeblasen? Bei frischeren Catarrhen geschieht es nicht selten, dass ein energisches Einblasen durch den Katheter unter starkem Rasseln in der Paukenhöhle eine plötzliche Hörverbesserung hervorruft — es handelt sich dann um nichts als um Entfernung in der Paukenhöhle angesammelten Schleims aus einer Lage, wo er sehr hinderlich war für die Fortleitung der

Töne zum Labyrinth. Wir sahen dann das Trommelfell häufig in Farbe und Ansehen wesentlich verändert, weil der dahinter lagernde Schleim mehr oder weniger weggeblasen und es selbst erschüttert wurde — die Krümmung desselben aber und die Stellung des Griffes, die auch vor dem Einblasen nicht verändert war, blieb dieselbe. Also kann es sich in den citirten Beobachtungen nicht wohl um Entfernung von Schleim gehandelt haben. Oder sollte, wie oben erwähnt, ein einseitiger Luftdruck von aussen auf das Trommelfell eingewirkt und dasselbe nach innen gepresst haben, welche abnorme Stellung aufgehoben wurde, sobald von Seite der Tuba wieder Luft eindrang und das atmosphärische Gleichgewicht wieder hergestellt wurde? Einmal wissen wir gar nicht, inwieweit ein solch einseitiger Druck der äusseren Luft auf das Trommelfell dasselbe nach einwärts pressen, noch viel weniger, ob hierdurch allein eine bedeutende Schwerhörigkeit erzeugt werden kann; weiter aber gehen meine Beobachtungen dahin, dass in dem einen oder anderen Fall nicht auf das erste, sondern erst auf wiederholtes und namentlich sehr kräftiges Einblasen von Luft die vermehrte Concavität des Trommelfells sich mindert, während, wenn es sich um Eindringen der äusseren Luft in die Paukenhöhle gehandelt hätte, die genannten Veränderungen eingetreten wären, sobald nur das Communicationshinderniss in der Tuba gehoben war, wozu häufig einmaliges schwaches Blasen hinreichen würde.

Nach allem dem Mitgetheilten bin ich der Ansicht, dass die angeführten Beobachtungen aus der Praxis, wo unter Einfluss eines starken Luftstromes das Aussehen und die Krümmung eines Theiles des Trommelfells oder der ganzen Membran sich wesentlich änderte, welche Veränderung mehrmals mit einer ebenso plötzlichen Verminderung der Schwerhörigkeit begleitet war, sich nicht anders als durch Lösung oder Zerreissung abnormer Verlöthungen und Adhärenzen in der Paukenhöhle erklären lassen, durch welche einmal das Trommelfell oder ein Theil desselben mehr nach einwärts gezogen und zugleich die Fortpflanzung der Schallschwingungen sehr erschwert war.

Wie rasch sich solche Adhäsivprocesse in der Paukenhöhle selbst von grossem Umfange entwickeln können, zeigt uns der obige Fall in überraschender Weise. Wie das anatomische Verhalten für Bildungen aus der jüngsten Zeit sprach, so ergibt uns auch die Anamnese, dass *Raum* 10 Wochen etwa vor seinem Tode noch nicht schwerhörig war, wie dies beim Bestehen solcher Veränderungen jedenfalls im hohen Grade hätte der Fall sein müssen.

L.

Mit rapider Schmelzung des Trommelfells und mit Caries der Gehörknöchelchen verlaufender eiteriger Paukenhöhlen-Catarrh bei chronischer Lungentuberculose.*)

Philipp Schneider aus Frickenhausen, 27 Jahre alt, Glasergeselle, seit September 1858 wegen chronischer Lungentuberculose im Juliushospital liegend, wurde von mir am 22. Februar 1859 daselbst untersucht. Er gab an, vor 10 Wochen, als er bereits im Spitale war, plötzlich von heftigen Schmerzen mit Sausen im linken Ohre befallen worden zu sein. Am 10. Tage stellte sich ein Ausfluss ein, womit die Schmerzen aufhörten. Eine Cylinderuhr, welche er rechts noch 4′ weit vernahm, hörte er links nur beim Andrücken an die Ohrmuschel und nicht vom Warzenfortsatz aus. Mässige Eiterung mit mittelgrosser Perforation hinten unten. Beim Ausspritzen lief das Wasser stark in den Hals. — Starb am 3. Mai, also etwa 9 Wochen später. Section. Die einer gewöhnlichen Lungentuberculose mit reichlichen Cavernen.

Untersuchung des linken Felsenbeins (Präp. Nr. 166). Im Gehörgang ein feuchter Baumwollpfropf, in der Tiefe einige eiterige Flüssigkeit zum Theil eingetrocknet und bräunlich. Das Trommelfell fehlt vollständig; vom Hammer fehlt der Griff bis zum Processus brevis, wo der Knochen uneben und angeätzt. Ebenso fehlt der verticale Ambossschenkel, so dass der Steigbügel isolirt ist. In der Tuba reichlich Schleim. Schleimhaut der Paukenhöhle blass, mässig verdickt, mit eiterigem Secret bedeckt, das in grösserer Menge und eingedickt die Zellen des Processus mastoideus erfüllt. Eigentlich erweichte und cariöse Stellen nirgends an den Wänden zu finden. Der Knochen nirgends missfärbig. Tegmen tympani hat kleine, mit Flüssigkeit gefüllte Zellen. Sinus transversus mit einem ziemlich derben rothen Gerinnsel erfüllt, seine Wände ohne Zeichen von Erkrankung.

Obiger Fall ist charakteristisch für die Form des eiterigen Catarrhs der Paukenhöhle, wie sie bei Tuberculösen ziemlich häufig zu finden ist. Der Kranke befand sich im Juliusspital, also unter relativ günstigen Verhältnissen; trotzdem ging bei mässiger Eiterung und geringer Schwellung der Mucosa in nicht 5 Monaten das ganze Trommelfell und ein Theil der Gehörknöchelchen zu Grunde. Man werfe nicht ein, dass, abgesehen von öfterer Reinigung des

*) Zuerst veröffentlicht im Arch. f. Ohrenheilk. 1869. Bd. IV. S. 133.

Ohres, nichts gegen die Ohrenaffection gethan wurde — auch die
sorgsamste örtliche Behandlung vermag in der Regel, solange die
Lungentuberculose im Zunehmen begriffen ist, den rapiden Fortschritt der Schmelzung der Gewebe im Ohre nicht aufzuhalten.
Man sieht den Substanzverlust im Trommelfell, das öfter mehrfach
perforirt ist, fast von einem Tag zum andern zunehmen und kann
man häufig genug nichts thun, als dem Kranken rathen, ein bes-
seres Klima aufzusuchen, wenn davon überhaupt die Rede sein
kann. Unser Kranker hatte am Anfange der Eiterung mehrere
(10) Tage heftige Schmerzen; häufig sah ich dieselben am Anfange wie im Verlaufe solcher Affectionen vollständig fehlen.

LI u. LII.

**Seit zwei Monaten Ohrenfluss, plötzliche fieberhafte, sogleich mit Gehirn-
symptomen auftretende Erkrankung, welche in 14 Tagen zum Tode
führte.
Meningitis, Miliartuberculose. — Kein bestimmter Zusammenhang nachzuweisen zwischen Tod und Ohrenleiden. Sehr unbedeutende Caries in
der Paukenhöhle, ausserdem Sondirungsphänomene.*)**

Dorothea Reidelbach, 26jährige Magd aus Ochsenfurt, wird
am 25. October 1858 ins Juliusspital gebracht. Ihr Zustand ist ein
solcher, dass man keine Anamnese erheben kann. Aus dem, was ihre
Umgebung aussagt, geht hervor, dass sie schon früher an geschwollenen Lymphdrüsen, namentlich am Halse litt, ebenso seit einiger Zeit
an Eiterausfluss aus dem rechten Ohre mit Schwerhörigkeit daselbst.
Seit zwei Tagen erkrankte sie mit heftigen Fiebererscheinungen, zeit-
weiligem Verluste der Besinnung und nächtlichen Delirien.

Gesichtsfarbe der Kranken blass, cachectisch, der Körper dabei
nicht stark abgemagert. Im Trigonum colli posterius ein geöffneter
Lymphdrüsenabscess, der sehr viel übelriechenden Eiter absondert, die
übrigen Lymphdrüsen am Halse sind geschwollen, ebenso die Achsel-
drüsen, darunter eine bis zur Wallnussgrösse. Auch die Inguinal-
drüsen sind angelaufen. — Aus dem rechten Ohre ergiesst sich eine
mässige Menge eiteriger Flüssigkeit. — Gesichtsausdruck stupid, Sprache
sehr langsam und lallend. Die Nackenmuskeln, namentlich der rechten
Seite, sind gespannt, der Kopf etwas nach hinten gezogen. Die Kranke
klagt über heftige stechende und reissende Kopfschmerzen. Der Puls
hart, circa 110. — Die Percussion der Lungen ergibt überall vollen und
hellen Schall, die Auscultation catarrhalische Erscheinungen. Auswurf

---

*) Zuerst veröffentlicht in Virchow's Arch. f. pathol. Anat. 1859. Bd. XVII.
S. 61.

gering eiterig-schleimig. Stuhl angehalten. Delirien sind nur Nachts
vorhanden, bei Tage liegt die Kranke in einem mehr schlafsüchtigen
Zustande, der nur zuweilen von unwillkürlichen Bewegungen der oberen
Extremitäten (Flockenlesen) begleitet ist.

Nachdem alle diese Erscheinungen theils in geringerem, theils in
höherem Grade durch etwa 8 Tage angehalten hatten, trat eine auffallende Zunahme der Erscheinungen ein. Die Kranke verfiel in an-
haltende Bewusstlosigkeit, unterbrochen von Delirien und zeitweisen
Convulsionen der Extremitäten. Die Nackenmuskeln waren bis zur
Bretthärte gespannt, der Kopf stark nach rückwärts gezogen, die Aug-
äpfel unbeweglich, Pupillen weit, nur in geringerem Grade reagirend.
Die Respiration verlangsamt und mühsam, Puls auffallend hart und
langsam, der Unterleib stark eingezogen. Urin- und Stuhlentleerung
angehalten. Die Kranke griff häufig unter schmerzlicher Verziehung
der Gesichtsmuskeln nach dem Kopfe, konnte sich jedoch nicht mehr
verständlich machen. In den letzten Tagen nahm die Pulsfrequenz
wieder auffallend rasch zu, derselbe war dabei sehr klein, die Respiration geschah stossweise und verlangsamte sich mehr und mehr, die
Pupillen wurden enge, der Mund fest geschlossen, die Lippen blau,
mit Schaum bedeckt, hie und da convulsivische Bewegungen der Extremitäten, das Gesicht wurde cyanotisch, die Haut war mit klebrigem
Schweisse bedeckt, Harn- und Stuhlentleerungen hörten ganz auf. Der
Puls war zuletzt nicht mehr zu zählen. — Der Tod trat am 5. November, also 12 Tage nach der Aufnahme ins Spital, 14 Tage nach
Beginn der acuten Erkrankung, ein.

Dies aus den Angaben, die ich der Freundlichkeit des Herrn
Dr. SEISSER, des zu der Zeit zweiten Assistenzarztes der medicinischen
Klinik, verdanke.

Ich selbst sah Patientin 6 Tage vor ihrem Tode in einem Zustande, in dem man sehr wenig von ihr erfahren konnte. Sie will vor
2 Monaten plötzlich unter Sausen und Schmerzen den Eiterausfluss aus
dem rechten Ohre bekommen haben, der seitdem fortdauerte. Der
rechte Gehörgang ist voll Eiter, nach dem Ausspritzen sieht man ein
weissgraues, mehr flaches Trommelfell, dessen Griff stark hervortritt,
nach hinten eine kleine längliche, etwa hanfkorngrosse Perforation.

Die Section ergab Meningitis und Miliartuberculose.

Viele PACCHIONI'sche Granulationen. Die Pia mater der Hirn-
basis vom Nervus opticus bis zur Medulla oblongata mit serösem, gallertigem Exsudat infiltrirt. Die Fossa Sylvii durch Exsudat fest verklebt.
Pia mater stark hyperämisch und mit kleinen grauen Knötchen durchsetzt. Die Hirnhöhlen durch helles Serum stark ausgedehnt; Fornix
sehr weich. Pia mater an der Convexität stark hyperämisch, Gehirn
mässig blutreich, Consistenz gering. In der Wand des absteigenden
Horns des rechten hinteren Ventrikels kleine Ecchymosen. Dura
mater auf dem rechten Felsenbein, sowie der Knochen selbst zeigen
keine Veränderung. — In dem Hirnsinus findet sich flüssiges Blut.
— Schleimhaut der Luftwege dünn, blass, ohne besondere Veränderungen. Lungen mit Miliartuberkeln durchsetzt.

Der Untersuchung der Gehörorgane (Präp. Nr. 123 und
124) muss ich vorausschicken, dass an der Leiche vor der Section von
mehreren Seiten eine Sondirung des rechten Ohres stattgefunden, durch
welche der eigentliche Zustand desselben wesentlich verändert wurde.
Schleimhaut des Schlundgewölbes sehr hyperämisch, in der
Nähe des Ostium pharyngeum tubae mehrfache Ecchymosen in
derselben, an mehreren Stellen entleert sich bei Druck reichlicher
glasiger Schleim, es finden sich mehrere hirsekorngrosse, zackige,
braune Concretionen in der Schleimhaut abgesackt, sowie an mehreren
Stellen oberflächliche, rundliche Substanzverluste, Follicularverschwä-
rungen.
      Rechts. Gehörgang voll Eiter; vom Trommelfell keine
Spur, Hammer ohne Verbindung mit dem Amboss, nur an dem Ligamentum mallei anterius hängend, liegt nach vorn dislocirt in der Paukenhöhle. Die Seite des Hammerhalses, welche gegen die Paukenhöhle zu liegt, stark cariös angeätzt. In der Paukenhöhle wie
in der knöchernen Tuba reichlich Eiter. Das knöcherne Dach der
Paukenhöhle, Tegmen tympani, sehr schwach missfarbig, nicht
verdünnt. Die Labyrinthwand der Paukenhöhle ohne Schleimhaut,
gelblich und ohne erweichte oder rauhe Oberfläche; nur nach unten
und hinten am Boden der Paukenhöhle geringe cariöse Veränderung
des Knochens, dort die Schleimhaut noch erhalten und zwar verdickt, theilweise geröthet. Der Amboss ohne Verbindung mit Hammer oder Steigbügel. Der letztere schwimmt zerbrochen, jedoch
ohne sichtbare Oberflächen- und Gewebsveränderung, beim Ausspülen
aus der Paukenhöhle heraus. Die Lamelle, welche die Carotis interna von der Paukenhöhle trennt, papierdünn und durchscheinend; nach unten und vorn am Boden der Paukenhöhle lässt sich eine
Sonde durch den Knochen durchschieben und kommt zwischen Fossa
pro bulbo venae jugularis int. und hinterer Wand des Canalis
caroticus zum Vorschein. Der Knochen daselbst ist nicht missfarbig
und zeigt keine weitere Veränderung. Vena jugularis interna, wie
auch die Wandung des Sinus transversus ganz normal. In der dem
Felsenbeine zunächst liegenden Musculatur mehrere haselnussgrosse,
ziemlich harte Lymphdrüsen mit weissem, markigem Durchschnitt.
      Links. Trommelfell normal; wie auch die Tuba, Schleimhaut
der Paukenhöhle zart injicirt, kaum verdickt.

      Nach den mitgetheilten Sectionsergebnissen lässt sich ein ana-
tomischer Zusammenhang zwischen dem Eiterherde im Ohre und
dem unter Meningitis und Miliartuberculose verlaufenden tödtlichen Ausgange nicht nachweisen. Die Möglichkeit eines solchen, z. B. auf embolischem Wege oder durch septische Einwirkung ist deshalb nicht vollständig ausgeschlossen. Nicht übersehen dürfen wir hier vielleicht den Lymphdrüsenabscess in der
hinteren oberen Halsgegend, wo bekanntlich die Glandulae sub-

auriculares liegen, jene Drüsen, welche ihren Zufluss theilweise aus den Lymphgefässen des Ohres erhalten und die wir häufig bei entzündlichen Ohraffectionen geschwollen finden.

Ein grosser Theil der Veränderungen am Trommelfell und in der Paukenhöhle muss auf die allzu energische Sondirung des Ohres an der Leiche bezogen werden, so die vollständige Zerstörung des Trommelfells, das 6 Tage vor dem Tode noch von mir untersucht wurde und damals nur eine kleine Perforation zeigte, dann die vollständige Ortsveränderung der Gehörknöchelchen, die jedes Zusammenhanges und jeder Befestigung ermangelten, ebenso das Fehlen der Paukenhöhlen-Schleimhaut an der für die Sonde am meisten zugänglichen Partie der Labyrinthwand, sämmtlich Veränderungen, die sich sonst nicht erklären lassen. Ich halte im Ganzen ein Sondiren im Finstern selbst an der Leiche nicht für das geeignetste Mittel, sich über das etwaige Vorhandensein von Caries im Ohre zu vergewissern, doch wird es am Cadaver höchstens für eine spätere genauere Untersuchung das Bild trüben — leider wird aber auch am Lebenden die ärztliche Wissbegierde häufig genug in dieser Weise befriedigt und jedes Jahr bringt mir mehrere Fälle, wo nach allem, was die Erzählung der Patienten wie die örtliche Untersuchung des Ohres ergeben, die misslichsten und gefährlichsten Zustände von einer derartigen Sondirung des Ohres von Seite des Arztes herrühren. Manchmal kann auch der geübteste Specialist nicht ohne Sonde den Zustand des Ohres genau beurtheilen, allein abgesehen, dass dies nur in sehr wenigen Fällen, wie z. B. bei polypösen Excrescenzen u. dgl. der Fall ist, muss hierbei stets sehr vorsichtig und mit genauer Ortskenntniss zu Werke gegangen werden, vor allem aber darf man nie anders als bei sehr guter Beleuchtung des Gehörgangs sondiren, weil man sonst leicht Gefahr läuft, das Trommelfell zu durchlöchern und sonstige wichtige Theile zu beschädigen. Wenn so häufig Aerzte bei Schwerhörigen, deren Gehörorgane sie untersuchen wollen, die Sonde gebrauchen und dieselbe bis zur Gegend des Trommelfells führen, ohne deren Gang und Weg durch gründliche Beleuchtung der Ohren zu beaufsichtigen, so erinnern sie sich in diesem Momente nicht, wie fein und zart das Trommelfell ist, dass es sehr leicht bei der Berührung eine Durchlöcherung erleiden kann, um so mehr als seine äussere Fläche sehr empfindlich und jede Betastung desselben den Kranken leicht zu unwillkürlichen Bewegungen mit dem Kopfe veranlassen wird.

In den zwei Fällen, in denen ich bisher die künstliche Durchlöcherung des Trommelfells für angezeigt hielt, bediente ich mich
nicht der angegebenen Locheisen, Bohrer und sonstiger zusam-
mengesetzter Instrumente, sondern einer gewöhnlichen Knopfsonde
und erreichte damit meine Absicht vollständig, wenigstens was
die Operation selbst betraf. Ich wiederhole es daher, Sonden
dürfen zur Untersuchung in der Tiefe des Ohres nur dann in Gebrauch gezogen werden, wenn sich der Untersuchende sehr bestimmt der anatomischen Anordnung der Theile und ihrer Wider-
standsfähigkeit bewusst ist, aber dann auch nur in sehr vorsichtiger Weise und unter genauer Controlirung mittelst gründlicher
Beleuchtung des Gehörganges, sonst läuft der Arzt Gefahr, wider
Willen viel Unheil anzurichten.

Caries am Hammerhalse, wie hier, sah ich ausserdem noch
nie. Es lässt sich recht gut denken, dass, wenn die Caries an
dieser Stelle noch weiter geht, leicht eine Continuitätstrennung
des Knöchelchens eintritt, und der untere Theil des Hammers,
der Griff, zu Verlust geht, wie wir bei Caries des Felsenbeins
nicht selten am Lebenden und an der Leiche nur den oberen
Theil des Hammers, den Kopf, bis zum Halse erhalten sehen.

An der Stelle zwischen Fossa bulbi venae jugularis und der
unteren Oeffnung des Canalis caroticus, wo sich im obigen Falle
eine mässige Sonde von dem Boden der Paukenhöhle durchschieben lässt, befindet sich der Caniculus tympanicus, durch welchen
der Nervus tympanicus s. Jacobsonii aus dem Ganglion oticum
und ein kleines, aus der Pharyngea ascendens oder der Vidiana
kommendes Gefässchen für das Promontorium durchtritt. Dieses
Kanälchen ist gewöhnlich so dünn, dass sich kaum eine Schweins-
borste einführen lässt. Hier liess sich eine Sonde durchschieben.
Der Ort, als am Boden der Paukenhöhle liegend, wo die corro-
dirende Einwirkung des angehäuften Secrets am frühesten und
intensivsten stattfinden müsste, wäre sehr günstig für eine Erkrankung des Knochens und zugleich für eine Erkrankung des
daselbst verlaufenden Gefässes — allein es fehlten hier alle weiteren Anhaltspunkte; auch liegt mir dieser Befund so einzig vor,
dass ich vorläufig nichts Weiteres daran knüpfen möchte.

LIII.

Ohrenfluss seit 10 Monaten. Sehr rasch auftretende und rapid verlaufende Tuberculose. Caries der Gehörknöchelchen und der Paukenhöhle. Frische Tuberculose der Lungen und des Darmes.*)

Michael Frost, Taglöhner aus Zell, 19 Jahre alt, trat im October 1858 ins Juliusspital wegen Intermittens, das ihn kurz nach seiner Entlassung aus dem Strafarbeitshaus zu Kloster Ebrach ergriffen hatte. Während seines Aufenthaltes im Spital wurde seine Brust mehrmals genau untersucht, sie bot damals durchaus keine Abnormität. Im November vom Wechselfieber geheilt entlassen, kam er bereits im December wieder ins Juliusspital mit starkem Fieber und sehr ausgebreitetem Bronchialcatarrh zurück. Die physikalische Untersuchung ergab an beiden Lungenspitzen Dämpfung, namentlich rechts. Dabei links sehr rauhes Vesiculärathmen mit Rasselgeräuschen, rechts unbestimmtes Athmen mit bronchialem Exspirationsgeräusch. Trotz Behandlung und guter Pflege mässigte sich der Catarrh nicht, neben Diarrhöen stellte sich continuirlicher intensiver Kopfschmerz ein und folgte eine ungemein rapide, allgemeine Abmagerung. Am 11. Januar wurde links Pneumothorax constatirt, am 19. erfolgte der Tod.

So weit die Notizen, die ich der Güte des Herrn Dr. ROTH verdanke. Ich selbst sah den Kranken 3 Wochen vor seinem Tode; er erzählte mir, vor 10 Monaten plötzlich heftige Schmerzen im rechten Ohre, zugleich eiterigen Ausfluss aus demselben bekommen zu haben; die Schmerzen erneuerten sich seitdem öfter, auch dauerte der Ausfluss in wechselnder Menge seitdem fort. Allmälig stellte sich einseitige Taubheit ein. Er hört rechts meine mässig stark schlagende Cylinderuhr nicht beim Andrücken ans Ohr, auch nicht vom Processus mastoideus aus. Links, wo er stets gesund war, hört er sie mehrere Fuss weit. Wegen seines herabgekommenen Zustandes nicht weiter untersucht.

Die Section zeigte ausser dem linksseitigen Pneumothorax ausgebreitete Tuberculose beider Lungen und zwar entsprechend dem raschen Verlaufe und dem kurzen Bestande des Lungenleidens nur frischere tuberculöse Producte. Ausserdem Tuberculose des Darmes und Fettleber. Ueber den Zustand der Lungen und die Art der Tuberculose entlehne ich Folgendes dem ausführlichen Sectionsprotocoll: „Die Pleura ist an einigen Stellen lebhaft injicirt. Bronchien stark injicirt, Schleimhaut sammetartig aufgelockert, mit purulentem Schleim bedeckt. Die Bronchialdrüsen vergrössert, etwas tuberculös infiltrirt. In der Nähe der Spitze der linken Lunge sitzen ganz oberflächlich zwei kleine Cavernen, welche durch zwei kleine Oeffnungen die Pleura durchbrochen haben und mit Bronchien 5. oder 6. Ordnung zusam-

---

*) Zuerst veröffentlicht in Virchow's Arch. f. pathol. Anat. 1859. Bd. XVII. S. 76.

menhängen. Uebrigens ist der linke Lappen mit festen grauen Tuberkeln durchsetzt. In der lebhaft injicirten Pleura sitzen einige grosse gelbe Tuberkel. Unterer Lappen blutreich, mit sehr sparsamen Gruppen harter grauer Tuberkel. Der grösste Theil des rechten oberen Lappens ist gleichmässig grau indurirt und mit Tuberkeln durchsetzt. Der übrige Theil des oberen Lappens, der mittlere und untere Lappen hyperämisch, ödematös und mit zahlreichen Gruppen kleiner grauer Tuberkel durchsetzt." Gehirn, Schädelknochen, namentlich Felsenbein, sowie die benachbarten Gefässe boten durchaus nichts Abnormes dar.

Untersuchung des rechtes Felsenbeines (Präp. Nr. 164).

Der Gehörgang sehr weit, schon äusserlich etwas feucht. Umgebung des Ohres nirgends missfarbig, beim Entfernen der Weichtheile in der Nähe des Ohres fällt bereits auf, dass die Fissura Glaseri viel weiter als gewöhnlich, ihre Ränder von erweichtem Knochen gebildet sind und man mit einer Präparirnadel von hier leicht in die Paukenhöhle dringen kann. Im knöchernen Gehörgang, dessen Auskleidung etwas verdickt, reichlich dickliche, grüngelbe, puriforme Flüssigkeit (unter dem Mikroskop nicht Eiter-, sondern Epidermiszellen). Das Trommelfell fehlt vollständig bis auf kleine peripherische Restchen, ebenso fehlt der ganze untere Theil des Hammers, von dem nur der Kopf übrig ist. Dieser ist nach unten stark cariös. Schon von aussen sieht man, dass auch der Amboss angeätzt ist und sein langer, mit dem Hammergriff parallel laufender Schenkel fehlt. Labyrinthwand der Paukenhöhle wie Boden derselben erweicht, uneben, mit gelblichgrünem Eiter bedeckt. Das knöcherne Dach der Paukenhöhle nicht verdünnt oder missfarbig, wie überhaupt der obere Theil des Felsenbeins nirgends verändert.

Rachenschleimhaut in der Umgegend der Tuba mit reichlichem, theils glasigem theils puriformem Schleim bedeckt, stark verdickt und hyperämisch, öfter weissliche Concremente einschliessend. An dem vorderen Theil des Clivus Blumenbachi, also der Pars basilaris des Hinterhauptbeins, befindet sich im submucösen Gewebe, vom Knochen durch ein starkes Band, das Ligamentum longitudinale anterius, vom Pharynx durch die Schleimhaut getrennt, eine kirschkerngrosse, gelblich durchscheinende, gegen die Schlundhöhle etwas hervorragende Geschwulst, welche beim Einschneiden etwa ⅓ Kaffeelöffel dickrahmigen, weissgelblichen Breies enthält. Innere Wände der Geschwulst glatt, der Inhalt zeigt durchaus keine Eiterzellen, sondern hauptsächlich Cholestearinplatten mit wenig zelligen Elementen, unter denen häufig grosse blasse, theils runde, theils beim Aneinanderliegen polygonale Pflasterepithelien sich befanden. In der Tuba reichlich Schleim; im unteren Theil nur massenhaft abgestossenes Flimmerepithel, nach oben hie und da auch kleinere rundliche Zellen beigemengt. Tubenschleimhaut gewulstet, röthlich. Wo in der Paukenhöhle noch Schleimhaut vorhanden, ist sie namentlich nach oben, ist diese verdickt und hyperämisch. Die nicht sehr reichliche Flüssigkeit in der Paukenhöhle grösstentheils aus trübem Detritus bestehend, hie und da rundliche Zellen. Die Hohlräume des Warzenfortsatzes sind mit dicklichem Eiter gefüllt, rundliche Zellen mit einem, häufig zwei Kernen und einem trüben Inhalt, der durch Essigsäure etwas heller wird. Schleimhaut des Processus mastoideus stark verdickt und injicirt. — Der Steigbügel vollständig lose in seinem Fenster, so dass man ihn frei heraus und tief in den Vorhof hinein schieben kann. Durch eine kräftige Einspritzung hätte er jedenfalls leicht nach aussen entleert werden können, während die Reste von Hammer und Amboss ziemlich fest mit den sie umgebenden verdickten Weichtheilen zusammenhängen. Der Steigbügel selbst vollständig unverändert. Spitze der Pyramide, welche spongiöse Knochensubstanz besitzt, leicht missfarbig. Wände des Sinus transversus gegen die Vena jugularis interna zu leicht missfarbig, wie dort der Knochen überhaupt. Sinus leer, seine Wand nicht uneben. Vena jugularis nicht verändert.

Der knöcherne Canalis caroticus da, wo er die hintere Wand der knöchernen Tuba bildet und an und für sich sehr dünn ist, linsengross defect. Wände der Carotis scheinen etwas verdickt.

Nach unseren dermaligen Anschauungen liegt hier durchaus kein Zusammenhang zwischen dem Ohrenleiden und dem tödtlichen Ausgange vor. Wie das Felsenbein an seiner oberen, dem Gehirn zugewandten Fläche unversehrt war, so zeigte auch das Gehirn mit seinen Hüllen und die benachbarten Sinusse keine Veränderungen. Auch war der Tod nicht unter Erscheinungen eingetreten, wie sie den bekannten Folgezuständen der Caries des Felsenbeins eigen zu sein pflegen. Dagegen hat das plötzliche Auftreten der Tuberculose wie ihr Verlauf immerhin etwas Auffallendes. Patient war zufällig noch 3 Monate vor seinem Ende eines Wechselfiebers wegen unter Aufsicht sorgfältiger Aerzte, welche damals durchaus kein Lungenleiden nachweisen konnten, wie es doch gerade bei einem Wechselfieberkranken doppelt aufgefallen wäre, wenn auch die alte Lehre, dass Intermittens und Tuberculose sich ausschliessen, heutzutage nicht mehr als ganz stichhaltig gilt. Einen Monat darauf kommt er bereits unter ausgesprochenen Zeichen beginnender Tuberculose zurück, die binnen wenigen Wochen unter dem raschesten Verlaufe zum Tode führte. Der eiterige Ohrenfluss selbst begann 10 Monate vorher, dauerte indessen die ganze Zeit fort. Es erinnert uns dieser Fall einigermaassen an den vorhergehenden der Dorothea Reidelbach (S. 90), wo nach zweimonatlichem Bestehen einer Otorrhoe plötzlich eine fieberhafte Erkrankung sich entwickelte, die nach 14 Tagen bereits unter Meningitis und Miliartuberculose zur Section führte. Auch dort war kein anatomischer Zusammenhang zwischen Caries des Felsenbeins und den tödtlichen Erkrankungsformen nachzuweisen.

Dort fand sich noch ein Lymphdrüsenabscess am Halse, mit dem die hier vorhandene kleine submucöse Balggeschwulst in der hinteren oberen Pharynxwand wohl kaum in Parallele zu stellen ist. Ferner auch bei Schuster Raum (S. 80), dessen Ohrenleiden gleichzeitig mit der Lungenaffection begonnen und wo letztere als acute Phthise in zwei Monaten tödtlich endete, war die eine Paukenhöhle mit Eiter erfüllt gewesen. Immerhin möchte man sich, Angesichts solcher auffallender Fälle, die Frage stellen, ob nicht überhaupt manche Formen von rasch beginnender und rapid verlaufender Tuberculose auf eine Infection des Blutes von irgend einem Eiterherde ausgehend, zurückgeführt werden könnten? Wem ein reiches Beobachtungsmaterial zu Gebote steht, der könnte am besten entscheiden, ob solche rasch verlaufende Formen von Tuberculose überwiegend häufig gleichzeitig mit irgend einer Eiterbildung im Körper oder ebenso häufig ohne eine solche Complication vorkommen, und darnach liesse erst die aufgeworfene Frage sich in einer bestimmteren Weise beantworten und weiter verfolgen.

Dass Otorrhöen und chronische Lungentuberculose im Ganzen so ungemein häufig neben einander vorkommen, hat nichts Auffallendes, da beiden doch sehr häufig vernachlässigte oder weiter entwickelte Catarrhe zu Grunde liegen. Die mit Lungentuberculose einhergehenden Fälle von Caries des Felsenbeins sind indessen am meisten geeignet, die Ableitung der letzteren vom Catarrh der Paukenhöhle als den gewöhnlichen Entwicklungsgang und die selbstständige Knochenerkrankung als die unendlich seltenere festzustellen.

LIV.

Eiteriger Catarrh der Paukenhöhle mit Geschwür im knöchernen Gehörgang. — Meningitis tuberculosa.*)

Anna B., 2½ Jahr, Gastwirthstochter von hier, von angeblich gesunden Eltern stammend und selbst ein stets gesundes Kind, das längere Zeit schon an rechtsseitiger Otorrhoe litt. Verfiel einige Wochen vor ihrem Tode in einen febrilen Zustand mit Gehirnsymptomen, welcher von den behandelnden Aerzten theils für eine Meningitis, theils für einen Typhus erklärt wurde.

---

*) Zuerst veröffentlicht im Arch. f. Ohrenheilk. 1869. Bd. IV. S. 130.

Die Section ergab, neben gelatinösem Exsudat an der Pons Varoli und Umgegend, ziemlich zahlreiche Miliartuberkel an der Basis des vorderen und mittleren Gehirnlappens, insbesondere an der Fossa Sylvii, reichlicher rechts; beidseitig starke venöse Hyperämie der Hirnhäute. Alle Organe sonst gesund, insbesondere keine Schwellung der Milz, welche schlaff und klein ist, und kein Darmprocess.

Der Befund des rechten Ohrs (Präp. Nr. 230). Reichliche eingedickte Eitermassen im äusseren Gehörgang, nach deren allmäliger Erweichung und Entfernung mittelst Pinsel und Wasserstrahl die Haut des Gehörgangs schwammig und geröthet zu Tage liegt. An der hinteren Wand, ziemlich nahe am Trommelfell, zeigt die geröthete schwammige Cutis ein hufeisenförmiges (10 Mm. langes, 5 Mm. hohes) Geschwür mit ziemlich steilen, aufgeworfenen weissen Rändern; der Grund des Geschwürs ist vom blossliegenden, indessen weissen und glatten Knochen eingenommen. Das Trommelfell stellt eine gleichmässig gewulstete, aufgelockerte, gleichsam granulirende rothe Fläche dar, in welcher der Hammergriff sich nicht abzeichnet; Grenze zwischen Trommelfell und Gehörgang allenthalben verwaschen. Ganz oben und vorn eine ziemlich umfangreiche Perforation, deren hinterer Rand mit dem Promontorium vollständig verwachsen ist.

Dura mater über dem Tegmen tympani an ihrer oberen Fläche bereits abnorm blutreich, ihre Gefässe stärker gefüllt als gewöhnlich; an der unteren Fläche der abgezogenen Dura mater finden sich reichliche rothe Punkte in grösseren Haufen beisammenstehend. Dach der Paukenhöhle und der Warzenzellen sehr dünn, lässt gelblichen Eiter durchschimmern. Nach der Wegnahme des Tegmen tympani sind die grossen Zellen des Antrum mastoideum ganz ausgefüllt, theils durch eingedickten Eiter, theils durch die Wulstung der Auskleidungsmembran. Die Schleimhaut der Paukenhöhle ähnlich wie die Aussenfläche des Trommelfells rothgewulstet, mässig eiteriges Secret in ihr, reichlicher solches im oberen Theile der Tuba. Der Hammerkopf von sulzigen Massen bedeckt. Durch die Wulstung der Schleimhaut und des Trommelfells, sowie durch die Tieflage und die erwähnte Verlöthung des letzteren mit dem Promontorium existirt die hintere grössere Hälfte der Paukenhöhle kaum mehr als lufthaltiger Raum.

Im Labyrinth nichts Abnormes nachzuweisen.

Ein directer anatomischer Zusammenhang zwischen der miliartuberculösen Meningitis, die indessen auf der Seite, wo die Ohreneiterung statthatte, viel stärker entwickelt war, mit dieser selbst lässt sich nicht constatiren. Ob aber nicht ein genetischer stattfand, nach der Hypothese, welche Buhl*) und ich**) zu gleicher Zeit ausgesprochen und für die seitdem noch viele nahezu be-

---

*) Wiener med. Wochenschr. 1859. S. 195.
**) Virchow's Arch. 1859. Bd. XVII. S. 79. (S. oben S. 98.)

weisende Thatsachen und Beobachtungen von Anderen*) vorgebracht wurden?

Sehr interessant war das bis auf den Knochen gehende Geschwür im Gehörgange. Ich habe ein solches noch nie beobachtet und ist mir auch keine derartige Mittheilung bekannt. Am
Lebenden allerdings könnte man ohne eingeführte Prismen oder
Spiegelchen ein solches in seiner ganzen Flächenausdehnung gar
nicht zu Gesicht bekommen, daher allerdings solche Zustände oft
übersehen werden mögen.

LV u. LVI.

**Ein Monat bestehende Ohreiterung mit mehrfacher Perforation des
Trommelfells bei einem Leichttuberculösen. Wenige Tage vor dem Tode
ernstere Erscheinungen.
Verbreitete Convex-Meningitis an Gross- und Kleinhirn. Fortleitung
der Eiterung durch das zerstörte und leicht cariöse runde Fenster auf
die Schnecke und die Dura mater des inneren Gehörgangs.**

Am 21. März 1870 kam Fabrikant K. aus Fulda, 49 Jahre alt,
zu mir. Derselbe hatte vor 12 Jahren durch eine Maschine eine
schwere Verletzung des rechten Armes mit verbreiteter Muskelzerreis-
sung erlitten, in Folge welcher eine Exarticulation im rechten Schulter-
gelenk vorgenommen werden musste. Seitdem soll der früher gesunde
Mann ungemein nervös und deprimirt sein. Er gibt an, dass er bis
zu den ersten Tagen dieses Jahres ganz gut gehört habe. (Seine Frau
sagte mir später, dass er doch seit mindestens einem Jahre nicht mehr
so gut höre wie früher.) Nach einer starken Verkältung sei links
Sausen und ganz rasch die jetzt bestehende Schwerhörigkeit eingetreten; seit circa 8 Tagen eitere auch das Ohr ohne jeden Schmerz.
Auch nehme die Hörschärfe des rechten Ohres etwas ab ohne Sausen.
Seit einigen Jahren habe er auch oft Schwindel und in neuerer Zeit
viel Eingenommenheit des Kopfes. Das letzte Jahr leide er auffallend
viel an Catarrh und Schnupfen.

Links findet sich eine fast vollständige Taubheit des Ohres, so
dass der Schlag einer Repetiruhr von mindestens 40 Fuss normaler Hörweite nur beim Anlegen an die Ohrmuschel und dumpf vom Warzenfortsatz aus gehört wird. Rechts Taschenuhr von 6' Hörweite $3/4'$ und
allenthalben vom Knochen. Stimmgabel vom Scheitel nach links. Beiderseits sehr starkes Herausklingen der Töne durch den Gummischlauch.
Links findet sich eine mässig starke Eiterung mit üblem Geruch. Das
stark geröthete Trommelfell ist in der Mitte doppelt perforirt und hat
unten eine eingezogene Stelle. Luft mit dem Katheter geht deutlich

---

*) SCHWARTZE, Arch. f. Ohrenheilk. Bd. II. S. 280. — WILSON Fox, Dtsch.
Klinik vom 11. Juli 1868.

durch, ohne Einfluss auf Sausen und Hören. Rechts Trommelfell stark eingezogen, Luft durch Katheter deutlich hinein mit etwas Verbesserung des Hörens.

22. März. Links hat sich die eingezogene Stelle von gestern in ein drittes kleines Loch verwandelt und zeigt sich vor diesem wieder eine eingezogene Stelle. Bei Erkundigung höre ich, dass er seit Jahren viel hustet und etwas magerer wird. Uebrigens sollen keine Brustkrankheiten in der Familie vorkommen und seine Lungen keinen äusseren Schädlichkeiten ausgesetzt sein.

Kommt am 25. März wieder zurück zu längerer Behandlung. Zustand der gleiche. Links kein Schleim, mehr Eiter, die Löcher eher etwas kleiner.

1. April. Bekam einen Abscess an der vorderen Gehörgangswand und dabei ein ziemlich stark schmerzendes, speckig belegtes Geschwür, mit aufgeworfenen Rändern am Ohreingang; wahrscheinlich durch Abreissen festgeklebter Baumwolle mit nachfolgender Beschmutzung der Excoriationen durch Eiter. Dasselbe wird täglich mit Lapislösung bestrichen, Wattetampon in Oel getaucht. Eiterung in der Tiefe mässig. Untersuchung des Hintergrundes erschwert.

8. April. Die Eiterung zeigt noch ziemlich stark fetzige Flocken, namentlich nach Durchspülung mit Salzwasser durch den Katheter, welche täglich vorgenommen wird zur gründlichen Entfernung des Eiters. Die Löcher werden kleiner, das untere ist zugeheilt. Rechts wird das Gehör etwas besser durch Katheterismus.

Am 9. April bekam der Kranke einen eigenthümlichen Zustand von Schwindelgefühl und Nackensteifigkeit, wie er ihn nach seiner Angabe zu Hause ähnlich nach jeder Unregelmässigkeit bekam und den er jetzt auf einen kleinen Diätfehler bezieht. (Mehrerlei Bier.) Dieser Zustand, den der Kranke selbst nicht hochschätzt, dauert zwei Tage in sich mindernder Weise.

Am 12. fährt er in meine Wohnung, legt aber den Heimweg in seinen Gasthof, der 1/2 Stunde beträgt, zu Fuss zurück. Ich finde keine auffallenden Erscheinungen, Eiterung sehr mässig, Gehör rechts eher besser als in letzter Zeit, 1 1/2'.

Am 13. wiederholt sich der oben erwähnte Zustand; Schwindel und verbreiteter Kopfschmerz stellen sich in erhöhtem Maassstabe ein; Fieber und Erbrechen gesellen sich dazu. Die Herren Dr. Herz und später Prof. v. Bamberger werden zur Behandlung und Berathung hinzu gezogen. Bald wird er somnolent und kehrt das Bewusstsein nur für kurze Zeit und theilweise zurück.

Am 15. fand ich ihn röchelnd und ohne Bewusstsein. Augen geschlossen, Pupillen mittelweit, nicht reagirend, bohrt mit dem Hinterkopf in die Kissen. Haut heiss, Puls unzählbar. Allmäliger Verfall, Abends Tod.

Section am 17. April von Herrn Dr. Böhmer.

Schädelhöhle. Ausgedehnter grüneiteriger Belag zwischen Pia mater und Arachnoidea über die ganze Convexität des Grosshirns; rechts verbreiteter als links und rechts abwärts greifend auf den Mittel-

lappen. Venen allenthalben enorm entwickelt. Links am Kleinhirn
entsprechend der hinteren Fläche des Felsenbeins am convexen Rande
zwischen oberer und unterer Fläche eine exquisit grüne meningitische
Exsudatmasse in dem Subarachnoidealraume 1″ lang und ½″ breit.
Basalgebilde ganz intact. In der Tiefe der Fossa Sylvii die Pia
mater ebenfalls entzündet und hie und da eiterig infiltrirt. Die Nerven acusticus und facialis von dem Exsudat umgeben. An der linken
Hemisphäre des Cerebellum ein länglicher meningitischer Fleck von
5 Mm. Ausdehnung. — Beide meningitische Exsudate sind frisch und
wohl gleichen Datums.

Links im Sinus transversus auffallende schwarze Cruormassen,
während rechts fibrinhaltiges Gerinnsel.

In den Lungen rechts etwas unterhalb der Spitze und links
direct an der Spitze, kleine Tuberkelknötchen mit einzelnen käsigen
Massen, ausserdem eine erbsengrosse Höhle mit käsiger Masse gefüllt.
Sonst Lungenspitzen stark pigmentirt, mehrfach eingezogen.

Untersuchung der Felsenbeine (Präp. Nr. 278 und 279).
Links. Eiteriger Belag auf der Dura mater vom Porus acust.
intern. nach innen und unten ausgehend mit einzelnen zum Theil strei-
fenförmigen Ecchymosen in der benachbarten Dura. Ueber dem Tegmen tympani Dura mater sehr dick, Antrum mastoid. dunkel missfärbig
durchscheinend, Tegmen tymp. durchaus intact. Im äusseren Gehörgange ziemlich viel übelriechender Eiter. Durchschnitt des Gehör-
gangknorpels auffallend blutreich. Das Trommelfell eiterig belegt
und sehr dick, zeigt fünf Löcher, von welchen die oberen zwei grösser,
die unteren drei kleiner sind. Nach Sprengung des Felsenbeins erscheinen sämmtliche von der Paukenhöhlenseite aus grösser als von
aussen her. Paukenhöhle erfüllt mit stinkendem dünnen Eiter.
Mucosa sehr stark gewulstet und verdickt, am stärksten am Promontorium und in der Umgebung des runden Fensters, dessen Membran
gestört ist. Nach Erhärtung in Weingeist erscheint die Mucosa am
Promontorium ganz papillär und zottig, namentlich fallen zwei grosse
excrescenzenartige Zotten auf. Nische zum runden Fenster mit Eitermasse erfüllt, Knochen daselbst nach hinten leicht cariös und dringt
eine ganz feine Sonde neben dem runden Fenster in die Tiefe. Steigbügel noch in Verbindung mit dem Amboss und in situ, doch auffal-
land beweglich an seinem Fusstritt. Auch im Antrum mastoideum
reichlich Eiter, Membran gallertartig gewulstet.

Canalis semicircularis superior bläulich durchscheinend,
erweist sich beim Eröffnen mit sanguinolenter Flüssigkeit erfüllt. Unter
der obersten Lage der vorderen Fläche der Pyramide die Hohlräume auffallend reichlich entwickelt und ein zusammenhängendes
System von Zellen vorstellend, sämmtliche erfüllt mit röthlicher Flüssigkeit. Die darunter liegende compacte Substanz intact. Auch der
vordere resp. horizontale Bogengang mit rother Flüssigkeit erfüllt;
häutiger Kanal roth und verdickt.

Längs des Porus acusticus internus ist die Fortsetzung der
Dura mater missfarbig und die Nerven im Kanale mit Eiter über-

zogen. Bei Eröffnung des Kanals zeigt sich fester Eiterbelag der Dura mater und zwar ziemlich dicker vorwiegend an der vorderen Seite des Kanals, entsprechend dem N. acusticus und insbesondere der Lage der S c h n e c k e, so dass schon dieser Befund deutlich auf einen Ausgang der meningitischen Erkrankung von der Höhle der Schnecke hinweist. In der That zeigt sich der Knochen am Grunde des inneren Gehörgangs gegen die Schnecke zu erweicht, so dass eine haarfeine Sonde durch denselben in die Schnecke dringt und findet sich die Cochlea resp. ihr häutiges Gewebe in eine rothe pulpöse Masse verwandelt. Auch der membranöse Inhalt des V o r h o f e s stark hyperämisch und gewulstet, keineswegs aber in gleichem Grade wie der der Schnecke.

Sehr hyperämisch der Nervus facialis in seinem Verlaufe durch den P r o c e s s u s m a s t o i d e u s, dessen Zellen allenthalben mit gallertiger röthlicher Masse erfüllt sind. In der V e n a j u g u l a r i s, die sehr entfernt vom Boden der Paukenhöhle liegt, etwas Gerinnsel, Wände derselben intact.

R e c h t e s F e l s e n b e i n. Auch hier die D u r a m a t e r ungemein fest mit den Knochen am Tegmen tympani verwachsen; ziemlich dick und sehr blutreich. Fissura petroso-squamosa sehr entwickelt. Knochen allenthalben mit reichlichen Zellen und Höhlen versehen.

Schleimhaut der T u b a am medialen Knorpel sehr dick, ihre Muskeln dem Anschein nach normal. T r o m m e l f e l l ziemlich stark einwärts gezogen, Sehne des M. t e n s o r t y m p a n i etwas retrahirt. Dem Ostium tympanicum tubae gegenüber ein eigenthümlicher flacher Knochenvorsprung am Boden der Paukenhöhle, ohne Einfluss indessen auf das Lumen der Tuba. H a m m e r - A m b o s s - G e l e n k wenig beweglich, in seiner Kapsel verdickt.

E p i k r i s e. Nur die — allerdings nicht stark entwickelte — Tuberculose der Lungen, welche sich an der Leiche fand, lässt die ganz ungewöhnlich rasche Weiterverbreitung des eiterigen Processes von der Paukenhöhle nach innen auf das Labyrinth und das Cavum cranii etwas weniger auffallend erscheinen. Wissen wir doch, wie rasch enorme Gewebeschmelzung im Ohre bei Tuberculösen eintritt; häufiger allerdings allein mit hochgradiger Beeinträchtigung der Sinnesfunction als mit Fortleitung auf die für das Leben wichtigen Organe. Namentlich das Fehlen des Schmerzes und die mehrfache Perforation des Trommelfells im Verlaufe der eiterigen Mittelohrentzündung findet sich bei Tuberculösen ungemein oft. Wahrscheinlich handelt es sich hier um specifisch tuberculöse Vorgänge in den Geweben des Trommelfells und der Paukenhöhle. SCHWARTZE in seiner „Pathologischen Anatomie des Ohres" (Berlin 1878, S. 68) beschreibt zuerst „Tuberkel des Trommelfells" bei Kindern mit Miliartuberculose und fügt bei: „Auch bei chronischer Lungentuberculose Erwachsener

habe ich bei Lebzeiten öfters gelbliche, leicht prominente und
bärtliche Stellen gesehen, die von schnellem ulcerativen Zerfall
des Trommelfells gefolgt waren und wahrscheinlich als Tuberkel
des Trommelfells zu deuten sind. Die histologische Bestätigung
dieser Annahme fehlt vorläufig." Später auf Seite 80, wo die
„käsige Entzündung der Paukenschleimhaut" beschrieben wird,
sagt derselbe: „Es folgt schnell Geschwürsbildung mit Zerfall der
Schleimhaut, mit scheinbarer polypöser Entartung derselben und
zuweilen cariöser Zerstörung der anliegenden Knochenstelle."

Dass durch die Lungentuberculose in diesem Falle auch für
die Entwicklung und rasche Ausbreitung einer eiterigen Entzündung der Gehirnhäute besonders günstige Bedingungen gegeben
waren, braucht nicht hervorgehoben zu werden. Da zu Lebzeiten
kein Verdacht auf Tuberculose bestand, geschweige denn, dass
dieselbe an der Lunge nachgewiesen worden wäre, so lag kein
Grund vor zu besonders trüber Auffassung der ganz frischen und
nicht vernachlässigten Ohreneiterung. Der Kranke war zudem so
ungemein schwerfällig und gedrückt, dass das Fehlen des einen
Armes, selbst den moralischen Eindruck eines solchen Defectes
mit eingerechnet, nicht ausreichend zur Erklärung erschien und
sich mir immer mehr der Verdacht entwickelte, es möge ein
intracranieller pathologischer Process bestehen, den ich mir aber
als chronischen, mehr psychiatrischen und keineswegs als eiterig-
entzündlichen vorstellte. Beim deutlichen Auftreten der schweren
cerebralen Erkrankung sprach ich mich deshalb noch wenige
Tage vor dem Tode dahin aus, dass dieselbe wahrscheinlich älteren Ursprungs sei und mit der frischen Ohreneiterung nichts zu
thun habe. Wie sollten wir Alle durch die Section enttäuscht
werden!

Seit solchen Erfahrungen pflege ich gründliche Untersuchung
der Brustorgane bei Eiterung des Ohres immer häufiger für un-
erlässlich zu halten, weil, sobald sich namentlich an den Lungenspitzen Verdächtiges findet, der Eiterungsprocess des Ohres unter
einem weit ernsteren Gesichtspunkte betrachtet werden muss;
locale Behandlung tritt dann relativ in den Hintergrund gegenüber gründlicher Lungenhygiene bis zum Aufsuchen eines anderen
Klimas. Gar oft erweist sich die Ohrenerkrankung als die Einleitung und erste Aeusserung einer tiefen und allgemeinen Ernährungsstörung; dies kann den Herren Collegen nicht oft genug gesagt werden.

Sehr bedauerlich ist, dass sich eine Angabe über die Stimm-gabel-Untersuchung nur bei der ersten Berathung und nicht mehr später verzeichnet findet. Anfangs wurde diese vom Scheitel aus nach dem eiternden Ohre zu gehört. Sobald die Wahrneh-mung derselben übergesprungen wäre auf das nichteiternde und weit besser hörende Ohr, so hätte diese Erscheinung einen höchst beachtenswerthen Fingerzeig gegeben, dass die Perceptionsfähig-keit des Labyrinthes durch die Eiterung gelitten, resp. die puru-lente Entzündung sich auf das Labyrinth fortgesetzt hätte, womit ja die Wahrscheinlichkeit eines Exitus lethalis bedeutend näher gerückt gewesen wäre.

F.
Die Otorrhöen.

－－－

LVII.

**Otorrhoe seit 7 Jahren. Fieberlose Erkrankung unter heftigem Kopf-
schmerz und Sopor. Tod nach 16 Tagen.
Abscess im Kleinhirn. Polypen des äusseren Gehörganges, des
Trommelfells und der Tuba. Caries des Felsenbeins mit beginnender
Nekrose des Labyrinthes.*)**

Johann Schmidt, 37 Jahre alt, Maurer, kam am 10. November
1857 ins Juliusspital und starb am 26. Der Kranke, der bei der
Aufnahme über einen fixen, den ganzen Kopf durchbohrenden Schmerz
klagt, kann, weil halb unbesinnlich, wenig angeben. Die objective
Untersuchung ergibt einen fötid riechenden Ausfluss aus dem linken
Ohre, den Patient seit 7 Jahren, als Folge eines „hitzigen Fiebers"
haben will; alle sonstigen Organe zeigen keine nachweisbaren Veränderungen, Fieber keines, Obstipation, wie auch früher häufig, seit
einigen Tagen. Die Behandlung bestand in fleissiger Reinigung des
Ohres, einmal einige Blutegel an die Schläfe, bei stärkeren Kopfschmerzen kalte Umschläge, Vesicans hinter das Ohr der leidenden
Seite, Abführmittel. Der Kranke lag von seinem Eintritte an immer
apathisch zu Bette und unter zunehmendem Sopor erfolgte der Tod.

Diese Notizen verdanke ich Herrn Dr. Carl Schmitt, damaligem
ersten Assistenzarzt der medicinischen Klinik. Ich selbst sah den
Kranken zwei Tage vor seinem Tode. Nahezu unbesinnlich gibt er
nur mit Mühe Antwort auf wiederholt gestellte Fragen und kann nur
unter Beihülfe einer Wärterin vom Bett auf einen Stuhl am Fenster
gebracht werden. Ich bringe nur soviel aus ihm heraus, dass er seit
7 Jahren an seinem Ohrenfluss leidet, seitdem auch immer schlechter
höre, häufig an Schmerzen im Ohre gelitten und manchmal auch Blut
daraus verloren habe. Beim Sprechen wird der Mund stärker nach
rechts gezogen. Hört meine Cylinderuhr nicht beim Anlegen ans linke
Ohr, wohl aber vom Tuber frontale derselben Seite aus. Bei näherer

－－－

*) Zuerst veröffentlicht in Virchow's Arch. f. pathol. Anat. 1859. Bd. XVII.
S. 39.

Untersuchung zeigt sich etwa $\frac{1}{2}$ Zoll von der äusseren Ohröffnung entfernt, an der hinteren Wand des Gehörganges, eine kirschkerngrosse, theilweise mit dünnem Eiter bedeckte, mässig rothe, rundliche Geschwulst, die bei der Berührung mit der Sonde ziemlich derb und unempfindlich zu sein scheint, etwas weiter nach hinten sieht man eine zweite ähnliche Geschwulst. Die Wände des Gehörganges stark geschwollen und derselbe mit stinkendem Eiter erfüllt.

Section. Nach den weiteren freundlichen Mittheilungen des Herrn Dr. Schmitt zeigte sich in der linken Kleinhirnhemisphäre ein taubeneigrosser Abscess, mit einer etwa $1\frac{1}{2}$‴ dicken Lage Corticalsubstanz umschlossen, diese selbst mehr weniger erweicht. Der in der Abscesshöhle eingeschlossene Eiter von penetrantem Geruche. Die entsprechende Stelle der Dura mater bedeutend verdickt und fest am Felsenbein adhärirend. Dieses selbst in seinem dem Labyrinth angehörenden Theil nekrotisch abgegrenzt. Sinus transversus und Vena jugularis sind durchgängig. Im übrigen Kleinhirn, sowie im Grosshirn keine Veränderungen. An den übrigen Eingeweiden in den verschiedenen Leibeshöhlen keine auffallenden Abnormitäten. Lungen leicht ödematös.

Das linke Felsenbein (Präp. Nr. 117) wurde aus dem Kopfe entfernt und von Herrn Prof. Bamberger mir zur weiteren Untersuchung überlassen. Die Weichtheile in der Umgebung der Ohrmuschel, namentlich nach vorn, etwas verdickt, beim Einschneiden leicht missfarbig, am meisten in der Nähe der Fissura Glaseri, deren Wände stark erweicht sind, so dass man durch sie mit einer Sonde unter leisem Drucke in die Paukenhöhle gelangen kann. Der äussere Gehörgang mit übelriechendem Eiter erfüllt, seine häutige Auskleidung stark geschwellt. Nach Hinwegnahme der vorderen Wand desselben zeigen sich drei verschieden grosse, weiche Geschwülste, Polypen. Der erste erbsengross und rundlich, an der oberen hinteren Wand des knöchernen Gehörganges, gerade wo der knorpelige sich an ihn ansetzt. Unmittelbar über ihm an einer Stelle missfärbig und erweicht, so dass eine Sonde unmittelbar in die Fossa sigmoidea gelangt. Der zweite Polyp, wie der erste, schon bei der Untersuchung zu Lebzeiten wahrgenommen, beginnt dicht hinter diesem und erstreckt sich durch den Gehörgang und die Paukenhöhle bis an den Beginn der knöchernen Tuba, von deren Schleimhaut er mit etwa 1‴ breiter Basis seinen Ursprung nimmt. Der dritte, viel kürzer und dicker, unter dem zweiten liegend, nimmt seinen Ursprung dort, wo unter gewöhnlichen Verhältnissen der untere Rand des Trommelfells sich befindet. Hebt man diesen dritten Polypen auf und zurück, so zeigt es sich deutlich durch die ganze Configuration und den Winkel, den dieses Gebilde mit dem Gehörgange macht, dass wir es mit einem veränderten Trommelfell zu thun haben, was später auch die mikroskopische Untersuchung erwies. Die Trommelhöhle, Zellen des Warzenfortsatzes und Beginn der knöchernen Tuba sind in eine grosse Höhle verwandelt, die mit stinkendem, käsig eingedicktem Eiter erfüllt und deren auskleidende Membran stark verdickt, hie und da

mit kleinen zottigen Wucherungen besetzt ist. An der hinteren Wand
dieser Höhle, dem Antrum mastoideum entsprechend, ist der Knochen in grösserem Umfange porös, missfarbig und eine mit übelriechender dicklicher Flüssigkeit gefüllte Fistel vorhanden, deren hinteres Ende oberhalb der Fossa sigmoidea liegt.

An der inneren Wand der Paukenhöhle, entsprechend dem Promontorium, entbehrt der Knochen an einer etwa $1/2'''$ grossen Stelle
jeder Bedeckung, ist rauh und oberflächlich erweicht. Betrachtet man
das Felsenbein von seiner hinteren Fläche nach Abzug der Dura
mater, so zeigt sich der Theil der Pyramide, welcher das Labyrinth einschliesst, von auffallend weisser Farbe und durch eine ge-
zackte röthliche Linie abgegrenzt von der übrigen normal gefärbten
Pyramide. Längs dieser Demarcationslinie ist der Knochen allenthalben etwas erweicht, am stärksten ganz unten, wo sich eine feine
Sonde einführen und durch die ganze Dicke der Pyramide nach vorn
schieben lässt, so dass sie an der hinteren Wand des Anfangstheiles
der knöchernen Tuba wieder erscheint. Beim Durchsägen der Pyramide zeigt sich, dass die erwähnte Demarcationslinie oben sich in den
Knochen fortsetzt und die obere Kante des Felsenbeins in Form eines
Dreiecks von dem darunter liegenden Knochen abgrenzt.

Leider war ich in den nächsten Wochen zu sehr von anderen
Berufsgeschäften in Anspruch genommen, um eine gründliche
mikroskopische Untersuchung der Polypen unternehmen zu können, wie sie bei der Spärlichkeit von Arbeiten in diesem Punkte
wünschenswerth gewesen wäre. Als ich endlich meine anatomischen Arbeiten wieder aufnehmen konnte, hatten Zeit und Spiritus
das Präparat zu sehr verändert, daher nur Weniges noch zugefügt
werden kann. Alle drei Polypen besassen Pflasterepithel an ihren
sämmtlichen Flächen, der im Gehörgang wie die beiden tiefer
entspringenden, und zwar sehr schönes grosses Pflasterepithel mit
deutlichem Kern und Kernkörperchen. Der zuerst erwähnte erbsengrosse runde Polyp erwies sich beim Durchschnitt massiv, ohne
Höhlung, aus Bindegewebe bestehend, das reichlich zellige Elemente besass. Der zweite, schmächtige und lange Polyp, der aus
dem Anfangstheil der Tuba Eustachii kam, ebenfalls solid. Der
dritte, oder eigentlich mittlere, aus dem veränderten Trommelfell
bestehende zeigt an der, nach aussen gegen die Ohröffnung gerichteten Oberfläche, die in situ nach unten gerichtet war und
der unteren Wand des Gehörganges anlag, unter mehreren Schichten Pflasterepithel reichliches Bindegewebe mit sehr entwickelten
Bindegewebskörperchen, welche auffallend grosse Kerne besitzen.
Beim Durchschnitte des ganzen Gebildes finden sich im Innern

desselben mehrere verschieden grosse Höhlungen, theilweise gefüllt mit Detritusmassen, Fett- und Körnchenzellen. Die mittlere Substanz dieser Geschwulst besitzt entschieden die der Lamina propria des Trommelfells eigenen Elemente, d. h. wie diese scharf markirte, das Licht stark brechende Fasern, welche hier theilweise normal, mit parallelen Contouren, theilweise varicös geschwollen und sonstig verändert sind. Zwischen diesen Trommelfellfasern eine grosse Menge eckiger Gebilde, die wie Kernwucherungen aussehen, und viele blasse, scharf contourirte Kugeln ohne Kern und Inhalt von verschiedener Grösse, die auf Zusatz von wässriger Jodlösung nicht jodroth werden, also keine Corpora amylacea sind, denen die grösseren dieser Kugeln auffallend ähnlich sehen. Die hintere Seite des Trommelfells, welche hier als obere Fläche des mittleren Polypen im äusseren Gehörgang lag, besitzt wiederum prächtiges Plattenepithel mit grossen Kernen und sehr deutlichen Kernkörperchen, wie es sich auch, nur mit weniger deutlichem Kerne, in der ganzen Umgebung, in der Paukenhöhle und an den Wänden des Antrum mastoideum findet. Erst in der Tuba ist das Epithel ein cylindrisches, mit sehr grossen, gut erhaltenen Flimmerhaaren und einer starken Contour zwischen diesen und der Zelle selbst (wie an den Darmzotten).

Nach LEBERT's trefflichen Artikeln „über Hirnabscesse" (Virchow's Archiv Bd. X. 1856) haben dieselben ungemein häufig ihren Ausgangspunkt in Caries des Felsenbeins; unter 80 von LEBERT zusammengestellten Fällen von Hirnabscessen gingen dieselben 18 mal von Caries des Felsenbeins aus, also fast in einem Viertheil der vorliegenden Beobachtungen. Der oben mitgetheilte Fall würde sich am nächsten der von LEBERT angeführten VI. Beobachtung (3. Heft. S. 434) aus dem Spital Beaujon anschliessen: „Ohrenpolyp auf der rechten Seite, Kopfschmerz, schnell eintretender unerwarteter Tod. — Polyp der Paukenhöhle, Abscess in der rechten Hemisphäre." — Es lassen sich indessen noch weit mehr Beobachtungen in der Literatur auffinden, wo vernachlässigte Otorrhoe und Erkrankung des Felsenbeins mit Abscess im Gehirn endete. So finden sich in KRAMER's Lehrbuch der Ohrenheilkunde (Berlin 1849) zwei Fälle aufgeführt (S. 375 und 385), von denen der letztere, nicht von ihm selbst beobachtete, ebenfalls mit Polypenbildung einherging. In WILDE's Aural Surgery (Deutsche Uebersetzung S. 494 u. 496) sind ebenfalls zwei Fälle aus der Praxis von BANKS und CORRIGAN in Dublin aufgeführt. —

In Toynbee's Catalog von Ohrenpräparaten ferner finden sich zehn solcher Fälle ausführlich mitgetheilt, die er selbst beobachtete und secirte (Nr. 808, 814, 823, 824, 830, 835, 838, 848, 851, 852) und in denen manche sehr interessante Einzelheit enthalten ist. Durch Lebert's Arbeit angeregt, veröffentlichte dann endlich Professor Wolff in Berlin drei solcher Fälle (Berliner med. Ztg. 1857. Nr. 35 u. 36), so dass, den oben von mir mitgetheilten Fall mitgezählt, sich weitere 18 Beobachtungen, also 36 im Ganzen, zusammenstellen lassen, in denen Gehirnabscess durch Caries des Felsenbeins verursacht wurde, und sich jedenfalls die Häufigkeit dieser Complication noch viel sprechender herausstellt, als Lebert sie bereits angegeben hat.

Die Caries des Schläfenbeins führt nun weiter ungemein häufig zu Entzündungen der benachbarten Venensinusse, ebenso häufig zu eiteriger Meningitis; früher haben wir mehrere Fälle kennen gelernt, wo neben Caries des Felsenbeins sich allgemeine Tuberculose in einer auffallend raschen Weise entwickelte, so dass man sich wenigstens fragen muss, ob diese beiden Factoren ohne alle gegenseitige Beziehung zu einander stünden. — Setzen wir nun statt Caries des Felsenbeins lange bestehende Otorrhoe, statt lange bestehender Otorrhoe gering geschätzte und vernachlässigte Otorrhoe, und fragen wir endlich, von wem eiterige Ohrenausflüsse am meisten geringgeschätzt, von wem hierbei am meisten auf die Zeit, auf das „Auswachsen" u. s. w. vertröstet wird? — Die sehr ernste Antwort überlasse ich meinen Collegen.

In den Lehrbüchern über Ohrenheilkunde und in den Journalen sind sehr verschiedene Ansichten über den gewöhnlichen Sitz und Ausgangspunkt der Ohrpolypen niedergelegt, und zwar manchmal mit wahrer Exclusivität und Intoleranz gegen Andersdenkende, wie man sie sich und Anderen sehr leicht durch Untersuchung solcher Fälle an der Leiche hätte ersparen können. Man hätte sich dann überzeugt, dass hier jedenfalls eine sehr grosse Mannigfaltigkeit vorhanden ist und dass die Polypen weder allein vom Trommelfell noch allein vom Gehörgang ausgehen. Die oben mitgetheilte Beobachtung ergibt nur einen Polypen, der im äusseren Gehörgang, auf der Grenze zwischen dem knorpeligen und knöchernen Theile, wurzelt, einen zweiten, der von der Schleimhaut der obersten Partie der Tuba Eustachii ausgeht, und endlich einen dritten, von einem entarteten Trommelfell selbst gebildet. Ausserdem habe ich am Lebenden öfter von der äusseren

Fläche des Trommelfells verschieden grosse Wucherungen ausgehen sehen, die sich als selbstständige „Polypen" darstellten.
Der Name „Polyp" entspricht übrigens mehr dem praktischen Bedürfnisse und einer mehr äusserlichen Anschauung, indem unter
diesem Namen sehr verschiedenartige, nur äusserlich ähnliche Bildungen einhergehen, unter welchen am Ohre wenigstens die einfache Bindegewebsgranulation in sehr entwickelter Form sich sehr
häufig finden mag. Dem sei nun, wie ihm wolle, jedenfalls sind
Polypen im Ohre eine sehr häufige Ursache hartnäckiger, lange
bestehender Eiterausflüsse, welche nicht nur die Sinnesthätigkeit,
sondern häufig genug auch das Leben des Individuums gefährden
und deren bedenklichen Folgen nur durch eine Entfernung der
polypösen Wucherungen vorgebeugt werden kann. Entfernt man
sie, so hört gewöhnlich sehr bald die eiterige Absonderung auf
und es können nun erst die weiteren Zustände, soweit sie krank-
haft sind und Taubheit bedingen, berücksichtigt werden. Zur
Ausrottung der Ohrpolypen bediene ich mich nahezu immer des
von WILDE angegebenen und in seinem Werke über Ohrenheilkunde abgebildeten und beschriebenen Schlingenträgers *), der mir
einen wesentlichen Vorzug vor allen sonst bekannten derartigen
Instrumenten zu verdienen scheint. Ich sah WILDE in Dublin damit ganz kleine, kaum erbsengrosse Excrescenzen in der Tiefe
des knöchernen Gehörganges abtragen und habe selbst schon
mehrfach ganz winzige Polypen in der nächsten Nähe des Trommelfells damit entfernt, nach welcher Operation schon seit Jahren
bestehende, stets umsonst mit Adstringentien u. s. w. behandelte
Ohrenflüsse, wie abgeschnitten aufhörten. Ich kenne nun kein
anderes Instrument und keine andere Methode, mit der man im
Stande wäre, in solcher Tiefe mit vollständiger Schonung der benachbarten wichtigen Theile, z. B. des dicht anstehenden Trommelfells, und mit solcher Leichtigkeit und Sicherheit kleine Polypen weg zu nehmen, sowie man auch bei grösseren Geschwül-
sten leicht mit der Drahtschlinge gegen die Wurzel vordringen
und sie dort mit einem Zuge abschneiden kann.**) Den noch

---

*) Siehe WILDE, Practical Observations on Aural Surgery. London 1853.
p. 420 oder dessen deutsche, von Dr. v. HASELBERG besorgte und von Prof.
BAUM bevorwortete Uebersetzung. Göttingen 1855. S. 482.
**) Ich fühle mich um so mehr veranlasst auf den WILDE'schen Schlingen-
träger für Ohrenpolypen aufmerksam zu machen, als nach demselben Prin-
cipe gearbeitete und zweckentsprechend veränderte Instrumente gewiss auch

übrigen Ansatzpunkt der Geschwulst thut man am besten, in einer
späteren Sitzung, nachdem der Gehörgang von allem Secrete ge-
reinigt und mit Baumwolle, die man mittelst einer Pincette in die
Tiefe bringt, gründlich getrocknet ist, mit einem feinen, auf einem
eigenen Aetzträger befestigten Höllensteinstiftchen zu ätzen, auf
welche Weise es mir bisher immer gelang, polypöse Excrescenzen
gründlich zu entfernen. Ich sah vom Beseitigen der Ohrpolypen
bisher immer nur die wesentlichsten Vortheile, einmal sogar das
Aufhören ziemlich vorgerückter Gehirnsymptome, nie aber den geringsten Nachtheil, daher der Fall, welchen LEUBUSCHER berichtet
und in welchem die seit einem Jahre bestehenden Erscheinungen
von Otitis und Kopfschmerzen durch das Ausreissen eines Ohrpolypen sehr gesteigert wurden, sowie die Beobachtungen, welche
LALLEMAND zum „Respectiren" mancher Ohrpolypen veranlassten*), auf bereits sehr weit vorgeschrittene Folgezustände, z. B.
ein bereits bestehendes Gehirnleiden, oder ein sehr unzartes Ope-
riren, ein wahres „Ausreissen", bezogen werden können. Selbst
in Fällen, wo es sich bereits um Caries des Felsenbeines handelt und die Polypen nichts anderes sind, als wuchernde Fleischwärzchen, wie man sie auf cariösen Knochen oft in grösserer Ausdehnung findet, nehme ich keinen Anstand, dieselben auf die
eine oder andere Weise zu entfernen, indem ich nicht pflege, eine
cariöse Erkrankung des Felsenbeins von vornherein als hoffnungs-
los aufzugeben, eine erspriessliche Behandlung des Knochenlei-
dens aber erst dann ermöglicht wird, wenn die starke Absonderung beschränkt ist, wie sie namentlich von Granulationen und
Polypen ausgeht oder unterhalten wird. Wo allerdings noch ganze
Polypen oder Polypenreste in der Paukenhöhle vorhanden sind,
ist nur ein vorsichtiges, genau zu controlirendes Aetzen oder der
Gebrauch starker Adstringentien, z. B. concentrirter Bleilösungen,
am Platze, weil sonst leicht Beschädigungen wichtiger benach-
barter Theile vorkommen könnten.

Kehren wir zu unserem Fall zurück. Ich habe schon oben**)
meine Ansicht begründet, warum ich glaube, dass Caries des
Felsenbeins viel häufiger von einem Leiden der Schleimhaut der
Paukenhöhle oder der Haut des äusseren Gehörganges, als von

bei anderen Polypen, z. B. Nasen- oder Uteruspolypen, wenn man der Wurzel
schwer beikommen kann, wesentliche Dienste leisten würden.
*) Siehe VIRCHOW's Arch. Bd. X. S. 86.
**) Vgl. Fall Riffel, S. 57.

einem primären Knochenleiden, einer idiopathischen Ostitis, ausgeht. Auch in der hier vorliegenden Beobachtung lassen sich
sämmtliche zur Obduction gelangte Veränderungen am ungezwun-
gendsten auf einen ursprünglich vorhandenen Catarrh der Paukenhöhle, als den Ausgangspunkt, zurückführen. Den ganzen Vorgang könnte man sich etwa in folgender Weise denken. Im Verlaufe einer acuten Krankheit, z. B. eines Typhus, eines Exanthems,
einer Bronchitis — der Kranke sprach nur von einer „hitzigen
Krankheit" — entwickelte sich, wie das so häufig der Fall, ein
Catarrh der Paukenhöhle, der, wie sich hier an mehreren Stellen
kleine zottige Wucherungen der Schleimhaut fanden, an einer besonders disponirten Stelle*) zur Bildung einer grösseren, vielleicht aus einer entarteten Drüse hervorgehenden Wucherung An-
lass gab — der Anfang des grössten und längsten, jedenfalls auch
ältesten Polypen, der aus dem obersten Theile der Tuba entsprang.
Unter Zunahme dieser Wucherung, welche ihrer Oertlichkeit nach
zugleich dem Secrete der Paukenhöhle jeden Ausweg durch die
Tuba vollständig abschloss, mehrte sich die Schwellung und Hypersecretion der Schleimhaut in der ganzen Umgebung immer mehr,
bis endlich unter dem Drucke und dem Reize des angehäuften
Secretes wie des wachsenden Polypen das Trommelfell theilweise
zerstört, theilweise nach aussen, gegen den Gehörgang, umgebogen
wurde und der Polyp sich unbehindert im äusseren Gehörgang
ausdehnen konnte, wo wir ihn bei der Section ziemlich weit
gegen die äussere Ohröffnung vorgerückt finden und ihn bis zu
seinem Ausgangspunkte im oberen Theile der knöchernen Tuba
verfolgen können. Die Reste des Trommelfells unter dem fortwäh-
renden Reize des reichlich gelieferten Secretes und der hyperämischen Nachbarschaft entwickelten sich ihrerseits in wuchern-
der Weise, wie sehr natürlich, und bildeten so den anderen Polypen,
wie auch der kleine, jüngste Polyp im äusseren Gehörgang in
Folge des Reizzustandes sich entwickelte, in welchen die häutige
Auskleidung dieses Kanals durch die aus der Tiefe kommenden
Geschwülste und den Eiter versetzt wurde. Durch die fort-
dauernde Hyperämie der Weichtheile in Paukenhöhle und Gehör-

---

*) Wo die Tuba in die Paukenhöhle übergeht, ist häufig, wie schon ein-
mal erwähnt, die Schleimhaut am stärksten entwickelt, auch fand ich daselbst
und ganz nahe dem vorderen Rande des Trommelfells in mehreren Fällen
ziemlich beträchtliche, traubenförmige Schleimdrüsen, die bisher von den
Autoren für die Paukenhöhle in Abrede gestellt sind.

gang und die allenthalben stattfindende Anhäufung sich zersetzenden Eiters litt allmälig die Ernährung der darunterliegenden Knochen, bildete sich oberflächliche Erweichung desselben an der
Labyrinthwand der Paukenhöhle, entwickelten sich die verschiedenen Knochenfisteln, von denen die eine dicht an dem äusseren,
die andere dicht unter dem von der Tuba ausgehenden Polypen
sich fand — zwei Orte, wo am meisten Reizung und Secretanhäufung stattfinden musste —, wurde dann endlich die ganze Partie
des Felsenbeins, welche das Labyrinth umschliesst, in ihrer Ernährungszufuhr beeinträchtigt, daher wir sie in beginnender nekro-
tischer Isolirung und Abgrenzung begriffen finden. Während der
Ohrenfluss und das ganze Ohrenleiden bereits sieben Jahre bestand, finden wir die Knochenaffection erst in ihren Anfangssta-
dien und gegenüber den sehr ausgesprochenen Veränderungen an
der Schleimhaut des Mittelohres verhältnissmässig wenig entwickelt, daher wir wohl im Rechte sind, wenn wir diese als Ausgangspunkt, die Caries aber als consecutiv betrachten. Ebenso
sehen wir die Anomalien in der Paukenhöhle unendlich mehr
vorgerückt als im äusseren Gehörgang, daher wir wiederum annehmen müssen, dass der krankhafte Process von innen nach
aussen, von der Paukenhöhle gegen den Gehörgang sich ausgedehnt und nicht umgekehrt eine Entzündung im äusseren Gehörgang durch Stagniren des Secretes u. s. w. auf Trommelfell und
Schleimhaut schädlich zurückgewirkt habe. Soweit die Wahr-
scheinlichkeitsdiagnose über den Verlauf der Krankheit an der
Hand des vorliegenden anatomischen Befundes.

Dass gerade der ganze Theil der Pyramide, welcher das Labyrinth umschliesst, sich in beginnender Nekrose begriffen zeigt und
sich somit als geschlossene Ernährungsreinheit darstellt, darf uns
nicht wundern, indem bekanntlich sich dieser Theil der Pyramide in der That gesondert entwickelt und schon in früherer Zeit
vollkommen verknöchert, während die umgebenden Theile noch
wenig in der Ossification vorgeschritten sind.*) Es liegen indessen
in der Literatur auch mehrere Fälle von beschränkter Nekrose
gerade dieses Theils des Felsenbeins vor. So erzählt WILDE

---

*) Genaueres über die verschiedenen Verknöcherungsvorgänge des Felsen-
beins s. in GÜNTHER: „Beobachtungen über d. Entwicklung des Gehörorgans".
Leipzig 1842. S. 21 ff. Das Nöthigste und Wichtigste in HYRTL's Lehrbuch
der Anatomie. 1. Aufl. S. 419.

(p. 377, in der deutschen Ausgabe S. 432, wo auch das merkwürdige Präparat abgebildet ist), dass eine junge Dame, die an den
heftigsten Symptomen von Gehirnentzündung mit Lähmung des
Gesichtes, Armes und Beines und vollständiger Taubheit einer
Seite litt, unter dem Eintritte eines reichlichen Eiterausflusses aus
dem Ohr von den Kopfsymptomen und der Lähmung der Extremitäten wieder genas und ihr bald darauf, nach mehreren heftigen Schmerzanfällen im Ohr, von dem berühmten Sir PHILIPP
CRAMPTON eine lose Knochenmasse aus dem Ohr gezogen wurde.
Dieses merkwürdig geformte Knochenstück bestand aus dem ganzen inneren Ohr, der Schnecke, dem Vorhof und den Bogengängen,
nebst einem kleinen Stück von der inneren Wand der Paukenhöhle. „Es schien die harte äussere Emaille des Knochens nicht
angegriffen gewesen zu sein, aber die Scala cochleae ist schöner
dargelegt, als es durch die Kunst hätte geschehen können." —
Ein ähnlich geformtes Präparat, das einem später genesenen Patienten aus dem Ohre gezogen wurde, erinnere ich mich in TOYN-
BEE's Sammlung gesehen zu haben, doch scheint er es in seinem
Catalog nicht beschrieben zu haben, wenigstens kann ich es nicht
finden. MENIÈRE berichtet in der Gazette medicale de Paris (1857.
No. 50) einen Fall aus seiner Praxis, wo nach lange bestehender
Otorrhoe beim Einspritzen ein Knochenstückchen sich entleerte,
das bei genauerer Untersuchung sich als die ganze Schnecke erwies. Der Patient befand sich dabei ganz wohl. Einen ähn-
lichen Zustand, wie ich oben mittheilte, fand er ferner bei der
Obduction eines unter Gehirnerscheinungen verstorbenen Knaben,
der lange Zeit an Ohrenfluss gelitten hatte. Das ganze knöcherne
Labyrinth zeigte in seinen Grenzen einen Entzündungsprocess, der
jedenfalls zur Abkapselung des nekrotisirten inneren Ohres geführt hätte. Die Entzündung hatte sich indessen auf die äussere
Oberfläche des Felsenbeins gezogen, dort Meningitis und weiterhin
Encephalitis hervorgerufen. Am getrockneten Präparate konnte
man sich überzeugen, dass die Schnecke und einer der halbzirkel-
förmigen Kanäle vollständig vom umliegenden Knochengewebe
abgetrennt waren und dass diese Theile in Stückchen oder im
Ganzen durch eine grosse Oeffnung in der Wand der Paukenhöhle nach aussen hätten kommen können, wie es bei dem ersterwähnten Knaben geschah. Nicht unerwähnt möchte ich hier
lassen, dass die Arteria auditiva interna, welche sich im Labyrinthe verzweigt, nicht immer direct aus der Basilaris sondern

8*

nicht selten aus der Art. cerebelli anterior inferior entspringt*),
welche den vorderen unteren Lappen des Kleinhirns versorgt, ge-
meinschaftliche Ernährungsstörungen des Cerebellum und des Labyrinthes wohl also manchmal auch in dieser Weise auf einen gleichen Ursprung zurückgeführt werden könnten.

Ich betonte oben, dass sich an allen drei Polypen sehr deutliches Pflasterepithel ohne Flimmerhaare fand, weil MEISSNER in
seinen Untersuchungen „über die Polypen des äusseren Gehörganges" (HENLE und PFEUFFER's Zeitschrift. 1853) wie vor ihm
WALLSTEIN**) und BAUM***) allen Ohrpolypen flimmerndes Epithelium zuschrieben, wogegen auch anderweitige Untersuchungen
von mir an verschiedenen durch Operation acquirirten Ohrpolypen
sprechen, die nicht flimmerndes, einfaches grosses Pflasterepithel
besassen. Andere allerdings, wie mehrere jüngst an einem Individuum entfernte Polypen, welche ich Herrn Prof. FÖRSTER zur
genaueren Untersuchung übergab, zeigten sehr schönes Flimmer-
epithelium, so dass hier jedenfalls verschiedene Formen zur Beobachtung kommen. In dem zuletzt genannten Falle entsprangen
die Polypen in der Paukenhöhle oder wenigstens war das Trommelfell zerstört, so dass sich leichter einsehen lässt, woher die
Flimmern kommen, als in den Fällen von MEISSNER, wo die Polypen immer vom Gehörgange ausgingen und das Trommelfell
unverletzt gewesen sein soll. Ich habe keine Veranlassung und
kein Recht, in den Fällen von MEISSNER einen Beobachtungsfehler
anzunehmen; indessen mache ich doch darauf aufmerksam, dass
selbst wenn Jemand sehr geübt im Untersuchen des Ohres am
Lebenden ist, wie ich dies von mir behaupte, man sich nicht
immer in solchen Fällen sogleich entscheiden kann, ob das Trommelfell noch unverletzt vorhanden ist, indem, wenn polypöse Wucherungen und Otorrhoe längere Zeit bestanden haben, an allen benachbarten Theilen häufig solche Veränderungen vorgegangen
sind, dass ein unbefangener Beobachter bei aller Uebung nicht
sogleich angeben kann, mit welchen Theilen er es zu thun hat,
und ob z. B. das jedenfalls verdickte und abnorme Trommelfell
nicht irgendwo einen Substanzverlust erlitten hat.

---

*) Siehe OESTERREICHER's anatomischen Atlas. Gefässlehre. Tab. XII. 2 u.
ARNOLD's Handbuch der Anatomie. II. Bd. Erste Abtheilung. S. 476.
**) De quibusdam otitidis externae formis. Gryphiae 1846.
***) Im amtlichen Bericht über die 25. Versammlung deutscher Naturfor-
scher und Aerzte in Aachen 1847.

Was übrigens im Allgemeinen das Epithel der Paukenhöhle betrifft, so konnte ich bis jetzt an der inneren, dem Trommelfell gegenüberliegenden Wand der Paukenhöhle niemals Flimmerhaare an den Pflasterzellen nachweisen, wie dies die Autoren, z. B. Bow-MAN und KÖLLIKER angeben; wohl aber besitzen die, alle Ueber-gangsformen zwischen Platten- und Cylinderepithel darbietenden Zellen am Boden der Paukenhöhle stets an einer Seite Wimpern. Erst in der Tuba beginnt das eigentlich cylindrische Flimmerepi-thel, welches mehrfach geschichtet und gewöhnlich noch ziemlich lange nach dem Tode sehr deutlich nachzuweisen ist.

LVIII.

Aeltere, äusserst unbedeutende Ohreneiterung mit mehrfachen Gehirn-abscessen (auch auf der entgegengesetzten Hirnseite) endend. Beginn acuter Erscheinungen 19 Tage vor dem Tode. Ganz kleine Perforation des Trommelfells, dieselbe durch eingetrock-neten Eiter verklebt. „Cholesteatom" im Antrum mastoideum. *)

Am 7. November 1864 wurde ich zu dem 53jährigen Kaufmann Manz dahier gerufen. Ich hörte dort, dass derselbe vor 15 Jahren nach einem Flussbad von einer linkseitigen Ohrenentzündung mit meh-rere Tage dauernden heftigen Schmerzen befallen worden sei, nach welcher sich eine ganz schwache Eiterung eingestellt hätte. Vor circa 10 Jahren sei ihm von Prof. VIRCHOW ein etwa bohnengrosser Ohr-polyp exstirpirt worden, nach welcher Operation die Eiterung eine Zeit lang etwas stärker gewesen sei; seit lange sei sie dagegen ganz spärlich, so dass die im linken Ohre getragene Charpie nur immer ganz unbedeutende Spuren davon trüge. Ausser einer gewissen Schwer-hörigkeit auf dieser Seite wäre der Kranke durch dieses Leiden nicht weiter gestört gewesen. Vor 10 Tagen zog sich der Kranke auf ei-nem Spaziergange eine Verkältung zu; in der folgenden Nacht be-fielen ihn plötzlich ungemein heftige Schmerzen im linken Ohre und im Kopfe, welche ihn in einen tobsuchtähnlichen Zustand versetzten. Diese Schmerzen minderten sich den nächsten Tag, dagegen trat für zwei Tage ein soporöser Zustand auf, wie er unmöglich durch eine kleine Dosis Morphium, welche ihm der Schmerzen halber gereicht worden war, bedingt sein konnte. Später stellten sich wieder zeit-weise heftige Schmerzen mit „Klopfen" im Ohre, einen Tag lang auch Schmerzhaftigkeit vor dem Ohre, zudem grosse Abgeschlagenheit des Kranken und ein ganz auffallendes Suchen nach den richtigen Wor-ten ein. Soweit der Bericht des Hausarztes Herrn Dr. MILLBERGER und der Angehörigen des Kranken.

Ich fand einen vollständig fieberlosen Kranken (Puls c. 60), an

---

*) Zuerst veröffentlicht im Arch. f. Ohrenheilk. 1869. Bd. IV. S. 105.

dem mir nur eine leicht gelbliche Färbung im Gesichte und an der
Conjunctiva auffiel. Derselbe vollständig bei Bewusstsein, sucht in
höchst auffallender Weise die richtigen Worte zum Ausdrucke, braucht
die Worte offenbar unrichtig und gibt auf meine Fragen weitabschwei-
fende Antworten. Das linke Ohr zeigt sich durchaus nicht schmerzhaft. An der Charpie, mit der dasselbe verstopft war, spärlicher Eiter.
Trommelfell weisslich, von Eiter befeuchtet, unregelmässig. Keine
sichern Zeichen von Perforation. Gehör links für eine Cylinderuhr
von c. 6′ Hörweite ganz aufgehoben.

Ich sprach mich dem Hausarzte gegenüber für die Wahrscheinlichkeit eines mit dem Ohrenleiden in Zusammenhang stehenden Gehirnabscesses oder einer anderen vorgeschrittenen Läsion des Gehirns
aus, welcher gegenüber ich keine directen Eingriffe mehr angezeigt
fände.

Den nächsten Tag bereits sprach der Kranke kaum mehr Zusammenhängendes und verfiel allmälig immer mehr in einen soporösen
Zustand, und ohne dass irgendwelche fieberhafte, krampf- oder läh-
mungsartige Erscheinungen eingetreten wären, starb er am 16. November, am 19. Tage vom Beginn der Erkrankung an gerechnet.

Die Section ergab alle Organe in Brust- und Bauchhöhle vollständig normal. — Die Schädelknochen ziemlich dick, sehr blutreich, ebenso die Venen der Dura mater auf der Convexität stark
blutgefüllt. Bei Herausnahme des Gehirns bereits zeigte sich im
linken mittleren Hirnlappen ein mit einem Eiterherde im linken Felsenbein communicirender Abscess, fast hühnereigross. Die Wandung
desselben etwa 1′′′ dick, gleichmässig stark roth, der Eiter gelbgrünlich, dicklich. Linker Seitenventrikel frei, dagegen der rechte mit
Eiter gefüllt und seine Auskleidung insbesondere nach hintenzu stark
verdickt und hyperämisch; nahe dem Hinterhorne, aber ohne Zusammenhang mit ihm, ein kleiner etwa kirschengrosser Abscess in der
Hirnsubstanz. — Dura mater über dem Tegmen tympani stark verdickt und ungemein stark injicirt, auch die Pia mater daselbst mit
zum Theil sehr dicken Gefässen versehen, so dass das Aussehen der
Hirnhüllen von der Schädelseite aus fast an die Placenta erinnerte.
Sonst die Dura mater unverändert, die Sinusse leer.

Untersuchung des Felsenbeins (Präp. Nr. 247.) Die Dura
mater über dem Tegmen tympani im Umfange von c. 6 Mm. zerstört; der Knochen daselbst dünn und weisslich, ist nur an einer ganz
feinen Stelle wie durch einen Nadelstich durchlöchert, woselbst somit
Communication des Hirnabscesses mit dem Eiterherde im Antrum mastoideum stattfand.

Im Gehörgange nur spärlicher den Wänden anklebender Eiter.
Das Trommelfell erscheint bei oberflächlicher Betrachtung nicht
perforirt; erst nach längerem Aufweichen der über der Trommelfell-
oberfläche ausgebreiteten und eingetrockneten Eiterschichte und nach
ihrer allmäligen Entfernung mit dem Pinsel zeigt sich am hinteren
oberen Anheftungsrande eine nicht grosse Perforation, die aber vollständig durch eingetrockneten Eiter verklebt war. Die Oeffnung im

Trommelfell führt direct zu einer nicht sehr grossen Anhäufung eingetrockneten, zum Theil verkästen Eiters im horizontalen Theile des
Warzenfortsatzes, welche Secretanhäufung ringsum von perlmutterglänzenden Platten umgeben ist. Ueber ihr die kleine Oeffnung
im Tegmen tympani. Der übrige Warzenfortsatz nahezu vollständig
sklerosirt, so dass eine operative Eröffnung desselben sehr schwierig
gewesen wäre. Trommelfell stark verdickt und einwärts gedrängt,
so dass der Hammerkopf die gegenüberliegende Wand berührte. Paukenhöhle auf diese Weise sehr verengert, sonst nicht wesentlich
verändert.

Dieser Fall zeigt so recht, dass selbst ganz unbedeutende
Eiterungsprocesse im Ohre, wie sie die Aerzte nicht weniger als
die Kranken wegen der Schmerzlosigkeit und der geringen sonstigen Unannehmlichkeit gewöhnlich gar nicht zu beachten pflegen, schliesslich doch noch Ursache frühzeitigen und jähen Todes
werden können. Die eigentliche Gefahr liegt gewöhnlich in der
Retention des Eiters, welche um so leichter eintritt, wenn die
Communicationsöffnung zwischen Eiterherd im Ohre und äusseren
Gehörgang (in der Regel das Loch im Trommelfell) nur klein ist,
somit durch Eintrocknung der angrenzenden Secretmassen oder
durch Verklebung der Perforationsränder leicht Abschluss der
eiternden Stelle nach aussen eintritt. Letzteres war auch hier
der Fall und musste in dem der Perforation ganz nahe liegenden
Antrum mastoideum um so mehr Anhäufung des Secretes und
Verkäsung desselben sich entwickeln, als die Geräumigkeit der
Paukenhöhle durch das Einwärtsliegen des Trommelfells sehr vermindert, ferner in Folge der verbreiteten Schleimhautverdickung
der Zugang zur Tuba verlegt und deren Wegsamkeit jedenfalls
erschwert war.

Dass die trockene, rundliche Masse hinter und über der Paukenhöhle, umgeben von perlmutterglänzenden Schichten, von vielen
Pathologen „Cholesteatom" genannt worden wäre, möchte kaum
bezweifelt werden. Beitragen mag in manchen Fällen zu dieser
besonderen Bezeichnung, mit der gewöhnlich die Annahme einer
specifischen Geschwulstart als Ausgangspunkt des ganzen Leidens
Hand in Hand geht, die Sonderstellung, welche nicht nur die
Krankheiten des Ohres, sondern nicht selten auch die Anatomie
des Ohres selbst bei sonst gründlich anatomisch gebildeten Aerzten einnimmt. Musste ich doch selbst schon öfter erleben, dass
der constant und in jeglichem Lebensalter hinter und über der
Paukenhöhle sich findende Hohlraum, den wir als horizontalen

Theil des Warzenfortsatzes oder als Antrum mastoideum bezeich-
nen*), in solchen Fällen, wo geballte Ansammlungen sich in ihm
fanden, für eine pathologische, durch den Krankheitsprozess oder
durch die „Geschwulst" erst hervorgerufene „Höhle" angesehen
wurde, obwohl der Raum höchstens etwas vergrössert sich zeigte.

Warum an diesem Orte gerade so auffallend häufig in der
Leiche massenhafte Secretanhäufungen sich finden, liegt nicht etwa
daran, dass seine Auskleidungsmembran besonders viel absondere,
sondern in der Präformation dieses Raumes, sowie in seiner ganzen Gestaltung und seiner allenthalben von knöchernen Wänden
umgebenen Lage. Zudem steht dieser Raum auch gegen die Paukenhöhle zu nicht sehr breit offen und liegt sein Boden und sein
unterster Theil in der Regel hinter einem von der hinteren Wand
des Cavum tympani ausgehenden Knochenwulst abgeschlossen.
Sehr leicht denkbar ist ferner, dass beim Liegen des Kranken,
also während des Schlafes, aus der Paukenhöhle selbst etwas
Secret nach hinten rinnt und so die im Laufe der Jahre und Jahrzehnte sich im Antrum mastoideum allmälig entwickelnde Masse
mitbilden hilft. Dass das Secret dort gerade besonders zu Eintrocknung und Verkäsung tendirt, mag in der Abgeschlossenheit
der Lage und in der geringen Succulenz der Auskleidungsmembran liegen. Zu Continuitätsstörung an der Wandung kommt es
weitaus am häufigsten an der Decke dieses Cavums, dem Tegmen
tympani, und mag der Durchbruch dieser oft schon an und für
sich rareficirten Knochenlamelle wohl häufiger auf Druckatrophie
von Seite der sich stätig und concentrisch vergrössernden Masse
als auf eigentliche Caries zurückzuführen sein. —

Wollen wir versuchen, diesem Falle noch eine weitere praktisch wichtige Seite abzugewinnen. Angenommen, Herr M. hätte
einige Monate . oder selbst Wochen vor seinem Tode bei einer
Lebensversicherungs-Gesellschaft sich einkaufen wollen und sich
zu diesem Behufe einer ärztlichen Untersuchung und Begutachtung
unterstellt. Abgesehen von seinem Ohrenleiden, nach welchem
weder bei ihm noch bei dem Arzt auf den von den Beiden auszufüllenden Fragebogen irgend eine Erkundigung eingezogen und
welches auch jedenfalls von beiden Seiten für vollkommen gleichgültig und nicht in Betracht kommend gehalten worden wäre,

---

*) Ludwig Joseph (Zeitschrift für ration. Medicin Bd. XXVIII) schlägt als
richtigere Bezeichnung „obere Paukenhöhle", „Cavum tympani superius" vor.

befand er sich im Besitze vollständiger Gesundheit, wie auch die
Section zeigte, und somit hätte wohl selbst der gewissenhafteste
und gründlichste Arzt nichts gefunden, was gegen seine Aufnahme
in eine solche Gesellschaft gesprochen haben würde. Und doch
trug der Mann nicht nur die Ursache eines frühzeitigen Todes in
sich, sondern sicherlich waren auch schon längere Zeit vor seiner
Erkrankung die nächsten den baldigen Tod veranlassenden Veränderungen, nämlich die Gehirn-Abscesse, in ihrer Entwickelung
begriffen oder zum Theil bereits vorhanden. Die langdauernde
Latenz solcher Vorgänge im Gehirne, selbst ungemein umfangreicher, ist ja bekannt und liegen Fälle genug in der Literatur
vor, wo Individuen mitten in ihrem Berufe ohne alle vorhergehenden intensiveren Symptome vom plötzlichen Tode ereilt wurden,
dessen Ursache sich bei der Section in ausgedehnter Vereiterung
einer Gehirnpartie ergab.

Jeder Arzt weiss, dass aus ganz harmlos erscheinenden Eiterungen des Ohres nicht nur Gehirnabscesse, sondern überhaupt
eine ganze Reihe Erkrankungen der dem Gehörorgane benachbarten Theile entstehen können, welche im Stande sind, bisher
ganz lebensfrische und rüstige Menschen rasch dem Sectionstische
zuzuführen; weniger bekannt, aber trotzdem feststehend ist ferner
die Thatsache, dass Otorrhöen nicht selten zu chronischem Siechthum oder auch zu acut verlaufender Tuberculose innerer Organe*)
führen. Gegenüber diesen Thatsachen ist es doppelt wichtig zu
bedenken, dass es für den Arzt in den meisten Fällen geradezu
unmöglich ist, mit Sicherheit zu sagen, ob die Otorrhoe, die ihm
eben zur Begutachtung vorgeführt wird, nicht bereits zu Veränderungen in der Tiefe geführt hat, welche die Lebensdauer des
daran Leidenden ausser Verhältniss zu seinem Alter, zu seiner
sonstigen Leibesbeschaffenheit und überhaupt zur allgemeinen Wahrscheinlichkeit setzen, ja ob nicht bereits Zustände vorhanden sind,
welche sogar in der allernächsten Zeit schon dem Leben desselben
ein jähes Ende bereiten werden. Da die Lebensdauer solcher
Kranken auffallend häufig aller aus den sonstigen Erfahrungen und
statistischen Zusammenstellungen sich ergebenden Wahrscheinlich-
keits-Rechnungen spottet, so würden Lebensversicherungs-Gesell-
schaften ebenso klug als richtig handeln, wenn sie an chronischer
Eiterung des Ohres Leidende entweder gar nicht oder nur unter

---

*) Vgl. mein Lehrbuch, 4. Aufl. S. 366. Anm.

erschwerenden Bedingungen, z. B. Annahme höheren Alters, zur
Aufnahme zuliessen. In den von dem Antragsteller und dem begutachtenden Arzte auszufüllenden Formularien kommen eine Reihe
Fragen vor, z. B. ob das Individuum an einer Hernie leidet oder
an Anschwellung der Leber oder der Milz u. dgl., Fragen, welche
von ganz untergeordneter Bedeutung in Bezug auf die Lebensdauer
sind gegenüber der Frage: ist eine chronische Eiterung des Ohres
vorhanden? und möchte die Beantwortung letzterer in Bezug auf
die Aufnahmsfähigkeit mindestens in gleichem Werthe stehen, wie
die Antwort auf die Frage, ob der Antragsteller frei von Tuberkeln der Lunge oder frei von einem organischen Herzleiden sei.
Auch mit einem Herzleiden kann man alt werden und Tuberkeln
können ausheilen; trotzdem wird kaum eine Versicherungsgesell-
schaft ein solches Risico auf sich nehmen wollen. Bei Aufnahme
eines an chronischer Otorrhoe Leidenden ist dasselbe aber eher
noch grösser, wie dies jeder mit der Sache vertraute Arzt zugeben wird und wie dies auch von einzelnen englischen Gesellschaften schon längere Zeit entsprechend gewürdigt wurde.

Für die Annahme, dass von den Hirnabscessen der eine wenigstens und zwar der umfangreichste, nahezu hühnereigrosse und
über dem kranken Felsenbein befindliche, nicht erst innerhalb der
19 Tage vor dem Tode entstanden ist, spricht nicht nur seine
grosse Ausdehnung, sondern vor Allem die 1''' dicke Balgmem-
bran, welche ihn umgab und welche mit Sicherheit für ein gewisses Alter der Eiteransammlung spricht. Alle Autoren stimmen
darin überein, dass der Balgabscess für die ältere Form der
Hirneiterung characteristisch ist. LEBERT*) stellte 18 Fälle zusammen, in denen das Alter der Abscesse genau bestimmt werden
konnte, und fixirt, auf das Ergebniss dieser Zusammenstellung gestützt, den Beginn der Balgbildung in die Zeit zwischen 3. und
4. Woche. SCHOTT**) bemerkt: „Man wird nicht fehlen, wenn
man annimmt, dass vor der 7. oder 8. Woche frühestens eine gewisse Derbheit der Cystenwand noch nicht vorhanden ist. Ru-
DOLPH MEYER***) vergleicht 21 Fälle von Hirnabscessen, bei denen
wegen traumatischer Ursache die Dauer des Processes sich be-
stimmen liess, und schliesst sich nach dieser vergleichenden Be-

---

*) „Ueber Gehirnabscesse". Virchows Archiv. Bd. X.
**) „Ueber Gehirnabscesse". Würzb. med. Zeitschr. Bd. II.
***) „Zur Pathologie des Gehirnabscesses". Zürich 1867. Eine selten ge-
diegene Dissertation aus der Schule BIERMERS.

trachtung „denen an, welche die Dauer einer Hirneiterung, die
von einer schleimhautähnlichen Membran ausgekleidet ist, auf
ca. 7 Wochen ansetzen."

In pathologisch-anatomischer Beziehung möchte an diesem
Falle noch besondere Beachtung verdienen, dass ausser dem Hirnabscesse über dem kranken linken Felsenbeine noch auf der rechten Gehirnseite, wo das Schläfenbein vollständig gesund war, ein
kleiner Gehirnabscess sich fand, und zwar neben dem mit Eiter
erfüllten rechten Seitenventrikel. Ein solches Vorkommen eines Abscesses auf der entgegengesetzten Hirnseite
scheint ganz ungemein selten zu sein und muss hier wohl eine
Genese auf metastatischem Wege als unbedingt nothwendig angenommen werden.

R. MEYER sagt in seiner die ganze vorliegende Literatur gründlich durchmusternden Arbeit geradezu (S. 70): „Chronische Otitis
führt erfahrungsgemäss nur zu einem Abscess des hinteren Gross-
hirnlappens oder des Kleinhirns und zwar immer auf der gleichen Seite wie das Gehörleiden." Es scheint also, als ob in der
Literatur überhaupt noch kein derartiger Fall vorläge.

LIX.

**Aeltere Eiterung mit kleiner öfter durch granulirendes Gewebe
abgeschlossener Perforation des Trommelfells. Tod unter cerebralen
und urämischen Erscheinungen.
Grosser Gehirnabscess im Mittellappen. Nephritis.
Infiltration der Haut der oberen hinteren Gehörgangswand mit Caries.
Fisteln zum eitererfüllten Antrum mastoideum. Caries des Tegmen
tympani. Trommelfell sehr verdickt, kleine verdeckte Perforation.
Mucosa der Paukenhöhle granulirend. Phlebitis des Sinus transversus.**

Peter Joseph E., 30 Jahre alt, Kaufmann von hier. Kommt
im December 1868 zu mir und gibt er an, dass er bereits vor 14 Jahren
tagelang Schmerz im rechten Ohre gehabt habe. Ob damals schon
Ausfluss da war, weiss er nicht, jedenfalls leide er daran seit 6 Jahren
in wechselnder Weise, seit drei Monaten wieder stärker und vor drei
Tagen habe er wieder eine Stunde lang heftigen Schmerz im rechten
Ohre gehabt. Ich finde den Gehörgang allenthalben stark geschwollen
und verengt, reichlich käsigen übelriechenden Eiter in demselben,
Trommelfell nur theilweise sichtbar, unregelmässig, ob perforirt? Hört
rechts eine Cylinderuhr von 6' normaler Hörweite $\frac{1}{2}$'' und nicht deutlich vom Warzenfortsatz aus. Stimmgabel vom Scheitel nach rechts.

Verordne jeden Abend das Ohr auszuspritzen mit einer verdünnten
Lösung von Kali hypermanganicum.

Unter dieser Behandlung wird die Eiterung geringer, verliert den
übeln Geruch, Gehörgang schwillt ab und zeigt sich am Trommelfell
Eiterpulsation.

Im März 1869 wird mit der Wilde'schen Schlinge ein 1 Ctm.
grosser, ziemlich glatter Polyp unter starker Blutung herausgenommen,
wobei sehr heftiger Schmerz gegen den Scheitel zu eintritt. Ebenso
im April ein kleinerer Polyp vorn dicht am Trommelfell weggenommen. Später aufschiessende Granulationen mittelst Alaunpulver und
Liquor ferri zum Schrumpfen gebracht. Häufig auch mit dem Kathe-
der eingeblasen, wobei die Luft wohl in die Paukenhöhle eindringt,
aber nicht deutlich durch die kleine Perforation des sehr verdickten
Trommelfells durchzischt. Gehör bessert sich auf 2″ und Eiterung
wird äusserst gering. Der Kranke kommt selten; Luft mit dem Katheter dringt nie deutlich durch, dagegen tritt stets etwas Eiter aus
dem durch eine kleine Granulation verdeckten Trommelfellspalt, wenn
er den Valsalva'schen Versuch anstellt. Ich stelle ihm den Ernst
der Sache vor und rathe ihm, sich das Trommelfell durchschneiden zu
lassen, damit der Eiter besser heraustreten könne, und sich dann längere Zeit regelmässig mit antiseptischen Durchspülungen durch den Katheter behandeln zu lassen. Der sehr betriebsame Kaufmann hat aber
keine Zeit dazu und verschiebt die unliebsame Operation auf später.

Das ganze Jahr 1870 bekam ich den Kranken nicht zu sehen.

Am 8. Januar 1871 kommt er wieder. Will die Ausspritzungen
des Ohres die ganze Zeit über täglich gemacht und bei übelem Geruche denselben Kali hypermang. zugesetzt haben. Die Eiterung wäre
auch immer ganz gering geblieben, Schmerzen nie mehr. Berichtet
weiter, am 28. Dec., also vor 11 Tagen, sich im Mannheimer Hafen,
wo er das Ausladen von Petroleumfässern stundenlang überwachte,
sehr stark verkältet zu haben. Seitdem leide er viel an Schmerzen
im Kopfe und zunehmend im rechten Ohre und seit vier Tagen sei
die ganze Ohrgegend geschwollen. Dabei sei der Kopf sehr eingenommen unter häufigem Schwindelgefühl. Ich finde starke Schwellung
vor und hinter dem Ohre bei starker Zunahme des Schmerzes unter
Druck auf die geschwollene Partie. Warzenfortsatz dagegen schmerzlos. Trommelfell lässt sich nicht sehen wegen sehr starker Wulstung
der hinteren oberen Gehörgangswand, welche bei Druck mit dem Daviel'schen Löffelchen sich teigig anfühlt und hierbei sehr schmerzt.
Ich mache einen tiefen Einschnitt durch die ganze Länge der oberen
hintern Gehörgangswand, wobei keine eigentliche Eiterentleerung stattfindet, obwohl die Klinge des Messerchens ganz mit Eiter bedeckt ist.
Unmittelbar nach dem Einschnitt sehr grosse Erleichterung, indem
Kopfweh und Schwindel wesentlich vermindert sind; auch gibt er an,
nun ruhig auf den Schnee sehen zu können, der ihn unmittelbar vorher peinlich blendete. Auch zeigt sich die Vorderohrgegend bei
Druck jetzt weniger empfindlich. Puls 84 vorher und nachher. Verordne Calomel 0,18, Jalapa und Elaeosach. Foenic āā 0,50, heute drei

Pulver zu nehmen, zweimal eine Stunde lang Kataplasmen aufs Ohr, nachher jedesmal auszuspritzen, stündlich eine Charpiewicke tief einzuführen und das Ohr auf ein Ringkissen zu legen.

9. Jan. Musste brechen auf das erste Pulver; trotzdem trat Ausleerung ein und hat er ziemlich gut geschlafen. Bei Untersuchung kommt dünner Eiter aus der Schnittwunde und soll nach den Kataplasmen gestern sich sehr viel Eiter entleert haben. Die durch den Schnitt eingeführte Sonde kommt auf entblössten Knochen in der Tiefe. Feuchtwarme Umschläge fortsetzen. Der Hausarzt Hr. Dr. Ferdinand Reuss übernimmt ausserdem die Beaufsichtigung und Behandlung.

11. Jan. Seit gestern Entleerung von sehr übelriechendem, dicklichen Eiter in grosser Menge, Geschwulst weicher, aber immer noch den Einblick in die Tiefe verdeckend.

13. Jan. Seit vorgestern Abend starkes „Reissen" in der rechten Gesichtshälfte, namentlich im Oberkiefer und in der Schläfe, das den Schlaf verhindert. Im Ohre kein Schmerz mehr, Eiterung dünn, Wunde speckig belegt, Schwellung der obern Gehörgangswand weich und hinaufdrückbar. Dahinter pulsirender Eiter. Lege eine Drainageröhre in die Tiefe. Calomel bleibt weg; bekommt Bitterwasser wegen belegter Zunge und pappigen Geschmackes. Chloralhydrat.

14. Jan. Kopfschmerz sehr verbreitet, seit heute Morgen auch im Hinterkopfe. Hat die dritte Nacht nicht geschlafen, trotz Chloralhydrat. Nach Einblasen von Luft durch den Katheter verschwindet augenblicklich der sehr heftige Kopfschmerz am Scheitel und Hinterhaupt. Spritze dann eine sehr schwache Lösung von Kali hypermang. in die Tuba ein. Puls 84. Einige Stunden nach dem Katheterismus waren die Kopfschmerzen wieder aufgetreten, weshalb der Hausarzt Abends an der rechten Schläfe eine Morphiuminjection machte, die ihm die Schmerzen im Kopfe augenblicklich nahm und ihm dabei leichte Ueblichkeit erzeugte, aber keinen eigentlichen Schlaf hervorbrachte.

15. Jan. Von Morgens an öfteres Erbrechen galliger Massen. Klagt über entsetzliche Schmerzen am ganzen Hinterkopf, auch nach links, sieht Mittags sehr verfallen aus. Puls klein, c. 84. Pupillen reagiren gleichmässig normal, beide etwas zusammengezogen. Viel dünner Eiter im Ohre, keine Spannung. Stimmgabel vom Scheitel nach rechts gehört. Zum Katheterisiren zu schwach. Eisblase auf Kopf. Potio Riveri mit Aqua laurocerasi und Opium. Eispillen.

Abends. Das Brechen hat sich nicht mehr eingestellt, dagegen hat sich der Schmerz im Hinterkopf sehr gesteigert. Druck mit den Fingern auf den Hinterkopf lindert den Schmerz ungemein. Giebt ihn dort an, wo die Nackenmuskeln sich ans Occiput ansetzen, zu beiden Seiten ganz gleich. Zwei Gramm Chloralhydr., das nicht gebrochen wurde, und zwei Morphiuminjectionen bleiben wirkungslos. Eisblase wurde nicht vertragen; der Kranke ist zu unruhig, wirft sich stöhnend fortwährend herum. Puls entschieden verlangsamert (72), aber voll und kräftig. Heurteloup'schen Blutegel auf den rechten Warzenfortsatz. Senfteig in den Nacken, Laxans.

16. Jan. Blutentleerung und Morphiuminjection haben Ruhe und

wenigstens unterbrochenen Schlaf geschaft. Kopfschmerz verbreitet, namentlich bei Bewegung, aber nicht so stark wie gestern. Sieht heute Morgens frischer aus. Puls 72. Nach reichlicher Entleerung von theils dünnem, theils bröcklichem Eiter durch Druck auf die herabragende obere Gehörgangswand, Puls 84. A b e n d s. Hat viel geschlafen und fühlt sich weniger matt. Kopfschmerz nur noch zeitweise. Puls 84.

17. Jan. Nachts nicht viel geschlafen, aber weniger Kopfschmerz, der sich nur manchmal stärker meldet. Haut wärmer, Puls 90—96. Eiterentleerung sehr reichlich, namentlich bei Druck nach oben, der sehr schmerzhaft ist und wobei nun ziemlich viel Blut kommt. Die ganze Zeit über stündlicher Charpiewechsel und öfteres Ausspritzen mit Solutio Kali hypermang.

18. Jan. Gestern Abend einen viertelstündigen Schüttelfrost, wonach wenig Schlaf. Puls klein, c. 90. Enormer Durst, sehr abgeschlagen, Kopfschmerz geringer. Da auf Druck mit DAVIEL'schen Löffel oben in der Tiefe sich immer noch reichlich Eiter entleert, mache ich wieder einen möglichst nach vorne gezogenen Einschnitt in den Gehörgang. Blutung ziemlich heftig. Knochen ausgedehnt entblösst. Gute Nahrung, Rothwein mit Selterswasser, Fleischextract, Eier, Chininpillen.

19. Jan. Nach dem Einschnitte schwaches Frieren, keinen eigentlichen Schüttelfrost. Abends etwas irresprechend, hört Geräusche, die nicht da sind. Nachts wenig geschlafen, furchtbarer Durst, sehr trockene Zunge. Schneller, ganz dünner, wegdrückbarer Puls (96—102). Haut heiss, Kopf eingenommen. Obere Gehörgangswand weniger hereinragend.

20. Jan. Gestern steigerte sich die Somnolenz zu einem bedenklichen Grade. Der Kranke lag theilnahmslos da und war nur durch starkes Anreden zu einer Antwort zu bewegen, die häufig unklar und verwirrt war. Puls dabei sehr schnell und sehr schwach. Abends Eisumschläge, einige Stunden später viel klarer. Heute Puls 96 und viel voller. Kopf klar, wenig benommen, bedeutend besser. Durst nicht mehr so stark, Gehörgang weniger geschwollen, Eiterung gering, Hintergrund deutlich roth gewulstet wie von einem Polypen.

21. Jan. Seit einigen Tagen schon war eine leicht ödematöse Schwellung der Lider aufgefallen, Untersuchung des Urins zeigt denselben enorm eiweissreich, so dass fast alle Flüssigkeit beim Kochen gerann. Seit gestern machte sich auch eine bedeutende Verminderung der Urinsecretion bemerklich, trotz der grossen Quantitäten Selterswasser, welche der Kranke genoss. Haut mässig heiss, Puls 92, öfteres Irrereden.

22. Jan. Auf ein warmes Bad trat keine Diaphorese ein, dagegen wird wieder etwas mehr Urin gelassen. Kopf etwas freier, gibt ganz verständige Antworten, obwohl er den grössten Theil des Tages schlummert. Puls 92. Bekommt Pillen mit Tannin und Aloë.

23. Jan. Gestern Nachmittag trat ein deutlich urämischer Anfall ein, mit starker Dispnoë, so dass Erstickungstod zu fürchten war. Dabei enormer Hinterhauptsschmerz und länger dauernde vollständige Bewusstlosigkeit.

Unter Zunahme dieser Erscheinungen Tod am 25. Januar.

Section am 27. Jan. vorgenommen von Professor VON RECKLING-
HAUSEN. Brusthöhle. Die dritte Rippe rechts oben besitzt eine
rothe Stelle mit einem Gange, in welchem ein 1½ Ctm. langes nekro-
tisches Knochenstückchen sich befindet. Pleura mit dem oberen
Lungenlappen stark verwachsen, daselbst narbiges Gewebe mit leicht
erweiterten Bronchien. Beiderseits Oedema pulmonum.
Bauchhöhle. Starke Schwellung und Brüchigkeit der Milz.
Beide Nieren stark vergrössert, amyloide Degeneration mit acuter
Nephritis. Schnittfläche etwas bunt, indem die partiell stark gefüllten
Blutgefässe in sehr blassen, ziemlich durchsichtigen Gewebe eingelagert sind. Marksubstanz von normaler Röthung, Rindensubstanz entschieden verdickt, schlaffer als normal; ferner sieht man auf der Schnittfläche die glomeruli ausserordentlich stark vorspringend; obwohl blutleer
und vollkommen durchscheinend, sind sie jedenfalls wesentlich vergrössert. Zusatz von wässeriger Jodlösung bedingt bei einem grossen
Theil derselben deutliche amyloide Reaction. — Auf der stark ver-
grösserten Leber einige schwach eingesunkene Partien; leichte narbige Verdickungen der Kapsel, indessen keine Narben im Gewebe.
Substanz sonst unverändert. Keine amyloide Reaction.
Magen zeigt leichte Verdickungen der Schleimhaut. In der
Blase sehr viel Urin. Keine Narbe am Penis.
Schädelhöhle. Rechterseits ist die Dura mater gespannt,
inwendig sehr trocken, ebenso die Pia. Starke Abplattung der Gyri.
Links die Pia ödematös. Die Blutgefässe rechts in der Mitte partiell
gefüllt. — Die rechte Hemisphäre entschieden breiter als die linke;
in der Mitte auch ausgezeichnet durch graue Färbung an dem rechten
Seitenrande des Mittellappens. An der oberen Fläche des rechten
Felsenbeines ist ferner die Pia mit der Dura verwachsen. An der
entsprechenden Stelle des Mittellappens des Gehirns findet sich ein
reichlich hühnereigrosser Abscess, gefüllt mit dickem grünlichen Eiter.
Bei der Herausnahme des Gehirns ergiesst sich theilweise dessen Inhalt. Auf der Wand der Abscesshöhle eine weiche Schichte, nach
deren Abhebung sich eine, kaum 1 Mm. dicke pyogene Membran sehr
weich aber mit zahlreichen Gefässramificationen zeigt. An der ganzen Basis des Gehirns schmutzig graue Färbung der Pia, welche sich
auch längs der Medulla obl. fortsetzt. Ferner ist das Ependym des
stark dilatirten rechten Seitenventrikels grau gefärbt, stark erweicht und seine Blutgefässe stark gefüllt; an der Aussenwand des
rechten Ventrikels eine gewiss 1½″ lange Oeffnung, aus welcher der
Abscessinhalt mit dem Ventrikel communicirt. Thrombose des Sinus
sigmoideus.
Untersuchung des Felsenbeines (Präp. Nr. 281).
Aeusserer Gehörgang voll Eiter, der nach innen mehr krü-
melig und bröcklich ist. Vom Beginn des knöchernen Abschnittes an
ist sein Lumen nahezu vollständig aufgehoben durch die enorme Dicke
der häutigen Auskleidung der obern und hintern Wand in ihrer ganzen Länge; dieselbe ist missfärbig und succulent, an dem von mir
gemachten Einschnitte eiterig infiltrirt, sonst ödematös. An mehreren

Stellen dieses Einschnittes kann man eine borstenfeine Sonde durch
den mürben Knochen ohne jeden Druck einführen und tritt dieselbe
am Tegmen tympani zu Tage. Dieses allenthalben cariös und
missfärbig lässt zum Theil eingedickten scheusslich riechenden Eiter
und ausserdem die grünliche gewulstete Schleimhaut des Mittelohres
in der Tiefe wahrnehmen. Längs des cariösen Tegmen tymp. waren
Pia und Dura mater verwachsen und mit dem Knochen fest verlöthet,
auch besass dort die Dura eine linsengrosse Perforation mit stark gewulsteten Rändern. Bei vorsichtiger Wegnahme der vorderen Wand
des knöchernen Gehörganges wird in der Tiefe eine kleine das übrige
Lumen des Gehörganges ganz erfüllende polypöse Granulation sichtbar, die bei näherer Untersuchung von der Schleimhaut der Paukenhöhle dicht über dem Trommelfell ausgeht. Trommelfell selbst
stark verdickt, schräg nach innen liegend und vollständig erhalten,
abgesehen von seinem obersten Anheftungsrande, an dem sich die
kleine Granulation heraus entwickelt hat. Amboss und Hammer
der Labyrinthwand genähert, Hammerkopf fehlt. Die Mucosa um
die Sehne des M. tensor tymp. so enorm gewulstet und verdickt auch
nach mehrtägigen Liegen des Präparates in Spiritus, dass der Einblick
in das Cavum tymp. von vorne und ebenso von oben äusserst beschränkt ist. Im oberen Theile der Paukenhöhle fand sich eingedickter Eiter, nach unten blutiger Schleim, nach hinten zu und im
Antrum mastoideum geschichtete cholesteatomatöse Masse. Nach
Erhärtung des Präparats lassen sich an der oberen hinteren Gehörgangswand unter der stark infiltrirten Haut zwei, nur für Schweins-
borsten durchgängige Fistelgänge nachweisen, von denen der eine
nahe dem Ansatz des knorpeligen Gehörgangs beginnt. Dieser und
der näher dem Trommelfell befindliche, führen beide in verschiedenen Richtungen in das Antrum mastoideum.

Im Sinus transversus festes das Lumen fast erfüllendes Faserstoffgerinnsel, welches nach unten röthlich weiss, nach oben cruor-
haltig ist und welches an der, der Schuppe und dem Felsenbein anliegenden Sinuswand zum Theil in jauchigem Zerfall begriffen war.
Beim Abziehen der Dura quillt daselbst aus der einreissenden Sinuswand überall Eiter hervor und zeigt sich die Wand der Fossa sigmoidea an der entsprechenden Stelle in grösserer Ausdehnung dunkel
missfärbig und theilweise erweicht.

Der Processus mastoideus wird durch zwei im rechten Winkel sich treffende Sägeschnitte herausgenommen, so dass er mit dem
Präparat nur durch einzelne Sehnenbündel des Sterno-cleido-mastoideus
zusammenhängt. Seine äussere Knochenwand zeigt sich nicht sehr
verdickt.

Hätte Herr E. im Jahre 1869 meinem Rathe gefolgt und sich
das Trommelfell durchschneiden lassen, damit eine gründliche
Durchspülung der granulirenden und eiterabsondernden Paukenhöhle möglich wurde, so hätte sich höchst wahrscheinlich die Eiter-

Aufstapelung daselbst und im Antum mastoideum mit all ihren zum Tode führenden Folgezuständen vermeiden lassen. Ausspritzungen von aussen konnten hier, wo dieselben im besten Falle den Gehörgang reinigten, nur wenig nützen. Im Januar 1871, als ich nach Jahr und Tag den Kranken wieder zu Gesicht bekam, schien mir ein grösserer operativer Eingriff zu wenig Aussicht mehr zu bieten, als dass ich mich zur Anbohrung des Warzenfortsatzes hätte entschliessen können, die ja allein angezeigt gewesen wäre. Das Leben wäre auch dadurch nicht mehr zu retten gewesen, wie der Sectionsbefund zeigte.

LX.

Alte Otorrhoe mit Meningitis an der Basis cranii und grossem Abscesse im Gehirn endend. Gehirnerscheinungen, Urämie vortäuschend, erst 30 Stunden vor dem Tode. Cariöse Perforation des Tegmen tympani und der oberen Wand des knöchernen Gehörgangs mit secundärer Eiterinfiltration der Gehörgangshaut. Verlegung des Loches im Trommelfell durch Polypen. Caries des Amboss und Steigbügels mit Discontinuität derselben. „Cholesteatom." *)

Joseph Holzmann, 24 Jahre, Schuhmachergeselle, trat am 5. Juni 1864 ins Juliusspital ein und verdanke ich Herrn Dr. Braunwart, damaligen ersten klinischen Assistenten, folgende Mittheilungen: „Der Kranke klagte bei seinem Eintritte nur über Stechen auf der Brust; die Untersuchung ergab einen leichten Lungencatarrh. Puls normal, Temperatur ebenfalls, zwischen 37 und 38° C., Appetit gegen früher etwas vermindert. Vom 5. bis 9. Juni fand zweimaliges Erbrechen der genossenen Speisen kurze Zeit nach dem Essen statt. Druck in der Magengegend. Keine Klagen über Kopfschmerz.

Am 9. Juni, nachdem der Kranke bei der Abendvisite noch keinerlei Beschwerden äusserte, wurde ich spät Abends plötzlich zu dem Kranken gerufen. Bei meiner Ankunft fand ich ihn sich unruhig im Bette wälzend, über unausstehliche Schmerzen im Kopfe klagend, zeitweise laut aufschreiend. Der Kopf war heiss anzufühlen, nach hinten übergebeugt, Pupillen contrahirt, auf beiden Seiten gleich, grosse Lichtscheu. Erst jetzt entdeckte ich bei Besichtigung des rechten Ohres reichliche Eiterung im Gehörgange, von welcher der Kranke früher nie etwas geäussert hatte. Auf Befragen konnte er mir auch nicht angeben, wie lange sie bestehe, Abnahme des Gehörs wolle er ebenfalls nicht bemerkt haben; ich selbst konnte jetzt wegen der grossen Jactation und Unruhe des Kranken keine weitere Untersuchung vornehmen. Radialpuls klein, beschleunigt.

*) Zuerst veröffentlicht im Arch. f. Ohrenheilk. 1869. Bd. IV. S. 117.

Die ganze Nacht über sehr unruhig, fortwährendes Stöhnen. Am nächsten Morgen, 10. Juni, Puls über 100, Temperatur 40⁰ C. Der Kranke befand sich in einem mehr somnolenten Zustande, nur auf wiederholtes lautes Anschreien konnte er zu einer Antwort gebracht werden, um dann wieder in jenen Zustand zurückzufallen. Der Kopf förmlich in die Kissen gebohrt, bedeutende Steifigkeit der Nacken-muskeln, auch die Muskeln der Extremitäten steif, zusammengezogen. Der mit dem Katheter entleerte spärliche Urin enthielt grosse Men-gen Eiweiss. Unter Zunahme des Sopor und stertorösem Athmen er-folgte am anderen Morgen (11. Juni) der Tod. Lähmungserscheinungen, Convulsionen waren nicht vorhanden, nur heftige Zuckungen im Gesichte. "

Die klinische Diagnose lautete: Morbus Brightii, Urämie; die anatomische Diagnose: Caries ossis petrosi dextri. Menin-gitis purulenta. Abscessus cerebri. Nephritis parenchymatosa.

Die Section, am 12. Juni von Prof. Förster vorgenommen, ergab u. A. nach dem Sectionsprotokolle der pathologisch-anatomischen Anstalt: „Cranium mässig dick und schwer. Die Dura mater gespannt, blutreich, in den Sinus dunkles flüssiges Blut und kleine frische Gerinnsel. Die Pia mater verdickt, aufgelockert, an der Convexität an einzelnen Stellen mit gelben dünnen fibrinösen Auf-lagerungen bedeckt; an der Basis cranii vom Chiasma nerv. opt. bis zur Medulla spinalis eine dicke, gelbe, eiterige, fibrinöse Exsudatlage. Ueber der Pars petrosa des rechten Schläfenbeins ist die Dura mater in grosser Ausdehnung missfärbig, aufgelockert, leicht zer-reisslich. Darunter ist ein Theil des Felsenbeins cariös zerstört; dadurch hat sich, da wo die Pars petrosa mit der Pars mastoidea zu-sammenstösst, ein weiterer Hohlraum im Knochen gebildet, der mit eiterartigen Massen und einer runden ungefähr erbsengrossen, aus Epidermis und Fett bestehenden cholesteatomatösen Masse gefüllt ist. Dieser Hohlraum steht mit der Paukenhöhle in Verbindung und com-munizirt durch eine feine Oeffnung im Knochen mit Umgehung des noch zum Theil erhaltenen Trommelfells mit dem äusseren Gehörgang, dessen Auskleidung verdickt und an der Perforationsstelle sulzig in-filtrirt ist. — Die Gehirnsubstanz ist sehr blutreich, die Ventrikel ganz unbedeutend erweitert, mit Eiter gefüllt; das Ependym verdickt, mit gelben Exsudatlagen bedeckt. Die Plexus chorioidei ganz in die-sen Exsudatlagen eingebettet. — In der Nähe des cariösen Felsenbeins ist auch die Pia mater missfärbig, der grösste Theil des linken unteren Hirnlappens ist in einen jauchig-eitrigen, missfärbigen Abscess ver-wandelt, der von der Pia mater nur durch eine schmale Zwischen-schicht von normaler Gehirnsubstanz getrennt ist. "

Die nähere Untersuchung des herausgenommenen Fel-senbeins (Präp. Nr. 246) ergibt mir Folgendes.

Das ganze Tegmen tympani ist ungemein dünn und weisslich durchscheinend; an der Grenze zwischen Paukenhöhle und Antrum mastoideum besitzt dasselbe ein circa 6 Mm. im Umfange haltendes rundliches Loch mit zackigen unregelmässigen Rändern.

Im knöchernen Gehörgang, der eine mässige Menge Eiter

enthält, fällt sogleich eine beträchtliche Verdickung der oberen häutigen Wand auf, welche tief ins Lumen des Kanales hereinragt und denselben verengert. Beim Durchschnitt zeigt sich die Haut daselbst eiterig infiltrirt (kein eigentlicher Abscess), stark verdickt und sulzigeiterig. In der knöchernen Wand zeigen sich 2 und 5 Mm. vom oberen Trommelfellpole entfernt zwei ganz feine kleine Löcher, um welche der Knochen verdünnt und missfärbig ist, durch welche Löcher die eitrig infiltrirte Haut des Gehörgangs mit dem inneren Jaucheherd, insbesondere dem Antrum mastoideum, in Verbindung steht.

Vom stark verdickten Trommelfell existirt die ganze vordere Hälfte noch, welche indessen sehr tief nach innen liegt, indem der Perforationsrand insbesondere nach vorn zu mit dem Promontorium verwachsen ist. Die hintere Hälfte des Trommelfells fehlt vollständig und ist der obere Theil dieses grossen Loches mit mehreren sehr gefässreichen Wucherungen ausgefüllt, welche die Communication zwischen Paukenhöhle und Warzenfortsatz zum Theil verlegen. Der Hammer ist vollständig erhalten, vom Amboss existirt nur ein Theil des Körpers, doch ist dieser allenthalben cariös und daher defect, indessen noch im Zusammenhang mit dem Hammerkopf. Der kurze und der lange Fortsatz des Amboss, sowie die beiden Schenkel des Steigbügels fehlen vollständig. Die Fussplatte des Stapes dagegen ist noch erhalten, wie sich dies am besten nach Eröffnung des Vorhofes zeigte.

Der hintere obere Theil der Paukenhöhle und der vordere des Antrum mastoideum ist von einer etwa kirschkerngrossen Masse cholesteatomatöser Natur mit weisslich glänzender Oberfläche ausgefüllt und bedingte dieselbe das weissliche Durchscheinen des Tegmen tympani in der Umgegend der cariösen Perforation desselben.

In der Tuba die Schleimhaut sehr stark geröthet. Am Boden des unteren Theils der Tuba fällt eine eigenthümliche Verdickung der Schleimhaut mit gelblicher Färbung derselben auf; beim Durchschnitt entleeren sich reichliche Fetttröpfchen, ohne dass die gelbliche Färbung dadurch vollständig verschwindet.

Im Labyrinthe nichts Abnormes nachzuweisen.

Auch in diesem Falle ist wieder sehr auffallend, wie kurz vor dem Tode erst äusserst ausgedehnte Veränderungen innerhalb der Schädelhöhle sich durch Symptome äusserten. Der Kranke lag eines leichten fieberlosen Lungencatarrhs wegen im Juliusspital und sollte bereits als genesen den kommenden Tag entlassen werden, als ganz plötzlich ohne alle vorausgehenden Symptome heftige Gehirnerscheinungen auftraten, die wegen starken Eiweissgehaltes des Urins für Folgen von acuter Urämie gehalten wurden. Es fand sich allerdings auch an der Leiche die parenchymatöse Nephritis, aber ganz unvermuthet daneben ein grosser jauchiger Hirnabscess und ziemlich reichliche Exsudation an den Gehirnhäuten.

9*

Auch hier bildete eine „cholesteatomatöse" Masse im Antrum mastoideum den Ausgangspunkt des intracraniellen Processes. Wenn wir fragen, warum von diesem Hohlraum aus gerade so ungemein häufig die schädliche Einwirkung einer eiterigen Ohr-Entzündung auf die Schädelhöhle stattfindet, so muss vor Allem darauf hingewiesen werden, dass das Antrum mastoideum sehr nahe am Sinus transversus und dicht unter dem Tegmen tympani liegt, das bereits von der Dura mater überzogen und constant von Aesten der Art. meningea media durchbohrt wird. Abgesehen von einer Fortleitung der Entzündung längs der Gefässwände sind als direct von dem Inhalte dieses Hohlraumes ausgehende Schädlichkeiten besonders zu berücksichtigen einmal der mechanische Druck, den eine immer mehr anwachsende, durch Knochenwände fast allenthalben begrenzte, eintrocknende und damit härtliche Secretmasse ausübt, und dann ferner die Gase, welche von dieser verkästen Anhäufung sowohl als von dem ringsum vorhandenen Eiter ausströmen, welcher gerade in dieser abgeschlossenen tiefen Lage sehr rasch der Zersetzung anheimfällt. Diese Emanationen fauliger Gase aus dem Eiter- und Jaucheherde im Ohre, wie sie nach dem von aussen schon wahrnehmbaren, oft aashaften Geruche jedenfalls in reichlichem Maasse stets vor sich gehen, würden eine besonders direct schädliche Einwirkung auf den Schädelinhalt dann üben, wenn das Tegmen tympani jene an vielen sonst ganz normalen Schläfenbeinen vorkommenden Rarefications und Lücken zeigt, weil alsdann zwischen der Dura mater und der sich zersetzenden Substanz gar keine knöcherne Zwischenschichte sich befindet.

In dem von Prof. Foerster dictirten Sectionsprotokolle ist von einem mit Eiter und cholesteatomatöser Masse gefüllten „weiten Hohlraum" die Rede, der sich dort gebildet hat, wo die Pars petrosa mit der Pars mastoidea zusammenstösst. Die nähere Untersuchung des Felsenbeins ergab, dass es sich um nichts als um den natürlichen Hohlraum des Antrum mastoideum handelte, das excentrisch allenthalben etwas erweitert war und sonst in besonders weit herabgehender Verbindung mit der Paukenhöhle stand. Wenn einem so tüchtig anatomisch durchgebildeten Manne, wie unser trefflicher Foerster war, eine solche Verwechselung passiren konnte, so lässt sich daraus schliessen, dass dieselbe überhaupt nicht selten vorkommen mag und vorgekommen ist. Dass mit einer solchen Verkennung eines im normalen schon vorhande-

nen Hohlraumes die ganze bisher meist übliche Auffassung von
der Natur des „Cholesteatoms des Felsenbeins" enge zusammenhängen mag, habe ich schon früher erwähnt. Oeftere Inangriff-
nahme gewöhnlicher normaler Schläfenbeine würde eine correcte
Anschauung von allen hier vorkommenden Räumlichkeiten und
Verhältnissen bei den Aerzten und Gelehrten am leichtesten vermitteln und lässt sich überhaupt nicht läugnen, dass bei dem
akademischen Unterricht über die Anatomie des Gehörorgans,
auch abgesehen, dass er gewöhnlich in die für die Lehrenden und
Lernenden gleich schwüle Zeit der letzten Semestertage zusammen
gedrängt wird, die Demonstration der practisch wichtigen Partieen
an Schläfenbeinen mit und ohne Weichtheilen, wohl oft für weit
weniger nothwendig und erspriesslich gehalten wird, als eine genaue Detailvorführung der Feinheiten der Schnecke und des übrigen Labyrinthes.

Im Falle Ruff (Seite 147) finden wir die obere Gehörgangswand in ihren Hart- und Weichtheilen perforirt, so dass die Fel-
senbein-Zellen durch eine Fistel mit dem Raume des Gehörgangs
in Verbindung standen. Hier war der gleiche Vorgang in einem
früheren Stadium vorhanden; auch hier war bereits der Knochen
perforirt, die Weichtheile der oberen Gehörgangswand dagegen
noch im Zustande der Schwellung und eitrigen Infiltration, welcher
Zustand jedenfalls allmälig auch zum Durchbruch der Cutis an
dieser Stelle geführt hätte. Eine Beschleunigung dieses Durch-
bruches mittelst operativer Spaltung der tief ins Lumen des Kanals herabragenden, stark verdickten Gehörgangshaut hätte jedenfalls auf den ganzen Entzündungsprocess und auf die Entleerung
der in der Tiefe angesammelten Secretmassen sehr günstig ge-
wirkt und wäre eine solche Operation, zur richtigen Zeit ausgeführt, sicherlich manchmal im Stande, einer zum Tode führenden
Folgeerkrankung vorzubeugen. Dass solche secundäre Eiterungsvorgänge in der oberen und hinteren Gehörgangswand gewiss
häufig für einfache, primäre Gehörgangsabscesse und Furunkel
gehalten werden, wie sie allerdings im Verlaufe chronischer
Eiterungen auch sehr oft vorkommen, darauf habe ich bereits an
einem anderen Orte aufmerksam gemacht.*)

---

*) Vgl. mein Lehrbuch, III. Auflage, S. 94. IV. Auflage, S. 99.

LXI.

Chronische Ottorrhoe zu Pacchymeningitis und zwei Abscessen im Gehirne führend. Acute Symptome 8 Tage vor dem Tode beginnend. Kleine Perforation des Trommelfells. Eiterfüllung des Mittelohres mit Fortsetzung der Entzündung in den Vorhof durch das ovale Fenster. Steigbügel zu Grunde gegangen. Phlebitis des Sinus petrosus superior mit zweifachem Durchbruch der Wandung.*)

J o s e p h i n e R., 20jährige Wirthstochter von hier, wohlgebautes Mädchen, das abgesehen von Drüsenanschwellungen in der Jugend immer gesund gewesen sein soll. Seit mindestens 10 Jahren litt dieselbe an linksseitigem Ohrenflusse, der im letzten Sommer so übelriechend wurde, dass dasselbe ihrer Mutter auffiel, welche sie dringend ermahnte, ärztliche Hülfe zu suchen. Sie wollte indessen ihr Leiden möglichst verheimlichen und fragte keinen Arzt um Rath.

Im November 1866 bemerkte bereits die Familie, dass Patientin öfters an Kopfweh litt und überhaupt auffallend deprimirt war, weshalb sie einige Wochen zu Verwandten aufs Land geschickt wurde.

Am 6. Januar 1867 trat der K o p f s c h m e r z neuerdings in sehr heftiger Weise auf; da sich derselbe immer mehr steigerte, wurde endlich am 8. Januar der Hausarzt Dr. REUSS-OKEN gerufen, dessen Güte ich sämmtliche Mittheilungen über den Krankheitsverlauf und die Section, sowie schliesslich das Felsenbein verdanke.

„Status präsens am 8. Januar Abends. Patientin leicht fiebernd (Puls 96) und zeitweise erbrechend, klagt über äusserst heftige, bohrende, stechende Schmerzen in der linken Ohr- und Schläfengegend. Ordination: reinigende Einspritzungen ins Ohr; 6 Blutegel an die Ohrgegend, kalte Umschläge auf den Kopf, Calomel.

9. Jan. Die Schmerzen verbreiten sich mehr über die Schläfenund Stirngegend. Hinterhaupt sehr heiss. Puls 110. Nacht schlaflos. Leichtes Erbrechen. Ord.: 6 Blutegel an die Schläfe. Infus. Digitalis. Eisumschläge auf den abgeschorenen Kopf.

10. Jan. Die Schmerzen im Ohre treten zwar gelinder auf, allein sie verbreiten sich von Tag zu Tag mehr über den ganzen Kopf, auf die Stirne und die rechte Schläfengegend. Puls 84. Haut immer trocken und heiss. Urin sedimentös.

11. Jan. Puls 120. Nachts Delirien. — Zum 4. mal Blutegel hinter die Ohren. Eisumschläge fort Tag und Nacht. Infus. Digitalis cum Magnesia citr.

12. Jan. Neuerdings die wüthendsten Kopfschmerzen. Delirien. Häufiges Gähnen. Urin ins Bett.

13. Jan. Puls steigt auf 140. Mehr Stupor. Delirien anhaltender.

14. Jan. Morgens fällt der Puls auf 84; alle Symptome steigern sich trotzdem und Mittags 2 Uhr erfolgt der Tod, somit am 8. T a g e d e r m i t e i n f a c h e m K o p f s c h m e r z b e g i n n e n d e n E r k r a n k u n g.

Die S e c t i o n ergibt zwei Gehirnabscesse, einen grösseren ziem-

---

*) Zuerst veröffentlicht im Arch. f. Ohrenheilk. 1869. Bd. IV. S. 126.

lich neuen Datums im linken Kleinhirn, einen kleineren im linken
unteren Lappen des Grosshirns, beide durch das Tentorium und durch
normale Hirnmasse von einander getrennt."
Untersuchung des linken Felsenbeins (Präp. Nr. 268). Die
Dura mater über dem Tegmen tympani sowohl wie an der hinteren
Fläche der Pyramide, an welchen beiden Stellen die Gehirnabscesse
dem Felsenbeine anlagen, stark missfärbig, sehr verdickt und mit oberflächlichen Fibrinauflagerungen belegt.

Der Sinus petrosus superior an seiner Innenfläche stark
aufgelockert, zottig verdickt, sein Lumen dadurch nahezu aufgehoben,
kein Blut enthaltend, nur breiige zerfallene Massen. An seinem medialen Theile ist der Sinus auffallend stark mit dem Knochen verwachsen, dort fetziges röthliches Gewebe an seiner Innenwand; von
dieser Stelle zieht sich ein c. 1 Mm. dicker, hier ganz gerötheter Gefässstrang unter dem Scheitel des Canalis semicircul. sup. durch den
Knochen nach hinten und aussen zum Antrum mastoideum. Lateral
zeigte der Sinus petrosus sup. zwei Perforationen seiner Wand, von
denen die eine zum Tegmen tympani und zur vorderen, die andere
zur hinteren pachymeningitischen Stelle der Dura mater führt. Die
vordere Perforation führt zu einer Stelle am Tegmen tymp., wo die
verdickte und fibrinös belegte Dura längs einer Kreislinie ganz fest
mit dem Knochen verwachsen, innerhalb des Kreises aber von dem
Knochen durch dazwischen gelagerten Eiter abgehoben ist. —
Knochen am Tegmen tympani nirgends cariös oder perforirt,
gegen das Antrum mastoideum zu leicht missfärbig.

Antrum mastoideum und adnexe Hohlräume erfüllt von theils
missfärbig grünlicher, theils käsig eingedickter Masse, welche am Rande
sehr grosse Pflasterepithelien besitzt und ausserdem aus fettig zer-
fallenem Eiter und Detritus besteht. Paukenhöhle sehr enge in
Folge starker Wulstung der grünlichen Schleimhaut, welche zum Theil
fetzig und offenbar ulcerirt ist, ausserdem eingedickter Eiter in ziemlicher Menge im unteren Theile des Cavum tympani und in allen
Nischen und Vertiefungen. Das Trommelfell stark verdickt und
geschwellt, zeigt oben hinten einen wenig umfangreichen Defect, von
welchem es indessen fraglich ist, ob er nicht erst durch einen Sägeschnitt zum Theil entstanden ist, welcher, bevor mir das Präparat zu
Händen kam, angelegt worden war. Dieser Sägeschnitt hatte wenigstens den Amboss getroffen und ihn aus seiner Verbindung mit dem
Hammer herausgerissen. Uebrigens war der Amboss an der hinteren
Partie seines Körpers cariös und auch am unteren Ende des verticalen Schenkels leicht angeätzt. Der Steigbügel fehlt vollständig
und ist statt seiner das Pelvis ovalis mit einer bröckelig-eingedickten
gelblichen Masse erfüllt. Durch die offene Fenestra ovalis hat sich
der Eiterungsprocess in den Vorhof hinein fortgesetzt, welcher ganz
erfüllt ist mit schmutzig-breiiger Masse. Eine ähnliche Masse findet
sich auch im vorderen Canalis semicircularis, während auch der
obere, durch den Knochen schon auffallend dunkel durchscheinend, leicht
missfärbigen Inhalt besitzt.

Inhalt der Schnecke nicht missfärbig, ebenso kein Eiter im Porus acust. internus.

Wie vielen Aerzten möchte es bisher wohl in den Sinn kommen, bei hartnäckigen Kopfschmerzen ihrer Patienten auch das Ohr unter die Theile zu rechnen, von denen möglicherweise das Leiden ausgehen könnte? Herz und Nieren werden geprüft, der Urin chemisch und mikroskopisch untersucht, der Uterus wird scharf ins Auge gefasst, Magen und Darmkanal werden in Bezug auf die Function und Leistung einem eingehenden Examen unterstellt, Leber und Milz genau untersucht in Hinsicht der Grösse und Empfindlichkeit, gehört der Arzt der jüngeren Schule an, so wird wohl auch das Sehorgan mittelst Ophthalmoskop und Brillenkasten scharf um all seine Zustände befragt — äusserst Wenige möchten aber bei einer solchen Veranlassung sich erinnern, dass Ohrenleiden, wenn sie nicht zufällig Schmerzen bereiten, nur allzu häufig von den Kranken für ganz gleichgültig gehalten und daher keiner spontanen Erwähnung für werth erachtet werden, während sie doch nicht selten die Quelle äusserst heftiger Kopfschmerzen und zwar manchmal sehr bedenklicher sind.

Eine besondere Beachtung in dem Sectionsbefund verdient neben der doppelten Perforation des Jauche enthaltenden Sinus petrosus superior der unter dem Scheitel des Canalis semicircularis superior gegen das Antrum mastoideum zu verlaufende Gefässstrang. Es mag sehr wohl sein, dass demselben in diesem Falle ein wesentlicher Antheil an der Ueberleitung der Entzündung von dem Innern des Schläfenbeins zur Dura mater und zum Sinus petrosus superior zuzuschreiben ist. Bisher sind meines Wissens nur zwei ähnliche Fälle beschrieben und zwar von VOLTOLINI*) und von ODENIUS.**)

Letzterer beschreibt diesen Strang zuerst richtig als ein Blutgefäss, welches der Rest ist eines beim Fötus sehr stark entwickelten Gefässfortsatzes der Dura mater, der unter dem Canalis semicirc. sup. in die Tiefe des Felsenbeinknochens dringt und dort eine tiefe Grube bedingt. Diese tiefe Grube unter dem oberen Halbzirkelkanal des Fötus und Neugebornen wurde schon früher

---

*) VIRCHOW's Arch. Bd. XXXI. S. 202 (1864).

**) ODENIUS legte den bezüglichen Fall 1864 der Physiographischen Gesellschaft zu Lund vor und beschrieb ihn später 1866 im Medicinsk Archiv, Bd. III. Nr. 4, welche Abhandlung im Dublin. Quarterly Journal of Medical Science, November 1867, S. 508 sich übersetzt findet.

mehrfach erwähnt, aber meist nicht richtig gedeutet.*) HUSCHKE**) beschreibt diese Höhle unter dem oberen Bogengange beim Neugeborenen als einen „grossen mit harter Hirnhaut ausgefüllten Trichter"; nach HENLE***) wäre diese Grube „nur von Knorpel ausgefüllt", nach VOLTOLINI†) „von einer dicken sulzigen, gallertartigen Falte der Dura mater".

Es handelt sich indessen hier beim Fötus und Neugebornen um ein dickwandiges, sogleich nach allen Seiten Aestchen abgebendes Blutgefäss und auch am Erwachsenen zeigt dieses Gebilde beim Durchschnitt stets ein allerdings verschieden weites Lumen. ODENIUS spricht sich für die venöse Natur dieses Gefässes aus; nach dem, was ich gesehen, muss ich dasselbe für eine sehr dickwandige, an elastischen Elementen besonders reiche Arterie halten, neben der ich manchmal allerdings eine weit feinere Vene verlaufen sah, welche letztere sich in zwei Fällen deutlich in den Sinus petrosus superior verfolgen liess.

Es ist eigenthümlich, dass die Anatomen insbesondere beim Studium der Entwicklung und Verknöcherung des Felsenbeins diese so auffallende Localität bisher nicht genauer ins Auge gefasst haben. Beim 5 monatlichen Fötus ist diese trichterförmige Grube 7 Mm. hoch und 5 Mm. breit und steht der obere Halbzirkelkanal als ein gegen die Schädelhöhle zu vollständig freier Thorbogen über ihm; die Grube selbst geht durch das ganze knöcherne Felsenbein und durch dessen Basis, dem späteren Warzenfortsatze, hindurch, mündet also hinter der Ohrmuschel und zwar mit ziemlich grosser zackiger und unregelmässiger Oeffnung an der Aussenfläche des Knochens, von der Haut nur durch eine dicke Knorpellage getrennt. Noch beim Neugebornen ist diese Grube 5 Mm. hoch und 4 Mm. breit und mündet sie, in der Mitte allerdings schlitzförmig verengt, an der Aussenfläche des späteren Warzenfortsatzes unter und in seinem Knorpelüberzuge. Allmälig setzt sich um den Bogengang immer mehr Knochensubstanz an,

---

*) In dem 3. Heft des II. Bd. dieses Archives (ausgegeben Juni 1866) S. 225 sage ich von einer Vertiefung im Knochen hinter und über dem Porus acust. internus, welche sich beim Hasen findet: „Dieselbe ganz analog erscheinend jener constanten, ein Blutgefäss enthaltenden Vertiefung, welche sich beim menschlichen Fötus unter dem Canalis semicirc. superior findet . . . ."

**) SÖMMERING's Eingeweidelehre 1844, S. 900.

***) Knochenlehre 1855, S. 151.

†) Monatsschrift für Ohrenheilkunde 1868, S. 22.

so dass die Grube zusehends kleiner wird und schliesslich beim Erwachsenen nur noch andeutungsweise als ein feiner leicht dreieckiger Spalt vorhanden ist, an der hintern Felsenbeinfläche lateralwärts von und über dem Porus acusticus internus und unmittelbar unter der Eminentia arcuata, welche den oberen Bogengang enthält und von aussen kennzeichnet. Dieser Lage wegen scheint mir der Name Fossa subarcuata beim Fötus und beim Kinde, der Name Hiatus subarcuatus beim Erwachsenen am passendsten und bezeichnendsten zu sein; der Inhalt, im Wesentlichen einer Arteria nutritia gleichstehend, würde dann Arteria subarcuata heissen. Ergibt sich, dass dieselbe constant von einer in den Sinus petr. sup. mündenden Knochenvene begleitet wird, so würde diese eine Vena diploïca (subarcuata) sein. Uebrigens findet sich ein ähnliches Ernährungs-Loch und Gefäss auch constant unter dem hinteren (oder unteren) Bogengang, aber nie in so auffallender Weise entwickelt; auch hier dringt noch beim Erwachsenen eine feine Arterie der Dura mater in den Knochen.

Der Sinus petrosus superior der Dura mater wird bisher, wie mir scheint, seiner Kleinheit wegen, nicht ausreichend bei den Sectionen beachtet und möchten wohl manche Affectionen desselben bisher übersehen worden sein. Da er, wie wir sahen, höchst wahrscheinlich mittelst einer Knochenvene mit dem Innern des Mittelohres in ganz directer Verbindung steht, so ist a priori zu erwarten, dass er gar nicht selten die Rolle eines Ueberleitungs-Organes vom Mittelohre zum Gefässsysteme übernimmt. Er liegt bekanntlich ganz oberflächlich auf der scharfen oberen Kante der Pyramide und mündet in den obersten Theil des Sinus transversus.

LXII u. LXIII.

Ein Jahr dauernde Otorrhöe mit Polypenbildung, endend mit Meningitis an der Basis cranii. Beginn der Erscheinungen nach einer zu kräftigen Einspritzung ins Ohr.

Ueberleitung der Eiterung auf die Schädelhöhle durch die Fenestra ovalis und durch eine Fistel in der Labyrinthwand. Cholesteatomatöse Masse an dem Dache der Paukenhöhle. Polyp von den pneumatischen Räumen über dem Gehörgange ausgehend. — L. Polyp der Paukenhöhle eine Wucherung des Trommelfells vortäuschend. *)

Soldat Karl Dittmann vom 9. Infanterie-Regiment, 31 J. alt, wurde Anfang Juli 1859 aus dem hiesigen Militärhospital zu mir ge-

---

*) Zuerst veröffentlicht im Arch. f. Ohrenheilk. 1869. Bd. IV. S. 97.

schickt. Er gibt an, im vergangenen Sommer beim Baden plötzlich, als er ins Wasser sprang, einen Knall im r e c h t e n Ohre gefühlt zu haben, bald darauf stellte sich eitriger, manchmal mit Blut gemengter Ausfluss, in neuerer Zeit auch öftere Schmerzen auf diesem Ohre ein. Will übrigens auch l i n k s schon seit einem Jahre die Luft durchs Ohr pfeifen lassen können.

R e c h t s zeigt sich nahe der Ohröffnung ein hochrother Polyp, welcher von körniger erdbeerartiger Oberfläche ist, sich derb anfühlt und den Gehörgang grösstentheils erfüllt. — L i n k s ein ganz mattes weissliches Trommelfell, das nach vorn eine Verkalkung und nach hinten eine leicht gewulstete Stelle zeigt, durch welche beim VALSALVA-schen Versuche die Luft deutlich durchzischt. Hörweite für eine mässig laut schlagende Cylinderuhr R. 0, L. 1."

Mit der WILDE'schen Schlinge wird ein beträchtliches Stück des rechtseitigen Polypen unter ziemlich heftiger Blutung abgetragen. Dasselbe zeigt sich beim Durchschnitt sehr derb, durchaus solid und ohne Hohlräume. Flimmerepithel nicht nachzuweisen, dagegen die Oberfläche mit regelmässig angeordneten Papillen besetzt. Die mikroskopische Untersuchung wird am frischen Objecte begonnen, hierauf dasselbe in verdünnter Essigsäure gekocht, und getrocknet zu Durchschnitten be-nützt. Das Parenchym aus weichem Bindegewebe mit theilweise festeren Faserzügen bestehend, besitzt sehr reichliche Zellen, theils spindel-, theils sternförmige, mit deutlichen Kernen.*)

Den nächsten Tag zeigt sich die Eiterung etwas vermindert. In der Tiefe des Gehörgangs, etwa am Orte des Trommelfells, sieht man eine grössere Wucherung mit rother Schnittfläche, unter ihr eine klei-nere Excrescenz mit rundlicher Oberfläche. Die obere ist bei Berüh-rung ungemein empfindlich, so wie auch das Aetzen derselben mit dem Lapis sehr starke Schmerzen erregt. Die Eiterung, sowie der Umfang des Polypen nimmt unter wiederholtem Aetzen ab, dagegen stellen sich insbesondere Nachts in der nächsten Zeit ungemein heftige Ohren-schmerzen ein, und gibt der Kranke an, dass es ihn öfter nach solchen Schmerzen „am ganzen Leibe schüttle". Bald nimmt auch die Eite-rung trotz im Spital gebrauchter Alaun- und Bleilösungen wieder zu, der Ausfluss wird öfter wieder blutig und entwickelt sich auch unter dem Ohre bei Druck Schmerz, ohne dass diese Stelle geschwollen wäre. Der Kranke kommt noch mit Unterbrechungen zu mir; auffallend blieb stets die grosse Empfindlichkeit der mit der oberen Gehörgangswand zusammenhängenden Wucherung bei Berührung; da man unter, nicht aber über ihr in die Tiefe dringen konnte, wurde es mir immer wahr-scheinlicher, dass es sich um ein gewuchertes Trommelfell handelt, das unten losgetrennt, oben aber noch festsitzend, sich gegen die äussere Ohröffnung zu entwickelt habe.

Später, wo wieder öfter mit Lapis geätzt wurde, minderte sich

---

*) Vorzügliche Angaben über den Bau der Ohrpolypen, zugleich mit Ab-bildungen, finden sich in FÖRSTER'S Atlas der mikroskopischen pathologischen Anatomie. (Leipzig 1854—1859), S. 73 und Tab. XXXV, 1—7.

die Eiterabsonderung wieder, wie auch die grössere Excrescenz sich
sehr verkleinerte und auffallenderweise schmerzt nun Berührung mit
Sonde und Lapisstift beträchtlich weniger als früher. Statt des Lapis
nahm ich im August Pasta Viennensis in Stängelchen zum Aetzen, bei
jedesmaliger Anwendung klagt der Kranke über Schmerz am Scheitel. Absonderung wurde allmälig geringer.

Zum letzten Male sah ich den Kranken am 18. August Mittags.
Beim Ausspritzen des rechten Ohres musste ich den Stempel etwas
stärker drücken, weil die Spritze mangelhaft geölt war. Hierbei
mochte der Wasserstrahl stärker als gewöhnlich anprallen und gab
der Kranke das Gefühl an, es wäre ihm, als ob er im Kreise stark
herumgedreht würde. Zugleich konnte er sich kaum auf den Füssen
halten. Der Schwindel dauerte noch einige Zeit, doch war der Kranke
im Stande, ganz gut ins Militärspital, das von meiner Wohnung eine
gute Viertelstunde entfernt war, zurückzugehen.

Nach den Mittheilungen, die ich Herrn Regimentsarzt Dr. HENLE
verdanke, klagte der Kranke denselben Abend über heftigen Kopfschmerz, Schwindel und Ueblichkeit, das Gesicht war lebhaft geröthet,
Pulsfrequenz vermehrt. Es erfolgte auch einige Mal Erbrechen. Unter
Anwendung von kalten Umschlägen auf den Kopf und unter Ableitung
auf den Darmkanal besserten sich die Erscheinungen, traten jedoch
erst vollständig zurück, als ein kleiner Abscess, der sich an der Mündung des äusseren Gehörgangs, in der Gegend des Tragus, gebildet
hatte, eröffnet wurde. Nach einigen Tagen vollständigen Wohlseins
kehrten plötzlich — der Kranke ging im Hofe spazieren — und ohne
die geringste Veranlassung die obigen Erscheinungen mit vermehrter
Heftigkeit zurück. Es trat wiederholt Erbrechen ein, Kopfschmerz
ausserordentlich heftig, Puls sehr frequent und gespannt. Delirien.
Den nächsten Tag, am 2. September Morgens der Tod; also 13 Tage
nach Beginn der meningitischen Erscheinungen.

Die Section ergab eitrige Meningitis an der rechten Seite der
Pons Varoli und ausserdem Extravatstreifen auf der Oberfläche der
Kleinhirn-Substanz.

Untersuchung der Felsenbeine (Präp. Nr. 179 u. 180).

Rechts. Die Dura mater am Felsenbeine nirgends verändert,
abgesehen von einer kleinen Stelle unterhalb des inneren Gehörganges,
welche einige weissliche fibrinöse Auflagerungen zeigt. Dies veran-
lasste mich, vor Allem den Porus acusticus internus zu eröffnen und zu untersuchen. In demselben findet sich gelbliche trübe
Flüssigkeit, aus Blutkügelchen und zerfallenen Zellen bestehend. Beide
Nerven innerhalb des Kanales erweicht, der Acusticus fast ganz
zerfallen. Eine dünne Sonde, in den inneren Gehörgang eingeführt,
ergibt Erweichung des Knochens in der Tiefe gegen das Labyrinth zu.

Oberhalb der Paukenhöhle zeigte sich die Dura mater an der
Aussenfläche kaum verändert, mässig stark adhärent, an der Innenfläche einige stärkere Gefässe. Der Knochen daselbst leicht missfärbig,
nicht uneben oder erweicht. Nimmt man diese Decke der Paukenhöhle weg, so kommt man dicht unter dem Knochen auf eine circa

2 Mm. dicke, perlmutterartig glänzende Schichte, welche sich im Zusammenhange wegnehmen lässt, worauf erst ein Einblick in das eigentliche Cavum tympani möglich ist. Diese dem Tegmen tympani unmittelbar anliegende weissliche Masse ist an ihrer oberen Fläche glatt, derb und trocken, an ihrer unteren, gegen die Paukenhöhle zu liegenden uneben und feucht. Beim Durchschnitt ergibt sich diese allenthalben weisse Schichte ausschliesslich zusammengesetzt aus grossen, rundlich-eckigen kernlosen Hornplatten, welche häufig concentrisch in Nestern angeordnet sind und zwischen denen hie und da Cholestearin-Krystalle eingestreut sich finden. An der unteren feuchten Fläche reichlich Eiterkügelchen.

Im G e h ö r g a n g eingedickte dunkelmissfärbige Flüssigkeit. Bald nach dem Beginn des knöchernen Abschnittes ist der Gehörgang nahezu ausgefüllt von einer theils röthlichen, theils (durch Bleiniederschlag) blaugrau gefärbten weichen Geschwulst, um welche herum die Weichtheile stark geschwellt und sehr hyperämisch sind. Diese rundliche Geschwulst, von der oberen Wand des Gehörganges mit breiter Basis dicht vor dem Trommelfell herabkommend, hängt deutlich zusammen mit der verdickten Auskleidung der über dem Gehörgang liegenden Knochenzellen, welche bereits zum mittleren Ohre resp. zur Paukenhöhle gehören. Dicht hinter diesem Polypen befindet sich das T r o m m e l f e l l, von welchem im Zusammenhange nur noch die obere Hälfte sammt dem Hammergriff vorhanden ist, indessen in umfangreicher Oberflächen-Wucherung begriffen, so dass der Hammergriff allenthalben umgeben ist von einer Menge rother Granulationen, Fleischwärzchen auf gesunden Wunden gleichsehend. Dieselben bestehen aus jungen, theilweise spindelförmigen Zellen, besitzen an der Oberfläche Pflasterepithel und zeigen an manchen Stellen zwischen den gewucherten Elementen noch deutliche scharf contourirte Trommelfellfasern, welche sich bekanntlich durch ihre ganz eigenartige Beschaffenheit von allen anderen Gewebebestandtheilen sehr bestimmt unterscheiden. Ebenso ist die S c h l e i m h a u t d e r P a u k e n h ö h l e allenthalben granulirend, und zugleich durch die Niederschläge aus den eingeträufelten Bleilösungen dunkelgrau gefärbt. Besonders auffallende zottige und rothe Wucherungen zeigt die Mucosa an der hinteren Wand des obersten Theiles der knöchernen Ohrtrompete. In der T u b a, deren Schleimhaut nach unten zu wenig gelockert ist, etwas schleimig eitrige Flüssigkeit. Die grossen Hohlräume des horizontalen Theiles des Warzenfortsatzes oder des A n t r u m m a s t o i d e u m vollständig von ihrer geschwellten, missfärbigen Auskleidungsmembran erfüllt, und nirgends lufthaltig. Kopf des H a m m e r s und der A m b o s s fehlt. S t e i g-b ü g e l ist noch im ovalen Fenster vorhanden; bei Eröffnung des Vestibulum ergeben sich die Ränder seiner Fussplatte schwärzlich angeätzt, die Umsäumungsmembran fehlt und ist somit der Steigbügel nur durch die geschwellte Schleimhaut der Paukenhöhle in situ erhalten. Wie somit mittelst des ovalen Fensters einige Communication zwischen Vorhof und Paukenhöhle gegeben ist, so ist eine weitere umfangreichere vermittelt durch ein ca. 1 Mm. weites mit röthlicher

Gewebsmasse erfülltes Fistelkanälchen, welches über dem ovalen
Fenster die ganze Dicke der Labyrinthwand durchzieht und durch
das man bei ganz leisem Druck mittelst einer feinen Sonde in den
Vorhof gelangt. Ausserdem ist der in Erweichung begriffene Knochen
der Labyrinthwand der Paukenhöhle nirgends durchbrochen oder ent-
blöst. Vorhof und die Halbzirkelkanäle erfüllt mit dunklen,
missfärbigen krümlichen Massen (Detritus mit einzelnen Zellenresten
und dunklen Klumpen). Weichtheile der Schnecke weit besser zu
unterscheiden, indessen auch leicht missfärbig. — Canalis Fallopiae
und Facialis normal.

Linkes Felsenbein. Hintere Wand des Gehörgangs überzogen mit eingedickter bräunlicher Flüssigkeit, wovon sich auch etwas
auf der hinteren Hälfte des Trommelfells befindet. Das Trommelfell, gelblich opal, ist stark concav; die hintere Hälfte besonders
trichterförmig eingezogen zeigt in ihrer Mitte eine stecknadelkopfgrosse
röthliche Hervorragung und ausserdem vom Griffende nach hinten und
unten gehend eine radiäre Leiste (welche schon zu Lebzeiten aufgefallen war). Bei Eröffnung der Paukenhöhle erweist sich als Grund
dieser Krümmungsanomalie des Trommelfells, dass der lange Schenkel
des Amboss seiner ganzen Länge nach mit der entgegengesetzten Paukenhöhlenwand mittelst stark injicirten Gewebes verwachsen und dadurch Hammer wie Amboss beträchtlich nach innen gezogen sind.
Ausserdem ergibt sich die an der Oberfläche des Trommelfells sichtbare stecknadelkopfgrosse rothe Hervorragung als ein kleiner Polyp,
welcher von der hinteren Wand der Paukenhöhle, nahe dem Trommel-
fellfalze ausgehend, durch das Trommelfell hindurch nach aussen ge-
drungen war, an der Oberfläche desselben etwas breiter werdend, nach
Art eines Pilzes oder eines Nagelkopfes das Loch verdeckte. Indem
der mit der Labyrinthwand verlöthete Ambossschenkel zugleich mit
dem vorderen Rande dieser Perforation verwachsen war, war dadurch
eine trichterförmige Einziehung der ganzen hinteren Hälfte des Trommelfells bedingt und resultirte zugleich aus dieser abnormen Spannung
die weissliche Linie oder Leiste, welche vom Griffende radiär nach
hinten und unten ging. Das Trommelfell stark undurchsichtig und
verdickt, besitzt eine nach innen leicht hervorragende gelblich-weisse
Kalkeinlagerung, welche ca. 1 Mm. breit curvenförmig von oben vorn
nach hinten unten verläuft, und zwar von der Mitte wie von dem Rande
des Trommelfells etwa gleich weit entfernt. Die Schleimhaut der
Paukenhöhle stark hyperämisch, durchfeuchtet und allenthalben geschwellt, ist besonders stark verdickt um den Steigbügel herum, so
dass derselbe in seiner Nische ganz eingehüllt erscheint und schwer zu
unterscheiden ist. Uebrigens ist derselbe noch etwas beweglich. Ausserdem ist diese Schwellung der Schleimhaut an der Sehne des Musc.
tensor tympani sehr stark entwickelt, so dass dieselbe in mannig-
facher abnormer Verbindung steht mit den umliegenden Theilen. —

Den Ausgangspunkt des nach Jahresfrist tödtlich endenden
Ohrenleiden auf der rechten Seite bildet hier ein Sprung ins

Wasser beim Baden, wobei der Kranke wahrscheinlich mit der
seitlichen Gesichtsfläche auf dem Wasserspiegel aufschlug und·sich
so sein Trommelfell zersprengte. Bei günstigem Verhalten des
Kranken heilen solche Trommelfelleinrisse gewöhnlich, ohne
dass besondere ärztliche Behandlung nöthig wäre; anders aber,
wenn das Individuum ein kränkliches, zur Eiterbildung geneigtes
ist, oder wenn bei stärkerer Blutung aus den zerrissenen Trommel-
fellgefässen sich ein Theil des Extravasats in die Paukenhöhle
ergossen hat, oder wenn der Kranke in den nächsten Tagen nach
der Verletzung sich Schädlichkeiten aussetzt. Letzteres fand wohl
sicherlich bei unserem im Dienst befindlichen Soldaten statt, und
so legten sich die Wundränder nicht einfach per primam intentio-
nem an einander an, sondern stellte sich eiterige Schmelzung mit
stärkerer Granulationsbildung an ihnen ein. Durch die klaffenden
Wundränder ergoss sich blutiges Serum und Eiter in die Paukenhöhle, welches dort eine Reizung des Gewebes zu Stande brachte;
durch die hinter dem Trommelfell allmälig stattfindende Hypersecretion wurden andrerseits wieder die Wundränder gereizt und
in ihrer Verlöthung behindert. Binnen Kurzem kam es so zu einer
intensiven Ernährungsstörung des Trommelfells sowohl als der Paukenhöhlen-Auskleidung, zu einer chronischen Myringitis mit polypöser Wucherung der Cutiselemente des Trommelfells, die sich
gewöhnlich in solchen Fällen bald einstellt und zugleich zu einem
eiterigen Catarrhe der Paukenhöhle. Indem der von beiden Theilen gelieferte Eiter und das von den succulenten Granulationen
häufig ergossene Blut nicht sorgfältig entfernt wurden, sondern
sich ruhig im Ohre ansammeln durften, wo sie der Zersetzung
und Fäulniss anheimfielen, trat immer stärkere Reizung, immer
verbreitete Wucherung und zugleich Maceration der Weichtheile
in der Tiefe des Ohres ein. Folge davon war, dass die untere
Hälfte des Trommelfells, vom Paukenhöhlensecrete immerwährend
benetzt, allmälig ulcerativ zu Grunde ging. die obere dagegen
polypös entartete, dass die mucös-periostale Auskleidungsmembran
der Paukenhöhle und der angrenzenden Hohlräume immer mehr
das Bild der hyperämischen Schwellung, der Infiltration und einer
quantitativ wie qualitativ pathologischen Secretion darbot. Dieser
verbreitete chronische Entzündungszustand führte an einzelnen
Stellen zu besonders entwickelter Wucherung der Weichtheile und
so zu Bildung der verschiedenen Polypen, an anderen Orten zu
Ulceration des Knochens, so zur cariösen Zerstörung des Hammer-

kopfes und des Ambosses und zu Entstehung eines feinen Fistel-
ganges, welcher die Labyrinthwand der Paukenhöhle über dem
ovalen Fenster durchziehend, letztere Cavität mit dem Vorhofe und
seinen Halbzirkelkanälen in directe Verbindung setzte und so das
Uebergreifen der eiterigen Entzündung auf die Höhlen des Labyrinthes vermittelte. Vom Vorhofe aus setzte sich dann die Eiterung
längs der durch die siebförmig durchbohrten Lamellen eintretenden
Acusticusfasern auf jenen Abschnitt der Dura mater fort, welcher
den Porus acusticus internus auskleidet. Hier am Ausgang des
inneren Gehörganges begann die an der Basis cranii sich findende
Pachymeningitis, welche den Kranken ziemlich rasch und unter
auffallend aussetzenden, dann rasch exacerbirenden Erscheinungen
zur Section brachte.

Practisch höchst beachtenswerth ist der Beginn der meningitischen Erscheinungen nach einer etwas zu kräftigen Wasser-
einspritzung ins Ohr. Schwindelgefühl während Einspritzungen
in den Gehörgang kommt bekanntlich gar nicht selten vor, auch
wenn diese ganz sacht gemacht werden, und zwar nicht blos bei
Substanzverlusten im Trommelfell; derselbe muss bezogen werden
auf den stärkeren Druck, den der durch den Wasserstrahl nach
innen bewegte Steigbügel auf den Inhalt des Vorhofes ausübt.
Wird der Steigbügel direct vom Wasserstrahl getroffen, wie hier,
wo noch dazu der Amboss fehlte, der Steigbügel somit doppelt
frei beweglich war, so musste seine Excursion und somit die Wirkung auf das innere Ohr viel stärker sein, als wenn derselbe mittelbar vom Trommelfell aus nach innen bewegt worden wäre. Es
liesse sich ganz gut denken, dass eine zu kräftige Einspritzung
unter ähnlichen Verhältnissen der allgemeinen Gewebslockerung
in der Paukenhöhle dem Eiter direct den Weg durch die Fenestra
ovalis in den Vorhof bahnte und eine solche somit Ursache würde
des Uebergreifens des Entzündungsprocesses auf das Labyrinth.
In unserem Falle wären wir fast berechtigt, uns die Folgen der
zu starken mechanischen Einwirkung noch ernster zu denken; es
erwies sich nämlich die Labyrinthwand ihrer ganzen Dicke nach
durch einen ziemlich weiten Fistelkanal durchbohrt, und zwar an
einem Orte, wo nicht normaler Weise ein Weichgebilde, Gefäss,
Nerve oder Bindegewebsstrang, verläuft, so dass also die Bildung
dieser Knochenfistel kaum innerhalb der letzten 13 Tage ante
mortem hätte stattfinden können. Es ist also viel wahrscheinlicher, dass zur Zeit der erwähnten Einspritzung diese umfangreiche

Communication zwischen mittlerem und innerem Ohre schon vorhanden, ja dass bereits der Vorhof von der eiterigen Entzündung ergriffen war, in welchem Falle dann das jähe und kräftige Eindringen des Steigbügels in den Vorhof geradezu hätte im Stande sein können, den bereits vorbereiteten Durchbruch des Eiters durch die Laminae cribrosae in den Porus acust. internus und somit den Beginn der Basalmeningitis herbeizuführen resp. zu beschleunigen. Für diese Auffassung spricht insbesondere, dass an dem gleichen Tage noch die meningitischen Erscheinungen bei unserem Kranken deutlich auftraten.

Was die Behandlung des Falles überhaupt betrifft, so war sie den damals (1859) herrschenden Anschauungen entsprechend und somit viel zu einseitig gegen die polypösen Excrescenzen gerichtet; ferner muss nach unseren jetzigen Ansprüchen die Sorge für Entfernung des Secretes eine ganz ungenügende genannt werden. Meines Wissens wurden in der ersten Auflage meines Lehrbuches (1862) die Eiterungen des Ohres mit Perforation des Trommelfells zuerst als „eiterige Katarrhe des Mittelohres" aufgefasst und somit nicht nur einer correcteren Anschauung, sondern auch einer gründlicheren und rationelleren Therapie die Bahn gebrochen. Mit dieser Bezeichnung ergab sich auch die Nothwendigkeit der steten Einwirkung per tubas sowohl für die Entfernung des Secrets, als für die Application der Adstringentien von selbst, während man früher, wo man dem Loche im Trommelfell eine viel zu selbständige Bedeutung beilegte, sich mit der äusserlichen auf den pathologischen Zustand des Trommelfells oder auf die zufällig vorhandenen polypösen Excrescenzen berechnete Medication genügen liess. Wie unendlich günstiger seitdem unsere Behandlungsergebnisse bei den Ohreneiterungen sich gestalten mussten, bedarf keiner weiteren Auseinandersetzung.

In pathologisch-anatomischer Beziehung bietet der Befund am rechten Ohre noch zwei interessante Punkte dar. Der eine ist die 2 Mm. dicke, flache, ganz wie ein „Cholesteatom" oder eine „Perlgeschwulst" beschaffene Masse unter dem Dache der Paukenhöhle, an welchem Orte solche „Cholesteatome" weit seltener vorkommen nach dem, was ich bisher gesehen, als im Antrum mastoideum, wo sie dann entsprechend der rundlichen Ausdehnung des Raumes gewöhnlich auch eine rundliche Gestalt besitzen. Dass es sich hierbei um ein Product der erkrankten Schleimhaut und nicht um eine besondere Geschwulstform han-

delt, zeigt die flache, allenthalben mit der am Tegmen tympani
verlaufenden Mucosa in Zusammenhang stehende Anordnung der
„cholesteatomatösen" Masse.

Weiter ist der Polyp beachtenswerth, welcher unter Durchbruch der oberen Wand des knöchernen Gehörganges aus den
über letzterem befindlichen, gewöhnlich luftführenden Knochen-
hohlräumen entsprang. Mir ist kein Fall bekannt, wo ein solcher
Ursprung eines Ohrpolypen beschrieben worden wäre. Bei dem
wesentlichen Antheile aber dieser pneumatischen Räume über dem
Gehörgange an entzündlichen Zuständen des Mittelohres — einem
Verhältnisse, auf welches wir in den folgenden Mittheilungen noch
mehrmals und eingehender veranlasst sein werden die Aufmerksamkeit der Aerzte zu lenken — ist es sehr wahrscheinlich, dass
diese Knochenzellen gar nicht selten den Keimboden liefern für
solche Wucherungen, wie wir sie eben heutzutage noch mit dem
Namen „Polypen" bezeichnen. Ein guter Theil der „Gehörgangs-
polypen", wenigstens der von der oberen und von der hinteren
Wand ausgehenden, mögen nicht von der Haut des Gehörgangs
selbst, sondern von der Auskleidung der angrenzenden, zum System des Mittelohres gehörenden Knochenhohlräume abstammen.
Diagnostische Irrthümer sind hierin bis jetzt kaum zu vermeiden
und habe ich im vorgeführten Falle selbst an dem aus der Leiche
herausgenommenen Präparate anfangs die Geschwulst als von der
Haut der oberen Gehörgangswand ausgehend angesehen. Vielleicht wird uns die mikroskopische Untersuchung solcher Geschwülste Anhaltspunkte zur Unterscheidung an die Hand geben.

Zu einem ähnlichen diagnostischen Irrthum gab der kleine
Polyp auf dem linken Ohre Veranlassung, den ich für eine von
der Aussenfläche des Trommelfells abstammende Wucherung an-
sah, während er aus der Paukenhöhle kam durch ein Trommel-
fellloch, das er vollständig verdeckte. Paukenhöhlen- oder richtiger Mittelohrpolypen mögen also, wie diese beiden zufällig an
einem Individuum gemachten Beobachtungen zeigen, noch weit
häufiger sein, als wir bisher annahmen.

Was die übrigen Veränderungen am Trommelfell und in der
Paukenhöhle des linken Ohres betrifft, so gehören sie zu denen,
wie wir sie beim chronischen Katarrhe — bei dem einfachen
ebenso wie bei dem eiterigen — nicht selten neben höhergradiger
Schwerhörigkeit finden. Ich hatte den Kranken am linken Ohre
einigemale katheterisirt; da dadurch das Hören nicht gebessert

wurde (wie der Befund an der Leiche reichlich erklärt), so ersuchte er mich, nur das rechte, stark eiternde und ihm öfters Schmerzen verursachende Ohr bei der Behandlung zu berücksichtigen.

LXIV.

Pachymeningitis an der Oberfläche des Kleinhirns, ausgehend von einer verklüsten Masse im Antrum mastoideum und binnen wenigen Stunden zum Tode führend. Abgelaufene Otorrhoe mit vollständigem Fehlen des Trommesfells. Fistelgang in der oberen Wand des Gehörgangs. Beginnende Verwachsung der Paukenmündung der Tuba.*)

Anton Ruff, Soldat und Einstandsmann im 9. Infanterie-Regiment, 29 Jahr alt, kam, nachdem er schon einige Tage lang über Steifigkeit im Nacken geklagt hatte, am 19. Januar 1868 Mittags zur Aufnahme im hiesigen Militär-Krankenhause, wobei derselbe noch im Stande war, wenn auch etwas schwerfällig, vom Thore des Spitals bis in das Krankenzimmer zu gehen.

Das Aussehen desselben war blass und etwas verfallen; er klagte über Eingenommenheit des Kopfes, Schmerzen im Nacken und in den Gelenken, sowie über viertägige Stuhlverstopfung. Der Puls war etwas beschleunigt.

Abends 4 Uhr war bei Fortbestand obiger Symptome das Sensorium etwas benommen, was sich durch träge Antworten kund gab. Stuhlgang war auf Ol. Ricini erfolgt.

Abends 8 1/4 Uhr wurde derselbe plötzlich von Convulsionen der oberen Extremitäten, verbunden mit Zähneknirschen, Nackensteifigkeit, Bohren des Kopfes nach rückwärts in das Kopfkissen, Herumwerfen im Bette und gänzlicher Bewusstlosigkeit befallen, wobei die Pupillen sehr erweitert und ohne alle Reaction waren. Der Puls verschwimmend schnell, 130—140. Temperatur 40°. Um 9 1/2 Abends erfolgte der Tod unter Cyanose und allgemein paralytischen Erscheinungen.

Section: Mittelgrosser, gut genährter Körper, starke Todtenstarre. Gehirnoberfläche nebst den sie bedeckenden Häuten mit Ausnahme einiger Hyperämie normal. Auf der vom Tentorium cerebelli bedeckten Oberfläche des Kleinhirns eiteriges Exsudat in reichlicher Menge, welches sich noch über die Pedunculi cerebri ad pontem gegen letztere nach abwärts erstreckt. Die Pia mater daselbst beträchtlich verdickt, an der rechten stumpfen Umbiegungsstelle des Kleinhirns eine linsengrosse dunkelroth gefärbte Stelle, entstanden durch Uebergreifen des Processes auf die Hirnsubstanz. In der Fossa

---

*) Zuerst veröffentlicht im Arch. f. Ohrenheilk. 1869. Bd. IV. S. 110.

Sylvii ist die Pia noch etwas derb, jedoch ohne Exsudat. Consistenz des Gehirns nicht verändert, ziemlicher Blutreichthum mit capillären Extravasationen.   Plexus chorioidei nicht betheiligt.

Brust- und Bauchorgane normal.

Soweit die gütigen Mittheilungen des Herrn Bataillonsarztes Dr. Vocke.

Untersuchung des rechten Felsenbeins (Präp. Nr. 272). Dura mater am Tegmen tympani normal; dagegen an der hinteren Fläche des Felsenbeines entsprechend der Fossa sigmoidea einiger Eiter, durch welchen der Sinus transversus, in welchem wenig rothes Gerinnsel enthalten, an seiner vorderen Wand etwas eingebogen war. Es zeigt sich nirgends ein Durchbruch weder der Hirnhaut, noch des Knochens daselbst, letzterer ist in geringem Umfange an erwähnter Stelle leicht missfärbig und erscheinen die Gefässkanälchen im Knochen besonders entwickelt.

Im äusseren Gehörgang kaum etwas Eiter; 6 Mm. vom oberen Trommelfellpole entfernt geht von der oberen Wand eine längliche dünne Excrescenz aus, dicht neben welcher Haut und Knochen durchbrochen sind, sodass eine ca. 2 Mm. weite Fistel in die über dem Gehörgang liegenden Felsenbeinhohlräume führt. Diese, sehr stark entwickelt, stehen in directer und breiter Verbindung mit dem Antrum mastoideum und sind von einer röthlichen gewulsteten Membran ausgekleidet. Vom Trommelfell kaum eine Andeutung am Rande erhalten; der mediale Theil des Gehörgangs und die Paukenhöhle bilden eine gemeinsame mit einer röthlichen gewulsteten Membran überzogene Cavität mit kaum ausgesprochener Grenze; nur ist in der Paukenhöhle die Wulstung und Succulenz der Auskleidungsmembran etwas stärker, allein auch hier kaum etwas Eiter. Wesentlich stärkerer Eiterbelag findet sich in der Gegend des Ostium tympanicum tubae, welches durch die Wulstung der Schleimhaut ringsum stark verengt und noch dazu durch eine von oben nach unten ca. 1/3 Mm. breite Gewebsbrücke in zwei Abtheilungen getheilt ist, sodass die Paukenhöhle gegen die Tuba zu nahezu abgeschlossen sich erweist. Von Gehörknöchelchen keine Spur mehr; da indessen ein vorher durch das Felsenbein gemachter Sägeschnitt gerade den Steigbügel hatte treffen müssen und andrerseits der Vorhof ganz normal und ohne Eiter sich zeigte, so muss angenommen werden, dass vor dem Sägeschnitte das ovale Fenster vom Steigbügel oder wenigstens vom Fusstritt verschlossen gewesen war. Das Antrum mastoideum war vollständig erfüllt von einer etwa kirschkerngrossen, missfärbigen, grünlich-gelben Masse, welche beim Durchschnitt sich käseartig trocken erwies und am Rande aus grossen Pflasterzellen, ausserdem aus Cholestearinplatten, grossen langen Fettkrystallen und Körnchenzellen ohne Andeutung zelliger Elemente bestand.

Nach Entfernung dieser Masse zeigt sich die Auskleidung des Antrum mastoideum pulpös und stark roth, ferner der Knochen nach hinten gegen die Fossa sigmoidea zu erweicht und leicht missfärbig, aber nicht durchbrochen. Ebenso nirgends am Präparat, abgesehen

von der erwähnten Fistel an der oberen Wand des Gehörgangs, eine
Spur von cariöser Erkrankung des Knochens.

An diesem Falle ist vor Allem auffallend, dass hier Retention des Eiters in der Tiefe des Ohres mit tödtlichem Ausgang
eintrat, obwohl die Bedingungen für Entleerung des Eiters so
ungemein günstig entwickelt waren. Das Trommelfell fehlte vollständig, so dass also das Mittelohr ganz offen nach aussen zu war
und weiter fand sich in der oberen Wand des Gehörganges eine
ziemlich weite Fistel, welche direct zum Antrum mastoideum
führte. Dort aber zeigte sich wieder jene verhängnissvolle „cholesteatomatöse" Masse, welche die directe Veranlassung war zu
der den Tod herbeiführenden Erkrankung. Die Ueberleitung fand
diesmal nicht nach oben zum Tegmen tympani statt, sondern nach
hinten gegen den Sinus transversus und das Kleinhirn zu, ohne
dass aber der Knochen durchbrochen oder nur cariös afficirt war.
Den von der Auskleidung des Antrum mastoideum in den
Knochen und von da zur Dura mater führenden Gefässen fiel hier
die ausschliessliche Vermittlerrolle zu zwischen den Weichtheilen
des Ohres und der Umhüllung des Gehirnes, obwohl diese Knochenpartie an der hinteren Fläche des Felsenbeins nicht eigentlich zur
Diploë führenden gerechnet werden kann. Nicht blos die wirkliche Diploë*), sondern überhaupt der Knochen des Schläfenbeins
steht mittels seines Gefässapparates mit der Dura mater einerseits und mit den Weichtheilen des Ohres andererseits in directem Zusammenhang. Der Schläfenknochen überhaupt empfängt
seine Gefässe von innen und von aussen und ebenso entsendet
er solche nach beiden Richtungen, sowohl zu der Dura mater als
zu den Auskleidungsmembranen des äusseren und mittleren Ohres.
Die Erkrankungen der letzteren bedingen abnorme Zustände im
Knochen und in dessen Gefässen, welche dann, sei es durch den
Inhalt sei es längs des Gewebes der Wandungen des Gefässrohres,
auf die Dura mater sich fortpflanzen und dort secundär pathologische Verhältnisse hervorrufen. Letztere äussern sich in dem
einen Falle als eiterige Entzündungen der Hirnhüllen oder der
Sinuswände, in anderen durch Gerinnselbildung und Verstopfung
der Gefässlumina oder durch Eindringen fauliger Stoffe in den
Kreislauf. Dass alle diese innerhalb oder an den Gefässen sich

---

*) Vgl. mein Lehrbuch der Ohrenheilkunde. 4. Aufl. S. 361 u. ff.

entwickelnden Vorgänge durch die eiterige Entzündung der Weichtheile des Ohres allein hervorgerufen werden können, ohne dass
irgend eine „Caries des Felsenbeins" vorhanden sein muss, kann
man den Praktikern nicht oft genug wiederholen, da dieselben
auch in ihren wissenschaftlich höher entwickelten Exemplaren
immer noch geneigt sind, nur von der „Caries des Felsenbeins",
nicht aber schon von der einfachen Otorrhoe oder eiterigen Entzündung der Weichtheile des Ohres Schlimmes zu fürchten. —
Nach dem Befunde muss angenommen werden, dass die Eiterung des Ohres bei unserem Kranken in der letzten Zeit eine
äusserst geringe war, und ebenso sprach der Zustand der auskleidenden Weichtheile des Gehörgangs und der Paukenhöhle,
jener Theile, welche uns bei der Untersuchung am Lebenden allein
offen vorliegen, vorwiegend für einen alten, abgelaufenen Process,
bei dem wir in praxi, insbesondere, wenn ein so umfangreicher
Substanzverlust des Trommelfells, also so breite Communication
nach aussen, vorhanden ist, uns gewöhnlich berechtigt glauben,
die Prognose quoad vitam relativ günstig stellen zu dürfen. Ein
volles Recht zu einem solchen Ausspruche hätten wir nur in
Fällen, wo wir mit aller Sicherheit die Anwesenheit jeglicher
Secretanhäufung an Orten, die wir von aussen nicht zu sehen im
Stande sind, also vorzugsweise im Antrum mastoideum, ausschliessen könnten. Allein ist das vorläufig möglich? Nimmt das
Loch im Trommelfell den hinteren oberen Quadranten dieser
Membran ein oder ist dasselbe überhaupt sehr gross, wie in vor-
liegendem Falle, so könnte immerhin eine ruhige und ortskun-
dige Hand mit gekrümmter Sonde das Antrum mastoideum direct
untersuchen; auch wäre mikroskopische Prüfung jeglicher an der
(vielleicht ad hoc einzurichtenden) Sondenspitze haftenden Masse,
und ferner des Wassers zu empfehlen, das nach gründlicher allgemeiner Reinigung des Ohres entweder mittelst eines gekrümmten Ansatzrohres unmittelbar in die Hohlräume hinter und über
der Paukenhöhle eingespritzt wurde oder das durch Rückwärts-
beugen des Kopfes dahin eingedrungen und länger daselbst bewahrt wurde, so dass es dort Theile hätte lösen und beim raschen
Umwenden des Kopfes herausspülen können. (Uebrigens kommen
cholestearinhaltige, dem Cholesteatom an Structur vollständig gleiche
Massen auch in der Paukenhöhle und selbst am Tegmen tympani
vor, wie dies das rechte Ohr vom vorausgehenden Fall Dittmann
zeigt.) Ich selbst habe, um mir für manche Fälle eine gründliche _

Ansicht der Gehörgangswände und mancher versteckter Theile in
der Tiefe des Ohres zu verschaffen, kleine mit knieförmig ge-
bogenem Stiele versehene Stahlspiegelchen von 5—8 Mm. Durchmesser fertigen lassen, welche bei grossen Trommelfelldefecten
vielleicht auch zu diesem Zwecke nutzbringend verwendet werden könnten. —

Auffallend häufig beobachtete ich, dass Kranke, nachdem sie
viele Jahre und selbst Jahrzehnte an einer Eiterung des Ohres
gelitten hatten, ohne vielleicht je von Schmerzen im Ohre heimgesucht worden zu sein, einige Zeit, nachdem ich ihnen das Ohr
mehrmals gründlich ausspritzte und sie zu regelmässigem Ausspritzen desselben anhielt, auf einmal von heftigen Schmerzen
mit Schwellung in der Tiefe des Ohres befallen wurden. Es
wäre nun immerhin denkbar, dass schon die Bloslegung einer
wunden Fläche, welche bisher immer von einer schützenden Eiter-
und Epidermisschichte überzogen war, und die nachfolgende, wenn
auch schwache Reizung derselben durch den warmen Wasserstrahl
im Stande wären, unter Umständen die chronische Entzündung
der Weichtheile in eine acute zu verwandeln. Nicht selten aber
hörten die äusserst heftigen Schmerzen plötzlich auf unter Ausstossung sehr dicklichen, so ganz ungewöhnlich übel riechenden
Secretes, dass manche Kranke selbst sich dahin äusserten, es
müsse dies ganz alter „verlegener" Eiter sein. Sollte es sich in
solchen Fällen nicht vorwiegend um Aufquellungserscheinungen
alter, eingetrockneter und verkäster Secretmassen handeln, die,
am häufigsten sicherlich im Antrum mastoideum, bisher vollständig unbelästigten Daseins und ganz allmäligen Wachthums sich
erfreuend, nun plötzlich durch das öfter in die Tiefe dringende
Wasser in ihrer Passivität gestört werden, durch Wasseraufnahme
in ihrem Umfange zunehmen und somit plötzlich anfangen, auf
die Nachbartheile in höchst unangenehmer und empfindlicher
Weise zu drücken? Ich bin um so mehr geneigt zu dieser Annahme, als man auch sonst bei alten Otorrhöen, die länger unter
Beobachtung stehen, öfter Gelegenheit hat, plötzlich ohne sonstige
Veranlassung auftretende heftige Entzündungen in der Tiefe entstehen zu sehen, bei deren Nachlass sich zusammenhängende käse-
artige Schichten und Bröckelchen im Hintergrunde des Ohres zeigen, häufig noch mit der oberen Wand in Verbindung, von wo
sie sich mittelst einer Sonde oder eines DAVIEL'schen Löffels in
grösseren Stücken wegnehmen lassen. Seltener fand ich in sol-

chen Fällen die Tiefe des Gehörganges erfüllt von blättrigen, perlmutterglänzenden weissen Massen.

Jüngeren Collegen insbesondere möchte anzurathen sein, dass sie ihre Patienten sogleich bei der ersten Berathung auf diese schmerzhafte Eventualität und ihre heilsame Bedeutung vorbereiteten, damit dieselben nicht das nöthige Vertrauen zur richtigen Behandlung verlieren, wenn sie offenbar in Folge derselben und vielleicht zum ersten Male in ihrem Leben Ohrenschmerzen zu kosten bekommen. Es wäre sehr wohl möglich, dass die grosse Abneigung mancher älterer, sonst einsichtsvoller Aerzte gegen Einspritzungen bei Otorrhöen auf ähnlichen Erfahrungen beruhen, die bisher der richtigen Deutung entbehrten. —

In practischer Beziehung sehr interessant ist hier noch der Befund am Ostium tympanicum tubae, welches nahezu obliterirt ist, einmal durch die starke Verdickung der angrenzenden Paukenhöhlenschleimhaut, dann ferner durch eine neugebildete Gewebsbrücke, welche sich über die Trompetenmündung von oben nach unten hinzieht und so an der an und für sich verengten Oeffnung nur zwei kleinere Löcherchen freilässt. Verschwellungen der Paukenmündung der Tuba sind sicherlich sehr häufig und mögen bei chronischer und acuter Otitis media, sowohl der schleimigen als der eiterigen Form, nicht selten vorübergehenden oder auch länger dauernden Tubenabschluss bedingen. Von bleibenden Verwachsungen dagegen der Tuba in dieser Gegend weiss man bisher noch sehr wenig; eine solche war in diesem Falle bis zu einem gewissen Grade vorbereitet und entschieden in der Entwicklung begriffen. Ich finde einzig und allein in Toynbee's Catalogue p. 47 unter Nr. 488 eine hierher bezügliche, ganz kurze Notiz: „Eustachian tube impervious at its entrance into the tympanic cavity. Membrana tympani very thick." Nach Erfahrungen an Kranken glaube ich übrigens, dass bei eiterigen Entzündungen im Mittelohre nicht so gar selten sich bleibende Undurchgängigkeiten der Tuba ausbilden, die wohl am häufigsten auf Verwachsungen im oberen Abschnitte der Ohrtrompete oder an der Paukenmündung selbst beruhen mögen. In einem Falle konnte ich mit der Fischbeinsonde nie weiter als 20 Mm. weit eindringen, so dass die Verwachsung noch in der knorpeligen Tuba angenommen werden musste. Zu einem operativen Eingriffe zur Wiederherstellung der Durchgängigkeit des Kanales sah ich mich bisher noch nie veranlasst.

Die Hauptbedeutung einer solchen Tubenatresie beim eiterigen
Katarrh mit Perforation des Trommelfells läge wohl darin, dass
man nun das Secret nicht mehr von innen nach aussen treiben
könnte, und so leichter Veranlassung gegeben wäre zur Bildung
von Ansammlungen im Ohre. In Fällen, wo der Trommelfelldefect sehr gross, liessen sich diese Nachtheile übrigens durch
gründliches Ausspülen des Ohres unter Bewegungen des Kopfes
mit nachfolgenden Einspritzungen zum guten Theile wieder auf-
heben. —

Wollen wir schliesslich noch den ungewöhnlich latenten Krankheitsverlauf im obigen Falle einer näheren Betrachtung unterziehen,
so ist die Thatsache zu berücksichtigen, dass Ruff zwar erst wenige Tage vor seinem Tode hierher gekommen war, indessen unmittelbar vorher in Aschaffenburg, wo er bisher in einem anderen
Regimente diente, von einer militärärztlichen Commission zum
Ersatzmann tauglich befunden wurde, somit unmöglich auffallende
Krankheitserscheinungen hatte darbieten können. Die wenigen
Tage, die er hier in der Kaserne zubrachte, galt er für ganz gesund bis auf einige Steifigkeit im Nacken, die als Muskelrheuma-
tismus aufgefasst und mit einem Senfteige behandelt wurde. Wollen
wir nun auch annehmen, dass R., weil als erkaufter Einstandsmann eben erst zugegangen, sich möglichst bezwang und vielleicht selbst gerathen fand, ein etwaiges Unwohlsein zu verbergen,
so begann das offenbare Kranksein doch kaum einen halben Tag
vor seinem Tode, und nicht ganz eine Stunde ante mortem zeigten sich erst ausgesprochene meningitische Erscheinungen, jedenfalls ein ganz aussergewöhnlich fulminanter Verlauf einer eiterigen
Meningitis. —

Wenn wir früher, anknüpfend an den vorausgehenden Fall
Manz, gewichtige Bedenken geltend machten gegen die Aufnahme
an chronischer Otorrhoe Leidender in Lebensversicherungsgesell-
schaften, so müssen diese Bedenken in noch erweitertem Maasse
aufgeworfen werden, wenn es sich darum handelt, ob solche
Kranke zum Militärdienst gezogen werden dürfen. Die Gesellschaften sollten sich auf die Versicherung solcher Personen nicht
einlassen aus Rücksicht auf den eigenen finanziellen Vortheil; hier
kommt aber noch Weiteres in Betracht. Die Militärbehörde sollte
sich solche Individuen aus zwei Gründen ferne halten, einmal aus
pflichtgemässer Rücksicht gegen die Kranken und dann im eigenen Interesse. Unter den Schädlichkeiten, welche der Militär-

dienst und namentlich der Dienst im Felde nothwendig mit sich
bringt, kann die chronische Entzündung im Ohre leicht zu einer
acuten sich steigern und wird die Gefahr, dass aus der Otorrhoe
eine der bekannten meist tödtlichen Folgezustände sich entwickle,
viel näher gerückt. Ebensowenig der Staat von einem Tuberculösen oder einem Herzleidenden aus den einfachsten Rücksichten
der Menschlichkeit die Leistung des Militärdienstes erheischt, gerade so sehr ist er verpflichtet, auch dem an chronischer Otorrhoe
Leidenden denselben zu erlassen.*) Auf der anderen Seite handelt die Militärbehörde aber auch geradezu gegen ihr eigenes Interesse, wenn sie Leute einreiht, die Gefahr laufen, bei jeder Gelegenheit zu erkranken, und dann nur kostspielige Verpflegungs-
objecte werden, oder bei denen von vornherein zu befürchten steht,
dass sie, nachdem ein gewisses Kapital an militärischer Ausbildung auf sie verwendet worden ist, untauglich werden oder sogar zu Grunde gehen. Es wäre wohl wünschenswerth, dass die
Wehrverfassungsgesetze und die bei den Rekrutirungs-Commissio-
nen betheiligten Aerzte sich überall auf einen solchen nach beiden Seiten hin gerechten Standpunkt stellen würden.**)

LXV.
Beidseitige chronische Otorrhoe bei einem scrophulösen Kinde. Facialis-
lähmung.
Eiterige Meningitis der ganzen Basis cranii. Metastatische Entzün-
dungen verschiedener Eingeweide in Brust und Bauch. Verbreiteter
Zerstörungsprocess im Ohre mit Fortleitung der eiterigen Entzündung
von der Paukenhöhle und längs des Nervus facialis in den Porus acusticus
internus und zur Basis cranii. Gesichtsnerv theils zerstört theils erweicht.

Michael Jäcklein, Häfnerskind aus Untersteinach, 2³/₄ Jahre
alt, wurde am 23. August 1878 in die Hautkrankenabtheilung des
Juliusspitals wegen verbreiteten Ecthyma non syphiliticum s. scrophu-

------

*) Bei Mangel an Personal könnte man zur Noth solche Leute zu ge-
wissen, der Gesundheit unschädlichen Verwaltungs- und Canzleidiensten ver-
wenden.

**) Das bayerische Wehrverfassungs-Gesetz rechnet in der „Instruction
für die ärztliche Untersuchung der Wehrpflichtigen" zu den „Krankheiten
und Gebrechen, die zu allen Waffen- und Dienstes-Gattungen für immer untauglich machen" u. A. 1) „Mangel beider Ohrmuscheln; 2) Taubstummen-
heit, Taubheit oder erwiesene Schwerhörigkeit höheren Grades; 3) Ohrenkrankheiten, soferne sie dem Dienste hinderlich oder ekelhaft sind."

losum aufgenommen, das seit sechs Monaten bestehen soll. Leidet schon seit einiger Zeit an Ausfluss der Ohren; rechts stärker als links. Unter Leberthran mit Roborantien, Soolbädern und Einwickelungen wird die Hautaffection sowie Gesammtgesundheit besser. Die Eiterung dagegen dauert trotz Zink- und Carbolsäurelösungen fort. Ende August schon trat rechtseitige Facialislähmung ein; seit Ende Dezember Fieber und Anschwellung der rechten Infra-Claviciculargegend. Dem stets übelriechenden Eiter mengt sich oft Blut bei; beim Ausspritzen schreit das Kind. Vom 20. Januar 1879 an treten opisthotonische Krämpfe ein; später beständiges Rückwärtshalten des Kopfes ohne Krämpfe. Hohes Fieber, doch kein Erbrechen. Am 25. Januar Tod ohne Convulsionen. — Soweit die Mittheilungen des Assistenzarztes Herrn Dr. PORZELT. Section am 27. Januar von Dr. BAUMÜLLER.

Im Subarachnoidealraum von der hinteren Fläche des rechten Felsenbeines an bedeutende Eiteransammlung, die sich vom rechten Theil des Clivus bis zur Medulla hinab erstreckt. Seitenventrikel sehr weit. Hydrocephalus internus. Der vierte Ventrikel mit eiteriger Flüssigkeit gefüllt. Venen stark erweitert, auch der untere Theil der Kleinhirnoberfläche mit klebriger dicker Eitermasse überzogen.

Metastatische Herde im linken Unterlappen der Lunge, Pericarditis.

Perihepatitis mit erbsengrossen eiterigen Knötchen an der Leberoberfläche. Das ganze Netz und Gekröse voll haselnussgrosser Scropheln. Perisplenitis mit weisslichen Knötchen in der Milz. Nieren blutreich, ihre Rindensubstanz gelb.

Untersuchung des rechten Felsenbeines (Präp. Nr. 289). Durch den vorbereitenden Schnitt war die vordere Wand des Gehörganges weggenommen, sodass sich über diese nichts mehr sagen lässt. Gehörgang und Paukenhöhle erfüllt von wucherndem Granulationsgewebe, nach dessen Abspülung der Knochen allenthalben entweder cariös angeätzt oder entblösst zu Tage tritt. Vom Trommelfell und Gehörknöchelchen keine Spur mehr. Steigbügel muss übrigens nach dem Befunde im Vorhof zu schliessen am Lebenden noch erhalten gewesen sein; wahrscheinlich wurde er beim Abspülen weggeschwemmt und war vorher nur gelockert gewesen. Im Antrum mastoideum grosser nicht ganz losgelöster Sequester aus schwammigen Knochengewebe; wo er hinten noch festsitzt, viel Eiter und wuchernde Mucosa. Decke des Antrum mastoideum cariös und daselbst reichliche eiterig-fibrinöse Auflagerungen an der unteren Seite der Dura mater, die sonst an der oberen Seite des Felsenbeines nichts Auffallendes bietet. In der Umgegend des Porus acusticus internus dagegen ist die Dura mater sehr stark fibrinös-eiterig belegt. Innerer Gehörgang selbst voll Eiter. Nach Lösung der Dura erscheint der Knochen oberhalb der Canalis Fallopiae diffus stark missfärbig, dagegen nur wenig gefärbt über der Schnecke und über dem Vorhof, welche sich auch nach ihrer Eröffnung nahezu intact

ergeben, während der Canalis Fallopiae vom Porus acusticus int. an
bis zur Paukenhöhle von Eiter erfüllt ist und der Nervus facialis
selbst eine ziemliche Strecke weit theils erweicht ist, theils fehlt.
Letzteres namentlich oberhalb des ovalen Fensters, wo der Canalis
Fallopiae gegen die Paukenhöhle zu durch Caries vollständig offen
ist. Im Sinus transversus rothes Blutgerinnsel.

Hier fand also jedenfalls die Fortleitung des eiterigen Pro-
zesses durch den angeätzten Canalis Fallopiae bis zum inneren
Gehörgang und von da in die Schädelbasis statt, von wo aus
auch der Grund der hinteren Schädelgrube ergriffen wurde. Zu
bedauern bleibt, dass nicht die Rückenmarkshöhle eröffnet wurde,
um zu sehen, ob sich nicht wenigstens in dem oberen Abschnitt
eine Meningitis spinalis purulenta gefunden hätte.

LXVI.

**Chronische Otorrhoe zu Phlebitis der Vena mastoidea und des Sinus
transversus mit Metastase in den Lungen führend. Beginn der anfangs
Intermittens vortäuschenden Erscheinungen 18 Tage vor dem Tode.
Unverletztes verdicktes Trommelfell. Eitererfüllung der Paukenhöhle
und aller angrenzenden Hohlräume. Perforation des Tegmen tympani
und der oberen Wand des knöchernen Gehörgangs mit Eiteransammlung
unter der Dura mater und unter der infiltrirten Gehörgangshaut. Subperiostealer Abscess auf dem Warzenfortsatze.*)**

Elise Eger, 21 Jahr alt, Dienstmagd aus Gerlachsheim, trat
am 30. März 1866 in das Juliusspital ein. Nach den gütigen Mittheilungen des Hrn. Dr. August Störr, damaligen zweiten klinischen
Assistenten Prof. Bamberger's, „beschränkten sich ihre Klagen zunächst
auf täglich zu bestimmter Stunde auftretende Schüttelfröste, denen
Hitzestadium und reichliche Schweisse folgten. Während der Anfälle
war das Gesicht stark geröthet, die Haut meist trocken, der Gesichtsausdruck ängstlich, heftiger Stirnkopfschmerz vorhanden. Die physikalische Untersuchung ergab die Brustorgane frei, die Milz namhaft
vergrössert und eine im 6. Monate befindliche Schwangerschaft. Die
Diagnose wurde auf Intermittens gestellt und mittlere Chinindosen gereicht. Gegen den äusserst quälenden Stirnschmerz wurde zeitweise
Morphium hypodermatisch applicirt und Belladonnasalbe in die Schläfengegend eingerieben. So verblieb die Kranke während 4 Tagen;
ausserhalb der Anfälle befand sie sich anscheinend vollkommen wohl,
Appetit war ganz normal. Stuhlentleerungen regelmässig.

Am 5. Tage entdeckte ich rechterseits einen eiterigen Ohrenausfluss, an dem die Kranke nach ihrer Angabe schon seit 3 Jahren lei-

----

*) Zuerst veröffentlicht im Arch. f. Ohrenheilk. 1869. Bd. IV. S. 121.

det und von Dr. MILLBERGER behandelt worden ist. Mit der vermehrten Frequenz der Schüttelfröste wurde die Entleerung eines dicken rahmigen Eiters aus dem äusseren Gehörgang reichlicher; zugleich entstand ein wenig pralles Oedem ohne Hautröthung in der Umgebung des Ohres, das allmälig sich auf den ganzen Hinterkopf und an der getroffenen Stelle (rechts) bis in die Unterkinn- und vordere Halsgegend ausdehnte. Submaxillar- und Nuchaldrüsen waren leicht geschwellt, ein derber schmerzhafter Strang, dem hinteren Rande des Sternocleidomastoideus entsprechend, deutlich durchzufühlen. Fluctuation nirgends deutlich.

Die Therapie bestand in fortgesetzten Kataplasmirungen, Application eines Vesicators auf die Gegend des Warzenfortsatzes und häufigem Ausspritzen des Gehörganges mit lauwarmen Bleiessiglösungen. Die Untersuchung mittelst des Ohrspiegels bot bedeutende Schwierigkeiten wegen der stärkeren Schwellung der Weichtheile dar, das ganze Gesichtsfeld durch eiterige Massen verunkenntlicht.

Am 7. Tage ihres Spitalaufenthaltes delirirte die Kranke während der Nacht zwei Stunden lang leicht und konnte von da an bis zum Tode deutliche Pupillendifferenz (Erweiterung der rechten Pupille) constatirt werden. Die Schüttelfröste dauerten in derselben Häufigkeit fort, ohne dass grosse Chinindosen, innerlich und subcutan gereicht, ein Ausfallen derselben zur Folge gehabt hätten. Wein und kräftige Fleischnahrung wurde gut vertragen. Am 13. April traten früh Wehen ein und innerhalb 3 Stunden wurde sehr rasch ein schwächlich aussehendes Kind, anscheinend im 6.—7. Monate, geboren und konnte einige Stunden noch am Leben erhalten werden. Blutungen traten nach der Geburt keine auf, die Lochien flossen normal, Schmerzhaftigkeit im Unterleibe war keine vorhanden; dagegen traten 2 Tage nach der Entbindung profuse stinkende Diarrhöen ein (15—20 mal den Tag), gegen die Opiumklystiere und Adstringentien geringen Erfolg hatten; die Schwellung an den erwähnten Stellen nahm beträchtlich zu und schien sich an der seitlichen Halsgegend unter der Fascie ein Senkungsabscess zu bilden, ohne dass jedoch (auch nicht von dem zur Consultation herbeigerufenen Hofrath LINHART) deutliche Fluctuation hätte nachgewiesen werden können.

Die Kranke lag nun den grösseren Theil des Tages in horizontaler Rückenlage komatös da, auf stärkeres Anrufen erhielt man jedoch deutliche entsprechende Antworten. Convulsionen waren nie vorhanden. Gegen Abend des 15. trat mehrmaliges galliges Erbrechen ein und erneuter heftiger über den ganzen Schädel verbreiteter Kopfschmerz hinzu. Die schon mehrere Tage hindurch applicirte Eisblase wurde nicht mehr vertragen, und auch das Chinin zurückgewiesen. Von Blutentziehungen wurde, nachdem schon geraume Zeit die Diagnose Pyämie feststand, Umgang genommen. Nach einem relativ besser durchlebten Tage trat plötzlich in der Nacht vom 16. zum 17. April tiefes Coma ein, nur von Viertelstunde zu Viertelstunde von einem an den cri hydrocephalique erinnernden Schrei unterbrochen und gegen 2 Uhr Nachts plötzlich Blässe des Gesichts und Stillstehen der

Athemfunctionen und nachdem etwa 5 Minuten künstliche Respiration noch unterhalten worden war, der Tod ein." —

Die am 19. April vorgenommene Section ergab Phlebitis des rechten Sinus transversus, Hyperämie der betreffenden Seite des Schädelinhalts, Metastase in den Lungen, fettige Degeneration des Herzens, parenchymatöse Schwellung der Nieren und der Leber, Milztumor.

Vom rechten Ohr der gut genährten, ziemlich fettreichen Leiche zieht sich eine Anschwellung herab bis in die Mitte des Halses, welche auf dem Durchschnitt die normalen Gewebe etwas geschwellt, die Muskeln gelblich entfärbt zeigt. Vena jugul. int. enthält flüssiges Blut. Das tiefe Zellgewebe des Halses hinter dem Ohre eiterig infiltrirt. Schädelhöhle. Aeusseres Blatt der Dura mater gefässreich, inneres normal. Pia mater der rechten Hemisphäre in ganzer Ausdehnung sehr stark und sehr fein injicirt, sowohl an Convexität als an Concavität, die der linken Hemisphäre dagegen ganz anämisch, selbst in den grösseren Venen nur wenig Blut; beiderseits ein mässiges Quantum von Flüssigkeit in den Subarachnoidealräumen. Pia adhärirt längs des Sinus longus an Dura; im Sinus longus Cruor und speckhäutiges Gerinnsel. Pia der rechten Kleinhirnhemisphäre ebenfalls sehr stark injicirt, die der linken blutarm. An der Basis eine halbe Unze helles Serum. Dura mater an der Basis l. normal, r. auf der oberen Fläche des Felsenbeins längs des Sinus transversus sehr gefässreich, stark injicirt und grünlich gefärbt. Die entsprechenden Partien der Pia, der Hirnrinde und der Kleinhirnrinde sind ebenfalls grünlich gefärbt, doch ohne weitere Veränderung. In dem Sinus transversus eine eiterige gelbröthliche Masse. Auf der oberen Fläche des Felsenbeins zwischen Dura mater und Knochen zwei ca. 20 Mm. im Durchmesser haltende Ablagerungen eines gelbgrünlichen rahmigen Eiters, die unter einander in Verbindung stehen; die nach hinten und aussen zu gelegene lässt sich leicht abspülen. Knochen darunter normal, unter der anderen erscheint der Knochen rauh, von gelbgrünlichen Massen infiltrirt und an zwei kleinen Stellen findet sich ein Defect. An der hinteren Felsenbeinfläche ebenfalls eine Eiteransammlung.

Gehirn im Ganzen normal. Consistenz gut; nur erscheinen auf der Schnittfläche der rechten Hemisphäre ebenfalls sehr zahlreiche Blutpunkte in der weissen Substanz, in der linken fast keine. Hirnganglien, Pons und Medulla normal, eher anämisch. Plexus chorioidei blutreich.

In der Lunge mehrere mestastatische Herde ohne Thromben. — Untersuchung des rechten Felsenbeins (Präp. Nr. 263).

Die subcutanen Weichtheile oberhalb der Ohrmuschel stark schwielig verdickt, entschieden Folge von früheren Entzündungsvorgängen. Auf dem Warzenfortsatz ein ca. 10 Mm. im Umfang haltender subperiostealer Abscess, der entblösste Knochen missfärbig. Im Gehörgang sehr viel eingedickter Eiter; an der oberen hinteren Wand des knöchernen Gehörgangs, ganz in der Nähe des erwähnten subperiostealen Abscesses, die Haut sehr stark infiltrirt und mindestens um das Dreifache verdickt. Hintergrund von einer blauröthlichen Membran geschlossen, die sich als unverletztes, sehr stark verdicktes, mit einem in der Mitte von oben herunterlaufenden Längswulste (dem Hammer entsprechend) versehenes Trommelfell herausstellte. Hinten unten ist das Trommelfell stark eingezogen.

Tegmen tympani über dem Antrum mastoideum zeigt einen unregelmässigen, zackig rundlichen Defect, der von der Fissura petroso-squamosa sich medianwärts zieht; dort liegt z. Th. eingedickter gelblicher Eiter, z. Th. verdickte grünliche Schleimhaut direct unter der Dura, welche entsprechend der Perforation des Felsenbeins eine beträchtliche Verdickung zeigt. Die obere Fläche der Dura an der oberen und an der hinteren Seite des Felsenbeins mit oberflächlichen sehr starken Gefässnetzen versehen, wovon linkerseits keine Spur.

Antrum mastoideum ganz erfüllt von käsig eingedicktem Eiter, der nur sehr allmälig durch Pinsel und Wasseraufgiessen sich entfernen lässt. Die Zellen des Warzenfortsatzes verwandelt in eine grosse, mit eingedicktem, missfärbigen Eiter erfüllte Höhle, aus welcher sich mehrere rundliche, nekrotisch isolirte, aus maschigem Gewebe bestehende Knochenstückchen herausnehmen lassen. Die Knochen über und hinter dem Warzenfortsatz bei Durchschnitt vollständig grünlich. Da wo das Antrum mast. in die Paukenhöhle übergeht, ist der Knochen besonders mürbe und erweicht und zieht sich von dort über dem Processus brevis mallei nach aussen ein feiner Gang bis unter die Haut der oberen Gehörgangswand, welche an dieser Stelle besonders dick geschwollen ist. Bei einem Durchschnitt der über dem äusseren Gehörgang liegenden Knochenpartie zeigen sich die daselbst auch im Normalen befindlichen Knochenräume bis nahe an die äussere Platte der Schläfenschuppe gehend, also enorm erweitert, z. Th. auf Kosten der oberen Gehörgangswand, welche sehr verdünnt und an einer Stelle durchbrochen ist, so dass die ungemein gewulsteten Weichtheile der oberen Gehörgangswand direct im Zusammenhange stehen mit dem grössten Knochenhohlraum. Diese Zellen sind sämmtlich erfüllt mit missfärbigem, dicklichen Eiter und ist ihre Auskleidungsmembran im hohen Grade geschwellt und verdickt. (Ein Einschnitt in die Haut hätte die directe Entleerung der hier angesammelten Eitermassen bewirkt.)

Die Paukenhöhle lässt sich nur schwer reinigen von dem eingetrockneten Eiter, der sie neben gewulsteter Schleimhaut erfüllt. Hammer und Amboss sind an ihrem oberen Theile cariös.

Oberer Theil des Sinus transversus in seinen Wänden sehr verdickt und missfärbig, umgeben von dem oben erwähnten hinteren Jaucheherde. Dura daselbst enorm verdickt und zwar ist das Lumen des Sinus gerade dort durch Infiltration und Schwellung seiner Wand am stärksten vermindert, wo die den Warzenfortsatz durchbohrende Vena mastoidea in ihn einmündet. Dieses Gefäss ist von Eiter und Jauche erfüllt und findet sich der Knochen um dasselbe herum missfärbig und etwas erweicht. — Sinus petr. superior ganz normal

Die Pyramide in ihrem mittleren Theil ist normal gefärbt,
dagegen erweist sich ihre Spitze, da wo das Ganglion Gasseri liegt,
und in der Umgegend des Sinus cavernosus stark missfärbig.

Dieser Fall schliesst sich den immer noch nicht sehr häufigen Beobachtungen an, wo eine chronische Otitis purulenta zum
Tode führte, ohne dass eine Perforation des Trommelfells dagewesen wäre.*) Ein solcher Verlauf wird in der Regel nur dann
vorkommen, wenn das Trommelfell durch frühere Entzündungsvorgänge, sei es an seiner Schleimhautplatte sei es in seiner
äusseren Oberfläche, an Dicke und somit an Widerstandskraft zugenommen hat.   Nicht selten mögen Entzündungsvorgänge an
beiden Seiten zur Hypertrophie dieser Membran beitragen, indem
bei starken Entzündungen in der Paukenhöhle öfter consensuelle
Eiterungen am äusseren Ohre entstehen, welche ihrerseits eine
Zunahme der Cutis- und Epidermiselemente oder auch Einlagerungen fettiger und kalkiger Natur in der fibrösen Schichte der
Membrana tympani bedingen.

In Fällen, wo ein sehr stark verdicktes Trommelfell der Maceration und den hinter ihm angesammelten Eitermassen unge-
wöhnlichen Widerstand entgegensetzt, wird wohl oft die Verbindung des tiefen Eiterherdes nach aussen durch eine Knochenfistel
vermittelt werden, entweder hinter dem Ohre auf dem Warzenfortsatz oder im Gehörgange.   In dem vorliegenden Falle fehlt
jede directe Communication aus dem Mittelohre nach aussen, wohl
aber finden wir, ähnlich wie bei mehreren unserer Fälle, eine
sehr ausgesprochene Infiltration und Verdickung der Weichtheile
des Gehörganges an dessen hinterer und oberer Wand auch am
gleichen Orte den Knochen ausgiebig verdünnt und an einer Stelle
durchbrochen, so dass die gewulstete Gehörgangshaut in directer
Verbindung stand mit den erweiterten und eitererfüllten Hohlräumen des Schläfenbeins.   Ein Einschnitt an dieser Stelle mit
nachfolgenden Einspritzungen durch die neugeschaffene Oeffnung
würde somit die Entleerung des in allen Hohlräumen der Schuppe
und des Warzenfortsatzes angesammelten Eiters ermöglicht haben
und hätte, zu richtiger Zeit gemacht, jedenfalls den günstigsten
Einfluss auf den ganzen Verlauf des Leidens geübt.   Denn von

---

*) In meiner angewandten Anatomie des Ohres S. 70 sind 8 solcher Fälle
angeführt, seitdem wurden solche Beobachtungen mitgetheilt von Schwartze
in diesem Archiv Bd. I, S. 200 u. Bd. II, S. 287, von Mayer ebendort Bd. I,
S. 226, von Pagenstecher im Archiv für klin. Chirurgie Bd. IV, S. 531.

der zur centralen Nekrose vorgeschritteuen Entzündung der Knochensubstanz des Processus mastoideus, welche ihrerseits von der Eiteransammlung in ihren Zellen hervorgerufen oder jedenfalls unterhalten wurde, hatte sich durch Vermittlung der feinen Knochenvenen die Affection einerseits auf die Dura mater fortgesetzt und hier eitrige Pachymeningitis erzeugt, andrerseits der Vena mastoidea mitgetheilt und durch sie den Sinus transversus und weiter die Lungen mit in die Erkrankung gezogen — Folgezustände, welche sich sämmtlich durch frühzeitige Entleerung des Eiters und der sequestrirten Knochenstückchen aus dem Innern des Warzenfortsatzes mit Wahrscheinlichkeit hätten verhüten lassen. Anbohrung des Warzenfortsatzes von aussen oder gründliche Incision hinten oben im Gehörgange mit Erweiterung der bereits bestehenden Knochenfistel, beide Operationen hätten hier wohl die gleiche Wirkung gehabt. Letztere wäre hier jedenfalls einfacher und leichter auszuführen gewesen und mag überhaupt eine derartige Eröffnung des Antrum mast. und der benachbarten Zellen von der oberen Wand des Gehörgangs aus in manchen Fällen der Anbohrung des Warzenfortsatzes von aussen vorzuziehen sein.

Der Sectionsbefund ergab u. A. missfärbiges Aussehen der Spitze der Pyramide, da wo das Ganglion Gasseri liegt. Ich weiss nicht, ob schon je darauf aufmerksam gemacht wurde, dass Trigeminusneuralgien, insbesondere in Form des Gesichtsschmerzes, der Prosopalgia oder des Tic douloureux auftretend, zuweilen von tieferen Ernährungsstörungen des Felsenbeins ausgehen. Der anatomische Zusammenhang zweier scheinbar so differenter Affectionen wird durch obigen Befund erläutert und habe ich bereits bei zwei Kranken äusserst hartnäckigen Gesichtsschmerz neben inveterirter eitriger Ohrentzündung beobachtet.

LXVII.
Ohrenfluss. Pneumonie mit eigenthümlichem Verlauf.
Eiter in Gehörgang und Paukenhöhle. Trommelfell fehlt fast vollständig. Schleimhaut der Paukenhöhle geschwellt. — Kein Zusammenhang nachweisbar zwischen Tod und Ohrenleiden.*)

Joseph Körner, 30 Jahr alt, Taglöhner aus Waldbüttelbronn, wurde halb soporös am 12. April 1858 ins Juliusspital gebracht, so

*) Zuerst veröffentlicht in Virchow's Arch. f. pathol. Anat. 1859. Bd. XVII. S. 57.

dass man nichts Näheres über sein Leiden erfahren konnte. Die Diagnose wurde auf Typhus mit beiderseitiger hypostatischer Pneumonie gestellt. Einige Tage vor seinem Tode wurde links ein eiteriger Ohrenausfluss bemerkt. Er starb am 5. Tage nach seiner Aufnahme. Die Section ergab beiderseitig eine reine Pneumonie im Stadium der grauen Hepatisation, ausserdem trockene faserstoffige Pleuritis rechts, ohne alle metastatischen Abscesse oder Gehirnerkrankungen. Gehirn hyperämisch. Sinus transversus links von einem schwachen Blutgerinnsel, Vena jugularis mit leicht geronnenem dunklem Blut erfüllt. Wände der Gefässe durchaus normal. An Dura mater und Felsenbein keine Erkrankung nachzuweisen. Knochen allenthalben sehr stark und dick.

Untersuchung des linken Felsenbeins (Präp. Nr. 113). Im äusseren Gehörgang, dessen häutige Auskleidung wenig geschwollen war, reichlich Eiter. Das Trommelfell fehlt bis auf einen schwachen Rand und den obersten Theil, in dem der Hammer befestigt ist, sowie auch der Hammergriff noch einige Reste Trommelfell an sich hat. Der Griff selbst etwas nach einwärts gezogen. Hammer wie Amboss mit Eiter bedeckt, von verdickter, theilweise gefässhaltiger Schleimhaut überzogen. Pharynxschleimhaut blass und geschwollen, zeigt einzelne rothe Extravasatpunkte; auf ihr, wie in der Tuba etwas Schleim. Diese in ihrem knöchernen Theil auffallend weit, und zwar unmittelbar von ihrem Uebergang in den Knochen an, die Wände uneben, als ob die Schleimhaut verdünnt und der Knochen kleine Osteophyten gebildet hätte. Die Schleimhaut der Paukenhöhle ungemein gewulstet, gelblich mit einzelnen Gefässen, überall mit Eiter bedeckt. Bei der mikroskopischen Untersuchung des Randes der Trommelfellreste zeigt sich daselbst keine Spur von erhaltenen Trommelfellfasern, nur trübes Gewebe mit reichlichen Kernen oder Bindegewebskörpern, welche vergrössert und mit einem körnigen Inhalt erfüllt sind, dabei einigemal cystoide runde Gebilde, innen mit Epithel belegt und mit deutlichen doppelt contourirten Wandungen; an tieferen Stellen sind die Trommelfellfasern erhalten und die Bindegewebskörperchen zwischen ihnen nahezu normal.

Leider fehlten uns hier alle anamnestischen Angaben. Zwischen der Otorrhoe, die nach dem Sectionsbefund wohl schon längere Zeit bestanden, den Knochen aber nirgends afficirt hatte, und dem tödtlichen Ausgange lässt sich nach dem Vorliegenden kein ursächlicher Zusammenhang nachweisen. Auffallen kann allerdings das ebenso rasche Auftreten der Erkrankung, wie der eigenthümliche Verlauf, namentlich der intensive Sopor, in dem sich der Kranke fortwährend befand, so dass man zu Lebzeiten an ein Gehirnleiden denken musste, für das sich an der Leiche durchaus kein Anhaltspunkt fand. Das mikroskopische Bild, welches der freie Rand des ulce-

rirten Trommelfells bot, erinnerte auffallend an die Zeichnungen,
welche His seinen klassischen „Beiträgen zur normalen und pathologischen Histologie der Hornhaut" beigibt, da wo er die Veränderungen des Hornhautgewebes bei Thieren unter „Keratitis
traumatica" nach Aetzungen und anderen künstlichen Reizungen
beschreibt und abbildet. Ueberhaupt ist die histologische Aehn-
lichkeit zwischen Hornhaut und Trommelfell in mancher Beziehung eine sehr grosse; namentlich gleichen sich die zelligen
Gebilde auffallend, welche in beiden Geweben zwischen den einzelnen Elementen der Grundsubstanz in einer gewissen Regel-
mässigkeit eingelagert sind und jedenfalls in sehr enger Beziehung
zur Ernährung dieser Theile stehen. Wenn man nun bedenkt,
dass Joseph Toynbee der erste und eigentliche Entdecker der
Hornhautkörperchen war, so kann man sich nicht genug wundern,
wie derselbe im Trommelfell, das zu seiner Specialität gehörte
und dessen anatomische Untersuchung er zuerst in einer gründlicheren Weise unternahm, die den Hornhautkörperchen durchaus
analogen zelligen Gebilde misskennen konnte. Toynbee spricht
nämlich in seiner Arbeit „on the structure of the membrana tympani in the human ear"*) nur von elongated oval nuclei, welche
„manchmal" nach Zusatz von Essigsäure zwischen den Fasern
des Trommelfells zum Vorschein kommen, „keineswegs aber immer
zu entdecken sind (S. 162). Ebenso sagt er auf der nächsten
Seite von den „oval nuclei" zwischen den Ringsfasern „as a general rule their presence in the tissue is not detected." Das ist
nun ein grosser und von einem Untersucher, wie Toynbee, un-
begreiflicher Irrthum. Nach Essigsäurezusatz sieht man nämlich
constant zwischen den einzelnen Fasern, sowohl der Rings- als
der Radiärfaserschicht des Trommelfells, nichtovale Kerne, sondern ovale, meist spindelförmige Körperchen, die häufig einen
deutlichen Kern, manchmal selbst mit Kernkörperchen enthalten
und die nach Vergleichen von Längs- und Querschnitten sich als
mit Ausläufern nach verschiedenen Richtungen versehene Bindegewebskörperchen (nach Virchow, Saftzellen oder Bildungszellen
des elastischen Gewebes nach Kölliker, Kernfasern nach Henle)
ergeben — welche Zellen man entsprechend ihrem Namen in der
Hornhaut Trommelfellkörperchen nennen kann. Nach dem, was
mir bekannt, habe ich zuerst diese Zellen beschrieben, indem ich

---

*) Philosophical Transactions 1851. Part. I, p. 159—168.

in meiner ersten Veröffentlichung über die Anatomie des Trommelfells*) sage „die Fasern beider Schichten (der fibrösen Lamelle des Trommelfells) haben eine grosse Menge unregelmässig geformter, mit Ausläufern versehener, kernhaltiger Zellen zwischen sich, welche durchaus den in der Hornhaut und anderen elastischsehnigen Theilen befindlichen sogenannten Bindegewebskörperchen entsprechen" und mich in ähnlicher Weise in meinen späteren „Beiträgen zur Anatomie des menschlichen Trommelfells"**) (S. 97) ausgesprochen habe. Ausführlicher beschrieben wurden diese zelligen Gebilde hierauf, namentlich nach ihrem verschiedenen Verhalten in den beiden Schichten der fibrösen Trommelfellplatte, der Radiär- und Ringsfaserschicht, zuerst von Prof. GERLACH in seiner „mikroskopischen Untersuchung des menschlichen Trommelfells"***), bei welcher Gelegenheit GERLACH sehr aufmuntert zu weiteren Arbeiten über das Trommelfell, indem seine Bestandtheile von grossem allgemeinen histologischen Interesse und vielleicht am besten geeignet wären, manche schwebende Streitfrage zur endlichen Lösung zu bringen.

LXVIII.

Sieben Wochen dauernde, sehr bald behandelte Eiterung des Mittelohres mit frühzeitiger Perforation des Trommelfells. Tod unter pyämisch-icterischen und pneumonischen Erscheinungen.
Pleuritis mit metastatischen Abscessen in der Lunge. Aeltere stark entwickelte Leberabscesse. — Kleiner centraler Knochenabscess in der oberen Wand des Gehörgangs mit Fistelbildung. Eiterige Otitis media ohne Caries und ohne Erkrankung der Gefässe oder der benachbarten Weichtheile. — Ob die Otorrhoe Ursache des Todes war, sehr fraglich und selbst unwahrscheinlich.

Otto Degen aus Stuttgart, Ingenieur in Saarbrücken, 32 Jahr alt, stellte sich mir am 11. März 1870 vor und berichtet, dass er als Kind mehrmals Ohrenschmerzen mit vorübergehendem Ausfluss gehabt habe, seit mindestens 20 Jahren aber davon frei gewesen sei. Vor 8 Tagen habe er in einem feuchten Zimmer geschlafen, danach eine Halsentzündung bekommen und 2 Tage darauf eine ganze Nacht über heftige Schmerzen im linken Ohre gehabt. Dann sei wässeriger Aus-

---

*) Würzburger Verhandlungen vom Jahre 1856. Sitzungsberichte S. XXXIX.
**) In KÖLLIKER und SIEBOLD's Zeitschrift für wissenschaftliche Zoologie, 1857, Bd. IX.
***) S. GERLACH, „Mikroskop. Studien aus dem Gebiete der menschlichen Morphologie." Erlangen 1858, S. 54—64.

fluss aus demselben eingetreten, der den Schmerz nicht viel milderte; seitdem habe er noch öfter Schmerzen und stets Ausfluss links. Gegenwärtig auch heftiges Saussen und Klopfen. — Hört rechts eine Taschenuhr (von 6' Hörweite) zwei Fuss und links $^1/_2$ Zoll, beidseitig vom Knochen. Stimmgabel vom Scheitel nach links. Linkes Trommelfell zeigt sich stark geröthet und hat in der Mitte der hintern Hälfte ein kleines eckiges Loch, durch welches etwas dünne Flüssigkeit herausdringt beim Katheterisiren, wonach bedeutende Erleichterung eintritt. Ich rathe alle zwei Stunden den VALSALVA'schen Versuch anzustellen und nachher Charpiewicke zu wechseln; ausserdem Abends auszuspritzen und mit einer Alaunlösung zu gurgeln, wegen starker Röthung des Rachens.

18. März. Eiterung nimmt unter täglichem Durchblasen mit Katheter ab. Da sich dicklicher Schleim in der kleinen Perforation zeigt, erweitere ich dieselbe nach unten mit dem geknöpften Dilatationsmesserchen, wonach ein ziemlicher Schleimklumpen sich entleert. Spritze dann durch den Katheter eine schwache Sodalösung ein. Hören bessert sich nicht.

25. März. Es entleert sich immer noch Eiter mit länglichen Schleimfäden; Eiterung nimmt aber ab nach mehrmaligen Cauterisationen mit 6%/o Lapislösung und nachfolgender Neutralisation mittelst Salzwasser. Loch wird immer kleiner, ist nur noch nadelstichgross. Heute zum ersten mal der Schleim etwas blutig und Gehörgang von oben etwas verengt. Hören, das eine Zeit lang etwas besser war, heute vermindert, Taschenuhr links nur beim Anlegen und vom Knochen.

30. März. Seit drei Tagen Schmerz im Ohre mit Schwellung der hintern obern Gehörgangswand; ich machte deshalb gestern einen ausgiebigen Einschnitt daselbst, wonach sich etwas Eiter entleerte. Heute zeigt sich eine eigenthümliche rundliche Hautgeschwulst von oben hereinfallend und das Lumen des Gehörganges ganz verschliessend. Sie ist weich, compressibel und nicht schmerzhaft.

9. April. Es bildeten sich nach einander mehrere convexe, den Gehörgang ganz enorm verengernde Hautgeschwülstchen an der hintern und obern Wand des Gehörganges; mehrmalige Einschnitte brachten nur ganz wenig am Messerchen haftenden Eiter, sodass an eine Eiterinfiltration oder einen Prozess in der Tiefe zu denken war. Die auffallend zusammendrückbaren, mit normaler Haut überzogenen Geschwülstchen erweisen sich auch bei tiefem Druck mit dem DAVIEL'-schen Löffelchen als schmerzlos; nur bei Sondirung entsteht manchmal an einzelnen Stellen Schmerz. Schleimeiter aus der Tiefe bildet sich nur mässig, manchmal leichte Blutstreifen an den Schleimflocken. Beim Katheterisiren meist freies Durchzischen der Luft oder des eingespritzten Salzwassers; kein Schmerz und keine Schwellung am Warzenfortsatz. Leidet dabei öfter an Kopfschmerz, wovon er auch sonst viel heimgesucht sein will und den er jetzt auf öftere kleine Excesse im Weintrinken, allzu grosse Spaziergänge u. s. w. schiebt. Empfehle mässiges Leben, Friedrichshaller Bitterwasser und einigemal für mehrere Stunden Abends feuchtwarme Umschläge aufs Ohr zu legen. Nach denselben steigerte sich immer die Eitersecretion und Kopfschmerz etwas.

10. April. Hat heute Nacht unruhig geschlafen und bekam heute morgen 9 1/2 Uhr heftigen Schüttelfrost. Sieht blass und verfallen aus, Puls 104; eine Tasse Fleischbrühe restaurirt ihn etwas. Gehörgang von oben herab ganz zugeschwollen. Nach Einschnitt findet sich nur etwas Eiter im Spritzwasser. Schneide mit einer über die Fläche gebogenen Scheere einige Stückchen Haut vom herabragenden Wundrande ab, was ganz schmerzlos war. Nach dem Katheterisiren auffallend wenig Eiter. Fühlt sich Nachmittag wohler als seit Wochen, da er bisher immer etwas Kopfschmerz hatte. Abends etwas Frost. Nacht ziemlich gut.

11. April. Heute morgen etwas fröstlich, sonst durchaus keine Erscheinungen. Puls 102; (gestern Nachmittag soll er nur 70 gewesen sein).

12. April. Gestern Vormittag wieder etwas Frost, was er auf zu dünne Kleidung bei kühlem Wetter bezieht. Nachmittag ziemlich viel Hitze, Nacht unruhig und soll Puls bis 130 gestiegen sein, während er Morgens 6 Uhr nur 75 betragen haben soll. Ich finde Vormittag 104. Eiterung sehr profus. Gehörgang sehr abgeschwollen und keine Spur von Schmerz.

15. April. Seitdem kein Frost mehr, Fieber geringer; Puls 84 bis 102. Nur Kopfschmerz über die ganze Stirn und den Hinterkopf, namentlich rechts hinten. Gar kein Schmerz im linken Ohre noch ums Ohr herum; fortwährende Schläfrigkeit den Tag über, sonst Kopf ganz klar. Bitte Herrn Dr. Th. HERZ die Behandlung im Hause zu übernehmen.

16. April. Hat besser geschlafen, hat aber im Bett öfter Schmerzen in den Muskeln der Füsse und in der rechten Ohrmuschel; will (seit dem Bettliegen) in der Ruhe weit mehr Kopfschmerz haben. Sklera etwas gelblich; Harn soll seit fünf Tagen kaffebraun sein, wovon er bisher nichts erwähnte. Puls 84 bis 96.

17. April. Gestern Abend wieder leichter Schüttelfrost, dann „Denken in fremden Sprachen." Eiterung ganz gering. Kaum merkbare Geschwulst oben im Gehörgange, dessen Oberfläche unregelmässig erscheint. Puls 102.

18. April. Icterus deutlicher; mässig Kopfschmerz, am meisten rechts im Nacken.

19. April. Kein Frost mehr, Fieber geringer; etwas reichlicher Eiterausfluss aus dem Ohre aber ohne jede Schwellung. Kopf freier, Nachts Schwerathmigkeit mit Seitenstechen links unten. Icterus der Sklera sehr stark.

23. April. Aus dem Seitenstechen entwickelt sich unter heftigem Fieber eine Pleuropneumonie, die einige Tage sich zu lösen schien. Heute Nacht neuer heftiger Schüttelfrost, Zunahme des Fiebers. Tod am 24. April.

Section am 26. April von Professor v. RECKLINGHAUSEN. Schädelhöhle. Dura mater allenthalben icterisch; in den Sinussen beidseitig etwas Speckhaut. Rechts vorn in der Dura mater kleines Knochenplättchen; Gehirn vollständig normal, mässiges Oedem der Pia mater mit leichten alten Trübungen der Pia.

Brusthöhle. Links circa ein Quart icterisch gefärbter Flüssigkeit; rechts ein halb Quart rother Flüssigkeit mit einzelnen Faserstoff-
flocken. Herzbeutel sehr ausgedehnt, in ihm etwas schaumige
Flüssigkeit mit etwas fibrinöser Abscheidung. Herz sehr schlaff, sehr
wenig Cruor enthaltend. In Vena jugularis interna ein langes
frisches speckiges Gerinnsel. An der Innenfläche des Herzmuskels in
Folge der raschen Zersetzung bereits stark blutige Färbung. Unterer
Lappen der linken Lunge mit fibrinösen Auflagerungen überzogen;
beide Lappen zeigen zehn kirschkerngrosse metastatische Herde, meistens
an der Oberfläche. Rechts im untern Lappen einige kleinere und dann
ein grösserer keilförmiger Infarct; gerade an der Spitze des Herdes
steckt in der Arterie ein vollständig abschliessender stark erweichter
Pfropf. Im oberen Lappen mehrere kleinere metastatische Herde; in
der Umgebung des einen auch ein hämorrhagischer Infarct.

Bauchhöhle. Milz sehr weich, Substanz etwas zerfliessend.
Nieren icterisch, sonst normal. Im Magen eine langgezogene Narbe
oberhalb des Pylorus.

Galle dünnflüssig, etwas röthlich gefärbt. Im rechten Lappen der
Leber sind mehrere grosse, an der Oberfläche etwas prominirente
Abscesse, zum Theil dicht neben einander gelegen. Die Grösse derselben variirt von der einer Wallnuss bis zu der eines grossen Apfels.
Einzelne setzen sich wiederum aus mehreren kleinen Herden zusammen. Der Eiter ist von verschiedener Beschaffenheit, meist von penetrantem Geruche; in einzelnen Herden ist er stark flockig und grau,
in anderen mehr milchig und weisslich und endlich hier und da bräunlich wie gallige Masse. An den grösseren Herden sieht man an den
Wandungen brüchiges eiterig infiltrirtes Gewebe, an den kleineren
kommt nach dem Abstreichen des Eiters eine ziemlich glatte Fläche
zu Tage, welche einer allerdings ziemlich dünnen, aber doch schon
in deutlicher Entwickelung begriffenen pyogenen Membran entspricht.
Diese Schichte, sowie das anstossende Lebergewebe sind von grünlicher Farbe. In den grösseren Lebervenen flüssiges Blut; einzelne
kleinere Aeste in der Nähe der Abscesse verlaufend, enthalten Gerinnsel mit einzelnen Eiterpunkten, welche in ihrem weiteren Verlaufe
brüchige Abscheidungen zeigen, die auf der Wand haften; durch sie
schimmern die im Lebergewebe liegenden kleineren Abscesse hindurch.
Das übrige Lebergewebe zeigt deutlich braune Farbe, ist etwas schlaff
und nicht brüchig.

Im Dünn- und Dickdarm dünnflüssiger Inhalt, sonst nicht die
Spur einer Veränderung, nicht einmal Hyperämie.

Hoden vollständig intact, ebenso Venen des Samenstranges. Im
Verlaufe der Vena cruralis und poplitea sowie tibialis nichts auf-
zufinden. Alle Venen aussen am Ohre enthalten nur ganz wenig
flüssiges Blut ohne jede Spur einer verdächtigen Abscheidung oder
Gerinnung. Ebenso ist das Gewebe um das Ohr vollständig intact.

Untersuchung des Felsenbeins (Präp. Nr. 280.) Felsenbein allenthalben vollständig intact, ebenso wie die Dura mater.
Im Gehörgang kaum eine Spur Eiter; Haut desselben ist gegen

das Trommelfell zu an der obern Wand stark verdickt, aber nirgends
vom Knochen abgehoben.   Am Beginn des knöchernen Gehörganges
hinten oben eine trichterförmig eingezogene Fistel, durch welche man
nach hinten gegen die untere Wand der Fossa sigmoidea auf eine
gelbe gallertige fettartige Masse stösst; nach oben scheint die Fistel
blind zu sein; wenigstens kann man auch mit der feinsten Sonde nicht
gegen das Antrum mastoideum dringen, das etwas medialwärts über
ihr liegt.   T r o m m e l f e l l eiterbelegt und verdickt, hinten in der
Mitte ein stecknadelkopfgrosses Loch.   P a u k e n h ö h l e erfüllt mit
Schleimeiter; ihre Mucosa mässig hyperämisch aber enorm verdickt;
namentlich nach oben und am Hammerambossgelenk, das zugleich
weiter nach innen gezogen ist.   Im A n t r u m m a s t o i d e u m der
Boden bedeckt mit mehr rahmigen Eiter. Die anliegenden Hohlräume
sehr entwickelt und erfüllt mit gallertigem zum Theil bräunlichen,
zum Theil gelben Gewebe.   Von einem der Hohlräume kommt man
mit einer Borste wieder auf die oben erwähnte fettartige, gelbe Masse.
Bei näherer Untersuchung ergibt sich, dass dieselbe einen Hohlraum
erfüllt und dass sie aus jungem Bindegewebe besteht, welches aus
dem Knochen sich entwickelt hat.   Es lässt sich an ihr die Entkal-
kung des Knochens und seine allmälige Umwandlung in Bindegewebe
verfolgen.   Diese Masse schloss membranartig einen kleinen etwas
über hanfkorngrossen Eiterherd ab, welcher nach einer Seite mit der
Gehörgangsfistel frei communicirte und in welchem ein unregelmässig
kreuzförmiges nekrotisches Knochenstückchen sich befand.   Wir haben
es somit mit einem centralen Knochenabscess zu thun, wie er so häufig
z. B. in der Tibia beobachtet wird. Prof. v. RECKLINGHAUSEN, dem
ich den ganzen Befund vorlegte, erklärte, dass derselbe nach dem
ganzen Aussehen und nach der Beschaffenheit des ganz gutartigen
rahmigen Eiters höchstens drei Wochen alt sein könne und sei derselbe sicher aus der Otitis media und nicht durch Fortleitung der Entzündung vom Gehörgange aus entstanden.

In einem am weitesten nach hinten gelegenen Hohlraume, der
mit dem Antrum mastoideum im Zusammenhang war, fand sich im
weichen Gewebe ein 1—2 Mm. langer schwärzlicher Streifen, der sich
unter dem Mikroskop als aus schwarzen Körnchen zusammengesetzt
ergab.   Auf Zusatz von Salzsäure wurden sie braungelb und lösten
sich.   Auf Zusatz von Ferrocyankalium wurden sie blau, bestanden
also aus Eisen.   Ob dasselbe zufällig per tubam von aussen eingedrungen ist — der Kranke hatte in Eisenbergwerken zu thun —
oder ob es von den frühern Entzündungen als Pigment zurückgeblie-
ben, lässt sich nicht mit Bestimmtheit sagen; wahrscheinlicher ist das
erstere.

E p i k r i s e.   So frühzeitig in diesem Falle die an sich ganz
frische Eiterung des Ohres in Behandlung gekommen und so wenig wahrscheinlich es war, dass binnen dieser kurzen Zeit sich in
der Tiefe des Felsenbeines eine erhebliche Eiteransammlung hätte

bilden können, so mussten doch die plötzlich auftretenden Schüttelfröste, sowie der Icterus und schliesslich die Pleuropneumonie entschieden als Zeichen einer pyämischen und metastatischen Erkrankung angesehen werden, für welche gar kein anderer Erklärungsgrund vorlag, als die eiterige Ohrentzündung. Auch die
Leberabscesse, welche übrigens so massenhaft entwickelt waren,
wie dies in unserem gemässigten Klima selten vorkommt, mussten
anfangs als metastatische, vom Erkrankungsherde im Ohre ausgehende imponiren. Erst nach Würdigung aller Verhältnisse an
der Leiche und namentlich nach Einsichtnahme des von mir aus-
gearbeiteten Ohrbefundes, sprach Professor v. RECKLINGHAUSEN
sich dahin aus, dass höchstwahrscheinlich das Ohrenleiden als
ganz nebensächliche Affection und nicht als eigentliche Todesursache aufzufassen sei. Einmal fehle jede Erkrankung der Gefässe und der Weichtheile in der Umgebung des Ohres, wie sie
bei von dort ausgehender Pyämie und Metastase fast ausnahmslos
vorkomme; ausserdem seien die Leberabscesse oder doch wenigstens einige derselben mindestens 4—6 Wochen (und höchstens
3 Monate) alt und jedenfalls älter als die Lungenpfröpfe, als die
Pleuritis und als der Eiter des Knochenabscesses im Felsenbein.
Seiner Ueberzeugung nach weise die Narbe im Magen oberhalb
des Pylorus am meisten auf den Ausgangspunkt des ganzen Processes hin und erkläre sie auch die Hepatitis, von welcher die
metastatische Erkrankung der Lunge und Pleura, sowie die Pyämie ausgegangen seien. Der Magen selbst sei zur Zeit der Section
leider schon zu sehr erweicht gewesen, als dass man hätte urtheilen können, ob nicht neben der alten Narbe neuere Geschwüre
vorhanden gewesen seien.

In Bezug auf die Aetiologie der Leberabscesse erörtert THIER-
FELDER*) eingehend, wie dieselben häufig bei Eiterungen und Ver-
schwärungen im Bereiche der Wurzeln der Pfortader entstehen,
sowie derselbe auch betont, dass dieselben oft latent oder doch
mit wenig deutlichen Symptomen verlaufen, so dass sie zu Lebzeiten nicht erkennbar wären.

Dass sich bei einem in Eisenwerken beschäftigten Manne Eisen-
körnchen in einem der Felsenbeinräume fanden, hat für uns nichts
Auffallendes mehr, seit mehrfach Befunde staubförmiger und an-

*) v. ZIEMSSEN's Handbuch der speciellen Pathologie und Therapie Bd. XIII,
(1878) II. 1. S. 52 u. 124.

derer kleiner Substanzen im Mittelohre, auch bei nichtperforirtem Trommelfell, vorliegen. Siehe hierüber den Abschnitt über die Flimmerbewegung des Tubenepithels in meinem Lehrbuche (7. Aufl. 1881, S. 196). Es würde sich sehr empfehlen, bei Sectionen von Müllern, von Steinhauern, Locomotivführern, Tabak-, Kohlen- und anderen Arbeitern, welche sich vorwiegend in staubreicher Atmosphäre aufhalten, den Inhalt der Paukenhöhle und der angrenzenden Räume genauer auf solche von aussen eingeführte Theilchen zu prüfen. Es ist höchst wahrscheinlich, dass staubförmige Partikelchen, welche aus der umgebenden Luft nach hinten in die Nase dringen, sehr häufig beim nächtlichen Liegen durch die Tuba nach oben gelangen und noch öfter durch ungeschicktes Schneuzen, wobei die meisten Menschen den Valsalva'schen Versuch ausführen, in die Tuba und Paukenhöhle gepresst werden. Dass solche kleine Fremdkörper bei entsprechender Menge als Schädlichkeit im Ohre wirken müssen, somit manche Taubheit, manches Sausen und selbst mancher eiteriger Katarrh zu den Gewerbe- und Inhalations-Krankheiten gerechnet werden dürfen, lässt sich jetzt schon fast mit Sicherheit annehmen. Dass Verunreinigung der Einathmungsluft als deutliche Schädlichkeit vom Ohre empfunden wird, wissen wir schon längst; doch erklärte man sich dies bisher durch die reizende und Entzündung unterhaltende Einwirkung derselben auf die Nasen- und Rachenschleimhaut, nicht durch directen gröberen Import ins Ohr selbst.

LXIX.

Chronischer eiteriger Catarrh der Paukenhöhle. Tod durch Typhus.[*]

Wie häufig selbst die tüchtigsten Diagnostiker den Ausgangspunkt tiefgreifender Gesundheitsstörungen vom Ohre übersehen, ist bekannt und wird dies insbesondere von Lebert in seinen Abhandlungen über Entzündung der Hirnsinusse und über Gehirnabscesse[**]) vielfach hervorgehoben. Hier folgt ein Fall, wo ein umgekehrter Irrthum stattfand, indem ein Typhus, der bei einem an langjähriger Otorrhoe leidenden Kinde auftrat, für eine von der Ohrenentzündung hervorgerufene Schädelhöhlenaffection imponirte. Ich möchte diesen diagnostischen Irrthum — auch hier

----

[*] Zuerst veröffentlicht im Arch. f. Ohrenheilk. 1869. Bd. IV. S. 132.
[**] Virchow's Arch. Bd. IX u. X.

von einem tüchtigen Kliniker begangen — geradezu einen er-
freulichen nennen, indem er zeigt, wie die Lehren der Neuzeit
über die häufig ernsten Folgen der Ohreneiterungen doch vielfach
schon auf guten und fruchtbaren Boden gefallen sind.

Margaretha Steinbach, ein 6jähriges schlechtgenährtes
Pflegekind, das seit seinem elften Monat an linksseitiger Otorrhoe mit
öfteren Schmerzen im Ohr litt, zeitweise auch an Eiterung des rechten Ohres, kam wenige Wochen vor seinem Tode in poliklinische
Behandlung und zwar unter Erscheinungen (Benommenheit des Sen-
soriums, leichter Nackenstarre und Verdrehen der Augen, öfterem Erbrechen, Diarrhoe), welche die Diagnose des Herrn Professor Geigel
zwischen Miliartuberculose und Meningitis von Otitis chronica ausgehend schwanken liess. Letztere erschien als wahrscheinlicher. Tod
am 5. Februar 1868. Bei der Section fand sich ausgesprochener
Ileotyphus, die Schädelhöhle dagegen normal.
Untersuchung des linken Felsenbeins (Präp. Nr. 273.)
Im Gehörgang ziemlich viel schmieriger Eiter, ebenso in der
Paukenhöhle und im Antrum mastoideum, das fast bis zur
äusseren Knochenschale hinter dem Ohre reicht. Vom Trommelfell
nur noch der oberste Theil mit dem Hammergriffe erhalten. Um die
Sehne des Musc. tensor tympani massenhafte Schleimhautwuche-
rung, durch welche der Hammer mit dem Reste des Trommelfells
stark nach innen fixirt ist, so dass das untere Ende des Hammergriffs ganz dem Promontorium anliegt. Von der Sehne des Hammer-
muskels zieht sich ferner eine Bandmasse zum Steigbügel. Schleimhaut stark gewulstet und ziemlich hyperämisch. Nirgends Caries,
Dura mater normal.
Am medialen Theile der vorderen Wand des knöchernen Gehörganges, ziemlich nahe am Trommelfell, fand sich noch eine
halbmondförmige Ossificationslücke*) von fast 8 Mm. Höhe und 3 Mm.
Breite, deren lateraler gerader Rand zackig und deren medialer aus-
geschweifter Rand glatt war.

LXX u. LXXI.

Beidseitig Polypen der Paukenhöhle von der Schleimhautplatte des Trommelfells entspringend.**)

Unter der Bezeichnung „Gehörorgane eines alten Mannes mit
Ohrpolypen. Genauere Krankengeschichte folgt" wurden mir im
December 1860 zwei Felsenbeine (Präparat Nr. 219 u. 220) von
Obermedicinalrath Dr. Hohenschild aus Darmstadt zugesandt.

---

*) Vgl. mein Lehrbuch, 4. Aufl. S. 16.
**) Zuerst veröffentlicht im Arch. f. Ohrenheilk. 1869. Bd. IV. S. 140.

Es folgte indessen keine Krankengeschichte und leider starb der freundliche Geber nicht sehr lange nachher, so dass ich nichts Weiteres mittheilen kann, als den an sich sehr interessanten Befund.

Rechts. Im Gehörgange viel eingedicktes, schmieriges, grünlichgelbes, übelriechendes Secret, zwischen dem sich ein länglicher, missfärbiger Polyp befindet. — Derselbe aus der Tiefe kommend, reicht bis zum Anfang des knorpeligen Gehörgangs, ohne aber das Lumen des Kanals mehr als zur Hälfte etwa auszufüllen.

Tegmen tympani ergibt sich im Allgemeinen verdünnt und zeigt bei genauerer Betrachtung an mehreren Stellen ziemlich ausgedehnte zackige Defecte, so dass somit die Schleimhaut der Paukenhöhle nach oben mehrfach bloslag und in directer Nachbarschaft der Dura mater sich befand. (Die Dura mater selbst war an dem Präparate bereits abgezogen und fehlte.) Diese defecten Stellen, unter welchen allenthalben eingedickter gelblicher Eiter vorhanden ist, besitzen fast dieselbe Farbe, wie der durchscheinende Knochen daneben, so dass sie sich nicht sehr leicht mit dem Auge allein erkennen und abgrenzen lassen.

Entfernt man nun das knöcherne Dach langsam, so finden sich Antrum mastoideum und Paukenhöhle mit dickem Eiter erfüllt und ersteres mit einer sulzigen Membran ausgekleidet; spült und pinselt man den Raum aus, so zeigt sich gegen das Ostium tympanicum tubae zu das angesammelte Secret durch eine erweichte weissliche Membran, welche sich von aussen zur Labyrinthwand zieht, förmlich abgesackt, so dass zwischen Tuba und eiterndem Cavum keine Communication stattzufinden scheint. Durch Einführen einer dünnen Sonde von der Tuba in die Paukenhöhle und durch abermalige Untersuchung und Reinigung des Präparates, nachdem dasselbe einige Tage in Spiritus gelegen war, erweist sich diese der Labyrinthwand anliegende Membran als das auffallend nach innen und nach vorn gedrängte stark verdickte Trommelfell, dessen oberer hinterer Quadrant fehlt. Indem der vordere Perforationsrand mit dem Promontorium zum Theil verklebt war, bildete das nach vorn und innen gezogene Trommelfell gewissermassen eine Scheidewand zwischen Ohrtrompete und Paukenhöhle, welch letztere sammt dem Antrum mastoideum in eine nach aussen weit geöffnete eiternde Höhle verwandelt war, die nach vorn gegen die Tuba zu nahezu vollständig abgeschlossen war. Am Trommelfell sind Reste der Gehörknöchelchen befestigt, welche indessen der Labyrinthwand vollständig anliegen und zum Theil durch abnorme Bänder mit ihr verbunden sind. Der obere Theil des Hammerkopfes und des Ambosskörpers fehlt, der vertikale Ambossschenkel steht indessen noch in Verbindung mit dem beweglichen Steigbügel. Die Sehne des M. tensor tymp. ist bedeutend verdickt und stark verkürzt, bei Zug am Muskelbauche bewegt sich indessen der Hammerrest.

Der Polyp selbst wurzelt mit dünner Basis am unteren Rande

des Trommelfells, von dessen verdickter und gewulsteter Schleimhaut ausgehend.

Ein eigenthümlicher Gefässkanal verläuft hier quer über die obere Fläche der Pyramide dicht unter der obersten Knochenschichte, welche stark blutgetränkt erscheint. Der Knochenkanal, ca. ¹/₂ Mm. breit, steht in breiter offener Verbindung mit dem Sulcus petrosus superior, läuft parallel mit dem Canalis semicirc. superior, 3 Mm. weiter nach vorn von ihm und mündet in den Canalis Fallopii am Knie des Facialis.

An Schnecke und Porus acust. int. nichts Abnormes wahrzunehmen. —

Links. In der Mitte des knorpeligen Gehörgangs beginnt ein dicker, fast den ganzen Kanal verstopfender Polyp, welcher nach aussen zu mit einem weisslichen Epidermisüberzuge versehen, nach innen immer dünner wird und mit einem ganz zarten Stiele aus der Paukenhöhle kommt. Um ihn herum eingedicktes Secret; das auch die Paukenhöhle grösstentheils erfüllt. Nach vorsichtiger Reinigung zeigt sich ein ganz ähnlicher Befund wie rechts. Vom Trommelfell fehlt das obere hintere Viertheil. Der Rest ist weisslich, stark verdickt und theilweise nach innen zu gewulstet. Die mittlere Partie der Membran, soweit sie erhalten ist, ist trichterförmig nach innen gezogen, von dem äusseren Rande mit scharfer Kreislinie abbiegend. Der Hammer noch vollständig erhalten, sein Kopf der Labyrinthwand vollständig anliegend. Vom Amboss keine Spur vorhanden, ebenso fehlen vom Steigbügel die Schenkel vollständig, dagegen zeigt sich nach Eröffnung des normalen Vorhofs, dass der Fusstritt desselben in situ erhalten ist. Schleimhaut der Paukenhöhle namentlich am Boden und nach hinten zu stark gewulstet, Caries nirgends zu entdecken. Der Polyp entspringt auch hier von der Schleimhaut nahe am hinteren Perforationsrande des Trommelfells und zwar mit mehreren strangförmigen Wurzeln. Oberer Theil der Tuba wie rechts eitererfüllt und etwas erweitert.

Tegmen tympani zeigt hier keinen Defect, ist aber stark verdünnt. Der Knochen nirgends missfärbig. Dura mater zeigt nichts Abnormes. (Von dem abnormen Gefässkanal auf der oberen Fläche der Pyramide ist nur eine ganz schwache, mehr rinnenartige Andeutung vorhanden.)

Wenn es im obigen Fall erst nach mehrmaliger Wiederaufnahme der anatomischen Untersuchung möglich war, sich über den Befund und über die Natur der noch erhaltenen Theile klar zu werden, so gibt dies uns einen Fingerzeig und eine Erklärung, warum in ähnlichen Fällen die Orientirung zu Lebzeiten oft eine so ungemein schwierige, ja bevor eine gewisse Normalisirung der Theile eingetreten ist, dieselbe manchmal geradezu unmöglich ist. Das Trommelfell in seinen Resten hat eben bei solchen chronischen

Entzündungsprocessen des mittleren und äusseren Ohres in Bezug auf Oberflächengestaltung, auf Lage, Farbe, Vascularisirung, Absonderung, kurz in seiner Gesammterscheinung sich so total verändert und der rothgewulsteten Schleimhaut der Paukenhöhle angenähert, dass es von derselben nicht eher unterschieden werden kann, als bis es die eine und die andere sonst für den Untersucher kennzeichnenden Eigenschaften wieder gewonnen hat. Insbesondere wird die Diagnose erschwert durch ausgiebige Lageveränderungen der nach innen gesunkenen und gezogenen, häufig an den Perforationsrändern mit einem Theile der Paukenhöhle verlötheten Trommelfellperipherie, von welcher einzelnes entweder ganz unsichtbar ist oder perspectivisch verkürzt und verkleinert erscheint. Lufteinblasungen mittelst des Katheters mit gleichzeitiger oder nachfolgender Besichtigung nützen noch am meisten zur Beurtheilung dessen, was sich dem untersuchenden Auge darbietet, indem durch dieselben die Trommelfellpartien etwas herausgerückt und mehr abgegrenzt werden. Uebrigens ereignet es sich gar nicht selten, dass nach einiger Zeit im Verlaufe der Behandlung der Substanzverlust des Trommelfells sich weit geringer herausstellt, als man nach dem anfänglichen Befunde annehmen musste.

LXXII u. LXXIII.

Beidseitig durch Scharlach eiterige Mittelohrentzündung mit Durchbruch der Trommelfelle. Rechts noch Entzündung des Warzenfortsatzes, zuerst Wilde'scher Einschnitt, dann Eröffnung desselben mittelst Knopfsonde mit Einspritzungen durch die Fistel. Baldige Heilung der Eiterung. Tod nach 1½ Jahren durch acute Lungenphthise. Beidseitig keine Spur mehr von Eiterung des Ohres. Persistenz der Perforation beider Trommelfelle mit interessanten Verwachsungen der Perforationsränder. *)

Ich theile hier eine Beobachtung mit, welche zwar in mehrfacher Beziehung interessant ist, die ich aber namentlich deshalb der Beachtung der Fachgenossen empfehlen möchte, weil sie nebst den anschliessenden Bemerkungen und den vorgelegten ähnlichen Fällen aus der Literatur geeignet sein dürfte, auf e i n e i n M i s s kredit und Vergessenheit gerathene Operation, die

---

*) Zuerst veröffentlicht unter dem Titel „Ein Fall von Anbohrung des Warzenfortsatzes bei Otitis interna mit Bemerkungen über diese Operation." in Virchow's Archiv für pathol. Anat. 1861. Bd. XXI. S. 295.

Anbohrung des Zitzenfortsatzes, wieder aufmerksam
zu machen und hoffentlich beitragen wird, dass man
derselben den ihr gebührenden Platz in der Operationslehre wieder einräumt.

Anna Maria Geier, 16jährige Schneiderstochter aus Würzburg, von einer an chronischer Tuberculose verstorbenen Mutter ab-
stammend, wurde gleichzeitig mit einer jüngern Schwester vom Schar-
lachfieber befallen, nachdem sie eine Woche lang über Schnupfen und
zuletzt noch über Kreuzschmerzen geklagt hatte. Bereits am zweiten
Tage nach dem Ausbruche des Exanthems stellten sich auf beiden
Seiten heftige Ohrenschmerzen ein, welche sich immer mehr steigerten,
am fünften Tage unter Eintritt eines beiderseitigen Ausflusses etwas
nachliessen, nie aber sich ganz verloren. Das Exanthem verlief regelmässig, indessen unter sehr heftigen Allgemeinerscheinungen. Der
Ausfluss aus beiden Ohren dauerte ununterbrochen fort, allmälig stellte
sich Schmerzhaftigkeit hinter den Ohren ein, vorzugsweise rechts, wo
auch seit Kurzem eine geringe Anschwellung bemerkt wird. Die Behandlung bestand in täglich zweimaligen Speckeinreibungen über den
ganzen Körper.

Soweit der Bericht des Hausarztes Herrn Dr. HERZ sen. Am
24. März 1858, drei Wochen nach dem Beginn des Scharlachfiebers,
wurde ich gerufen und fand ein zartgebautes, aber ziemlich gut ge-
nährtes Mädchen, das sich entschieden in der Abschuppungsperiode
nach Scharlach befand. Fieber keines, es sollen aber jeden Abend
Spuren davon sich einstellen. Patientin klagt über heftige Schmerzen
in und hinter beiden Ohren, sowie über quälenden Kopfschmerz und
ist dabei so taub, dass man sehr laut sprechen muss, um sich ihr
verständlich zu machen und sie den ziemlich starken Schlag meiner
Cylinderuhr nur links beim Andrücken ans Ohr hört. Beiderseitig wird
der Schmerz durch Druck auf den Warzenfortsatz gesteigert, die Haut
daselbst zeigt sich rechts leicht geröthet und ist die ganze Hinterohr-
gegend wie die anstossende obere seitliche Halsgegend diffus geschwellt.
Beiderseitig ist der Gehörgang gefüllt mit dünnflüssigem, nicht riechen-
dem Eiter, nach dessen Entleerung durch Einspritzungen sich seine
Wände als ziemlich geschwellt ergeben und man im Hintergrunde
unten einen Wassertropfen pulsiren sieht — also deutliches Zeichen,
dass beide Trommelfelle durchbrochen sind. Das Trommelfell selbst,
sowie die Oeffnung in demselben konnte man nicht deutlich sehen,
indem die Theile zu sehr geschwellt und macerirt, theilweise von an-
haftendem Secrete und erweichter Epidermis bedeckt waren, auch die
Untersuchung für die im Bette, weit vom Fenster entfernt liegende
Kranke unbequem und leicht schmerzhaft war. Ich rieth täglich 4 mal
die Ohren mit lauem Wasser auszuspritzen, jedesmal nachher eine
schwache Bleilösung (5 Tropfen Bleiessig auf 1 Unze Wasser) einzu-
träufeln und ausserdem graue Salbe um und hinter das Ohr ein-
zureiben.

Der Ausfluss blieb sich in den nächsten Tagen so ziemlich gleich, der Schmerz im Ohre dagegen wurde immer heftiger, raubte immer mehr die Nachtruhe. Zugleich wurde die Geschwulst hinter dem rechten Ohre stärker und ausgedehnter, war auf Druck ungemein schmerzhaft, fühlte sich teigig, ödematös an. Fluctuation durchaus keine. Da zugleich wieder continuirliches Fieber sich eingestellt hatte, der Kopfschmerz immer quälender wurde und auch sonst alle Erscheinungen vorhanden waren, welche eine Weiterleitung des Processes vom Ohre auf die Schädelhöhle fürchten liessen, schlug ich als einziges Mittel, der Entzündung des Warzenfortsatzes Einhalt zu thun, einen kräftigen bis auf den Knochen gehenden Einschnitt daselbst vor.

Am 30. März machte ich unter Beistand des Hausarztes einen solchen ½ Zoll hinter der Anheftung der Muschel, parallel mit ihr und circa 1½—2 Zoll lang. Da ich trotz einer bedeutenden Tiefe des Schnittes den Knochen nicht erreicht hatte, setzte ich das Messer noch einmal an und führte den Schnitt mit möglichster Kraft, bis ich den Knochen fühlte. Blutung sehr stark, gegen das Ohr zu spritzte ein Gefäss, das ich mit der Pincette fasste und durch Torsion zum Schluss brachte. Unmittelbar nach dem Einschnitte erschien in der Höhe der äusseren Oeffnung — die Kranke lag auf der entgegengesetzten Seite — plötzlich Eiter, bei dessen Entleerung der unteren Eiterschichte ziemlich viel frisches Blut beigemengt war. In der Wunde auf dem Warzenfortsatz erschien durchaus kein Eiter. Wegen der Unruhe der Kranken, welche nur unter einer Art Zwang zur Operation gebracht worden war und nun durchaus nichts mehr an sich vornehmen liess, konnte nicht sondirt und selbst Charpie nur sehr oberflächlich in die Wunde eingeführt werden, wo ich sie mit Heftpflasterstreifen befestigte.

Folgten einige Stunden heftiger Gemüthserregung mit Weinen und Jammern. Abends fand ich Patientin ruhig und fieberlos, während das Fieber sich in den letzten Tagen immer zu einem Anfall von Frost und Hitze gesteigert hatte. Klagt über heftige Schmerzen in der Wunde, nicht mehr im Ohre.

Schlief den grössten Theil der Nacht, während die letzten Nächte vollständig schlaflos gewesen waren. Den nächsten Tag zeigt sich die Schwellung hinter dem rechten Ohre viel geringer und werden nur Schmerzen in der Wunde, nicht im Ohre, angegeben. Auch auf der linken Seite hat die Schmerzhaftigkeit auf Druck hinter dem Ohre ganz aufgehört. (Ob nicht die Furcht vor einem zweiten Einschnitte zu letzterer Angabe beitrug, bleibt dahingestellt.) Ich ermahne sie, sich möglichst viel auf die rechte Seite zu legen, damit der Eiter frei abfliessen könne.

Am zweitfolgenden Tage, dem 1. April, stellte sich wieder sehr heftiger Schmerz im rechten Ohre ein, zugleich hatte sich der Ausfluss vermindert und die Schwellung am Halse an Ausdehnung wieder zugenommen. Puls sehr schnell, klein und zeitweise aussetzend. Durch Druck hinter dem Ohre und unter demselben entleert sich Eiter aus dem Gehörgange. So blieb es unter Zunahme der Symptome, unter

neuem Auftreten von heftigem Kopfschmerz und von „Klopfen im
Kopfe" mehrere Tage. Der eiterige Ausfluss hatte sich wieder vermehrt und immer entleerte sich aus dem Gehörgange reichlich Eiter,
öfter mit Blut vermischt, wenn man unter dem Warzenfortsatze einen
streichenden Druck ausübte. In der Einschnittswunde, welche sich
bereits bedeutend verkleinert hatte, befand sich nach unten eine rundliche mit aufgeworfenen Rändern versehene vertiefte Stelle. Da ich
glaubte, man könne von hier aus vielleicht am leichtesten dem Knochen und durch ihn hindurch dem Sitze des Uebels beikommen, ging
ich am 3. April hier mit einer Knopfsonde ein, welche indessen nur
circa 3 Linien nach vorne eindringen konnte. Ich versuchte nun von
hier einzuspritzen, was indessen nicht gelang, ebensowenig lief aus
dieser Oeffnung etwas aus, als ich zum Gehörgange einspritzte. (Seit
einiger Zeit lief eingespritztes Wasser auf beiden Seiten immer in den
Hals, so dass also die Tuben durchaus wegsam waren.) Ich bohrte
nun noch weiter mit der Sonde nach vorn in den Knochen und da
durchaus kein Eiter kam, schob ich eine Charpiewicke möglichst tief
ein, um vielleicht den nächsten Tag weiter eindringen zu können.
Bald aber, nachdem ich fortgegangen, sickerte zuerst dünner, dann
immer mehr dicklicher Eiter aus der Oeffnung hinter dem Ohre aus,
während aus dem Gehörgange selbst nur sehr wenig mehr auslief.

Den nächsten Tag fand ich das Befinden der Kranken bereits
sehr wesentlich zum Bessern geändert; sie fühlt sich im Allgemeinen
viel kräftiger, den Kopf freier, der Schmerz im Ohre wie im Kopfe
ist gänzlich verschwunden, zugleich hört sie besser. Aus der Wunde
hinter dem Ohre entleert sich sehr viel, aus dem Gehörgange sehr
wenig Eiter. Mit der Sonde kann ich in der neuen Oeffnung bis
$\frac{1}{2}$ Zoll nach vorn eindringen, Patientin gibt dann ein eigenthümliches
Gefühl an, „als ob es in den Kopf ginge". Ich spritze vorsichtig in
die Fistelöffnung ein und das mit Eiter gemengte Wasser läuft aus
dem Ohre wie in den Hals.

Es wird nun täglich einmal ausgespritzt und Charpie in die Fistel
hinter dem Ohre eingelegt. Die Eiterung wird immer geringer, ebenso
lässt sie links bedeutend nach, das Allgemeinbefinden bessert sich zusehends. Schlaf ist ruhig, Appetit gut. Puls normal, nur selten noch
einzelne flüchtige Stiche in den Ohren. Zugleich hebt sich das Hören
bedeutend, so dass Patientin am 7. April bereits die Uhr rechts 1 Zoll,
links 2 Zoll weit hört. Während sich die Einschnittswunde immer
mehr ausfüllte, blieb nur die Fistel noch offen, durch welche man
immer tiefer, über 1 Zoll nach vorne dringen kann. Gegen Ende des
Monates führe ich keine Charpiewicke mehr ein, indem die Eiterung
immer geringer wurde, das Spritzwasser aus der Fistel aus ganz leicht
zum Gehörgange herauslief und so durchaus keine Eiteransammlung
und Verschlimmerung mehr zu fürchten war. Allmälig bekam ich die
Patientin, welche sich rasch erholte, nur noch unregelmässig zu sehen.
Nur unter geringer Schwankung macht sich ein stetiger allgemeiner
Fortschritt geltend.

Ende Mai hat links die Eiterung ganz aufgehört und rechts ergiesst sich nur noch etwas Absonderung aus der Wunde hinter dem Ohre. Sie hört bereits links 1 Fuss, rechts ³/₄ Fuss weit die Uhr. Die Perforationen im Trommelfell bestehen indessen noch und sind sie nun deutlicher. Rechts läuft dabei das eingespritzte Wasser nie mehr in den Hals, wohl aber links.

Mitte Juni hatte rechts, also auf der operirten Seite, jede eiterige Absonderung aufgehört, die Wunde auf dem Warzenfortsatze war nur an einer Stelle noch nicht überhäutet, Gehörgang trocken; Trommelfell in seiner vorderen Hälfte bereits glänzend, Hammer schwach sichtbar, stark nach innen gegen die Paukenhöhle eingezogen, daher der Processus brevis mallei sehr nach aussen hervorragend. Hintere Hälfte theilweise fehlend und die Labyrinthwand der Paukenhöhle schwach geröthet zu sehen. — Links ist Trommelfell und Gehörgang noch mit schwacher Absonderung bedeckt, beim Einspritzen läuft das Wasser in den Hals und zeigen sich nachher die Theile in der Tiefe etwas geröthet und schwach geschwellt.

Von da an kam Patientin mir ganz aus den Augen und hatte ich seit lange nichts von ihr gesehen noch gehört, als im September 1859 — also 1½ Jahre nach der Perforation des Warzenfortsatzes — mir ihr Tod angezeigt wurde. Tochter einer an Tuberculose der Lungen gestorbenen Mutter, war sie einer Phthise unterlegen, welche sich ziemlich rasch bei ihr entwickelt hatte. Bis zum Beginn dieser Erkrankung war sie seitdem vollständig gesund gewesen und war nie mehr eine Störung von Seite ihres Gehörorganes wahrgenommen worden. Namentlich hatte sich nie mehr Ausfluss eingestellt und galt sie im gewöhnlichen Leben als „ganz gut hörend." Nur soll sie öfter über ein fürchterliches „Klopfen im Kopfe" geklagt haben, so dass sie manchmal die Ihrigen fragte: „Hört ihr denn nicht auch, wie es in meinem Kopfe klopft?"

Durch die Freundlichkeit meines verehrten Collegen, Herrn Dr. HERZ, wurde es mir ermöglicht, selbst die Section zu machen und nachher die Felsenbeine zur genaueren Untersuchung herauszunehmen.

Es geschah dies am 15. September 1859. Die Section ergab ausgebreitete Tuberculose der Lungen, vorzüglich der rechten, im Stadium der Erweichung und Höhlenbildung. Dünndarm voll tuberculöser Geschwüre, welche theilweise bis zur Serosa reichten und von denen eines in der Nähe des Coecum beim Herausnehmen der Gedärme platzte.

Untersuchung der Schläfenbeine (Präp. Nr. 181 u. 182). Rechts. Auf dem Processus mastoideus 3 Linien hinter der Anheftung der Muschel eine ³/₄ Zoll lange von oben nach unten gehende Hautnarbe, welche in der Mitte ihres Verlaufes etwas vertieft und mit dem Knochen verwachsen ist. Entsprechend dieser eingezogenen Stelle findet sich nach Entfernung der Haut ein nach innen kegelförmig sich zuspitzender Knochenkanal mit glatten Wänden, welcher leicht von hinten nach vorn in den Warzenfortsatz hinein verläuft, 4 Mm. lang und in der Tiefe geschlossen ist. Der Grund dieses

Knochenkanals, der früheren Fistelöffnung, ist durchscheinend dünn und kann man eine in den Zellen des Warzenfortsatzes bewegte feine Pincettenbranche von aussen sehen, wenn man den Knochen gegen das Licht hält. Die Zellen sind sehr klein und zartwandig und theilweise mit einer halb gallertigen Masse gefüllt.

Aeusserer Gehörgang frei von jeder krankhaften Absonderung. Die Schleimhaut der Tuba blass, etwas Schleim an ihr haftend; der engste Theil der Tuba, da wo der knorpelige Abschnitt in den knöchernen übergeht, abnorm weit, der knöcherne Theil überhaupt stark kegelförmig, mehr cylindrisch geformt und um ein Mehrfaches weiter als gewöhnlich. Die Wände dieser ektatischen Stelle, welche sich ohne deutliche Grenze in die Paukenhöhle fortsetzt, glatt und blass.

Das Trommelfell vorne von nahezu normaler Dünne und Durchsichtigkeit, bietet ein höchst eigenthümliches Aussehen dar, indem seine hintere Hälfte mit Ausnahme eines feinen Randstreifens und einer kleinen Partie hinten und oben fehlt und der vordere und obere Rand dieses Loches allenthalben nach innen gezogen und mit der gegenüberliegenden Paukenhöhlenwand theils unmittelbar, theils durch breite Pseudoligamente verwachsen ist. Indem der scharfe vordere Rand der Perforation und insbesondere der nach innen gezogene Hammergriff fest mit der Labyrinthwand verlöthet sind, besteht die Paukenhöhle eigentlich aus 2 Abschnitten, von denen der vordere vor dem Hammergriff liegende mit der Tuba, der hintere aber mit dem Gehörgange in Verbindung steht. Die Verwachsung ist eine so feste und vollständige, dass zwischen diesen beiden Abschnitten selbst gar keine Verbindung existirt und durch den Gehörgang eingespritztes Wasser keineswegs in die vordere Hälfte oder in die Tuba hätte kommen können (wie mir auch zu Lebzeiten auffiel, dass rechts trotz der Perforation nie Wasser in den Hals lief). Diese hintere mit dem Gehörgange communicirende Hälfte der Paukenhöhle ist aber auch nach hinten und oben gegen den Warzenfortsatz zu vollständig abgeschlossen, nach hinten durch feste Knochenmasse, nach oben durch Verbindung des oberen Perforationsrandes mit der gegenüberliegenden Wand.

Mit diesem oberen Rande der Perforation ist auch der Steigbügel verwachsen, welchen man nicht sehen, nur fühlen kann. Bei der Berührung mit der Pincette zeigt er sich vollständig beweglich und ist seine Gelenkverbindung mit dem Ambossschenkel durchaus nicht getrennt. Auch Hammer und Amboss sind in ihrem Gelenke ganz beweglich, sie sind theilweise eingebettet in röthliche gelockerte Schleimhaut, wie sie auch in mehr gallertiger Form die Zellen des Warzenfortsatzes erfüllt. Vom Hammerkopfe bis zum Ostium tympanicum tubae zieht sich endlich noch in horizontaler Anlagerung ein sehr starkes und festes Band, welches in sich die Sehne des M. tensor tympani enthält, die innere und äussere Paukenhöhlenwand in ausgiebiger Weise verbindet und mit den genannten die Paukenhöhle in zwei Abtheilungen theilenden Pseudoligamenten und Verlöthungen zusammenhängt.

12*

Links. Gehörgang ohne abnorme Absonderung. Auch hier der
obere Theil der Tuba auffallend weit und weniger kegelförmig als cylindrisch. Das Trommelfell nur nach vorn schwach opak, besitzt in
seiner hinteren Hälfte, dicht an den Hammergriff stossend, eine hanfkorngrosse, zackige Perforation, deren hinterer lappenförmig nach innen ge-
zogener Rand mit der gegenüberliegenden Paukenhöhlenwand und zugleich mit dem Steigbügelköpfchen verwachsen ist. Eine Reihe
etwas succulenter Adhäsionen verbinden die obere vordere Partie des
Trommelfells mit der Sehne des M. tensor tymp. und der gegenüberliegenden Labyrinthwand und zieht sich ferner vom Steigbügel aus nach
hinten ein dünnes, aber ziemlich festes, horizontal angelagertes Adhäsionsband. Die Schleimhaut der Paukenhöhle dicker, weicher und
blutreicher, als gewöhnlich. Sämmtliche Gehörknöchelchen frei beweglich. Warzenfortsatz feinzellig, seine Knochenmaschen gefüllt
mit röthlichgelber, wenig zäher Flüssigkeit, welche nur wenig geformte
Elemente, kleine mehrkernige Zellen und Fettkörnchenzellen besitzt.

Dieser Fall bietet mehrere practisch-wichtige Seiten dar. Von
Interesse ist einmal der eigenthümliche Befund am Trommelfell,
welcher einen weiteren Beleg abgibt, welche bedeutende Veränderungen an diesem Gebilde stattfinden können, ohne dass der
Kranke im gewöhnlichen Leben zu den Schwerhörigen gerechnet
wird. Ich kenne verschiedene Fälle mit Perforation des Trommelfells, welche für die gewöhnlichen Anforderungen genügend hören,
und von denen kaum Jemand ahnt, dass sie ein Ohrenleiden haben.
Obwohl mir alle genaueren Angaben über die Hörweite der G.
aus der letzten Zeit ihres Lebens fehlen, so lässt sich doch mit
Bestimmtheit sagen, dass sie nicht normal gehört hat, und müssen
wir wohl bedenken, dass bei den wenig präcisen Anforderungen,
die man an das Gehör zu stellen gewohnt ist, die Gehörabnahme
immer schon eine sehr bedeutende ist, wenn sie einmal der Umgebung oder selbst dem Kranken auffällt. Man kann daher ausreichend für die gewöhnlichen Bedürfnisse hören, und doch ist
das Gehör und das Gehörorgan schon seit Jahren abnorm. Wie
Adhäsivprocesse überhaupt eine der häufigeren Vorkommnisse in
der Paukenhöhle sind, worauf ich schon mehrmals aufmerksam
gemacht habe, so kommen Verlöthungen des Trommelfells mit
dem Steigbügel auch ohne Perforation nicht so gar selten vor
und lassen sie sich zu Lebzeiten meist mit Bestimmtheit erkennen.
Dieser Befund gibt übrigens noch einen Fingerzeig, was man thun
müsste, um gegebenen Falles eine Perforation des Trommelfells
offen zu erhalten; man hätte eine Verlöthung der Ränder mit der
gegenüberliegenden Paukenhöhlenwand anzustreben. —

Was vor Allem die operative Anbohrung des Warzenfortsatzes betrifft, so habe ich mich zwar über diese gewiss
mit Unrecht in Verruf gekommene Operation, über ihre Anzeigen
und ihre Geschichte schon in meiner angewandten Anatomie des
Ohres (Würzburg 1860 § 33) ausgesprochen, halte es indessen der
Wichtigkeit der Sache und der im Allgemeinen entgegenstehenden
Ansichten wegen für nöthig, hier noch weiter auf diese Frage
einzugehen.

Das Schicksal dieser Operation bewegt sich in Wechselfällen,
wie sie sich auch sonst in der Geschichte der Medicin nicht selten
wiederfinden. Zuerst mit einem gewissen Enthusiasmus aufgenommen, dann kritiklos verallgemeinert wurde sie schliesslich nach
einem unglücklichen Falle in Bausch und Bogen über Bord ge-
worfen, vergessen und verketzert. Das Wahre an der Sache ist,
dass die Anbohrung des Warzenfortsatzes in den meisten Fällen, in
welchen sie im vorigen Jahrhundert ausgeführt wurde, sich nicht
rechtfertigen lässt, dass sie aber in einzelnen Fällen einen uner-
setzbaren, wahrhaft lebensrettenden Werth besitzt. Dies ergibt
uns sowohl eine kritische Durchsicht der veröffentlichten Casuistik, als eine vorurtheilslose Betrachtung der Verhältnisse und die
Anwendung der allgemein geltenden chirurgischen Grundsätze auf
die Abscesse im Schläfenbeine. Einer der Fundamentalgrundsätze
der Chirurgie, der allmälig auch in der inneren Medicin immer
mehr zur Geltung kommt, verlangt, dass man jede Eiteransammlung in den Geweben möglichst bald und möglichst vollständig
nach aussen entleere, indem so allein jeder schädlichen Einwirkung derselben auf die Nachbartheile, alle Senkungsvorgänge und
jede Weiterverbreitung der Entzündung vermieden werden könne.
Je nach der Bedeutung der Gewebe, in welchen solche Eiterungen
vor sich gehen und je nach der Wichtigkeit der Oertlichkeit wird
dieser Grundsatz um so mehr betont und um so gewissenhafter
in Anwendung gebracht. Ich kenne aber kaum einen Theil im
menschlichen Organismus, welcher nach allen Seiten so von wichtigen Gebilden und Organen umgeben ist, und in welchem daher
Eiteransammlungen so sehr vermieden werden sollten, als dies
beim mittleren Ohre der Fall ist. Nur nach einer Seite von einer
nachgiebigen Wand, dem Trommelfell, geschlossen und mit einer
ungemein engen, daher bei entzündlichen Vorgängen meist abge-
sperrten Abzugsröhre, der Tuba Eustachii, versehen, grenzen
seine Knochenwände allenthalben an Gebilde, deren Mitbetheili-

gung am Entzündungsprocesse im höchsten Grade zu fürchten ist.
Während Paukenhöhle und Warzenfortsatz nach oben nur durch
eine oft ungemein verdünnte Knochenschichte von der Dura mater
und dem Gehirne geschieden sind, ferner die Carotis interna nur
durch ein zartes, häufig sogar defectes Knochenplättchen von der
Schleimhaut getrennt ist, liegt auch die Vena jugularis interna mit
ihrem Bulbus oft dicht unter dem durchscheinend dünnen Boden der
Paukenhöhle und bietet die Labyrinthwand nur geringe Wider-
stände gegen ein Uebergreifen des Processes von der Paukenhöhle
auf das innere Ohr und somit auf den mit den Hirnhäuten ausgekleideten Porus acusticus internus; ferner ist der Sinus transversus an der hinteren Fläche des Warzenfortsatzes gelegen und
werden alle diese Theile von diploëtischen Räumen gebildet oder
umgeben, in welchen so leicht Blutgerinnungen entstehen und die
Bedingungen setzen für secundäre Thrombosen in den benachbarten Venenräumen. Allein auch abgesehen davon, dass durch Eiteransammlungen im Mittelohre leicht der Gesundheit und dem Leben
der Kranken die ernstesten Gefahren drohen, immer steht die
Thätigkeit eines der edelsten Sinne, des Gehöres, dabei in Frage,
welches so häufig auf diese Art in unheilbarer Weise geschwächt
oder selbst vernichtet wird. Diese Bedeutung von Eiterungen im
Ohre hat sich in neuerer Zeit auch immer mehr ins Bewusstsein
der Aerzte gedrängt und in auffallender Weise mehren sich die
Mittheilungen über lethale Ausgänge von Otitis interna. Warum
versucht man aber nicht, hier ebenso zu handeln, wie man es
sicher an weniger gefährlichen Stellen thun würde, um dem Eiter
freien Ausgang zu schaffen, und so jeder weiteren Zerstörung Einhalt zu thun? Ich glaube dies allein auf die veraltete Ausnahmsstellung beziehen zu müssen, welche heutzutage selbst bei gebildeten Aerzten noch Allem zugewiesen ist, was das Ohr betrifft,
welche Ausnahmsstellung sich selbst auf die anatomischen Kenntnisse von dieser Gegend erstreckt. Letzterem gegenüber sei bemerkt, dass die Zellen des Warzenfortsatzes mit der Paukenhöhle
in offener Verbindung stehen, mit derselben Schleimhaut ausgekleidet sind und daher an allen krankhaften Processen dieser
Cavität Theil nehmen, dass in diesen fächerigen und maschigen
Knochenräumen um so leichter Eiteransammlungen sich bilden,
als die Verbindungen der Zellen unter sich und mit dem vorderen
Abschnitte des Mittelohres oft sehr enge sind, daher leicht Ab-
sperrungen eintreten und zudem der grösste Theil der Warzen-

fortsatzräume tiefer als Trommelfell und Gehörgang liegt. Wenn
daher selbst das Trommelfell durchbrochen und dem Secrete der
Paukenhöhle dadurch so ziemlich freier Abfluss nach aussen gestattet ist, so gilt dies damit noch nicht für den innerhalb des
Processus mastoideus befindlichen Eiter, welcher ausserdem für
die vom Gehörgang aus gemachten Einspritzungen fast ganz un-
erreichbar liegt. Wenn man daher die mit einer solchen Eiterung
daselbst verbundenen Gefahren verhüten will, muss man sich in
anderer Weise einen Weg zu ihrem Sitze bahnen. Ob Einspritzungen oder besser Eintreiben von warmen Dämpfen durch die Tuba
hier von durchgreifendem Werthe oder nur anwendbar sind, möchte
ich für intensive Fälle von vornherein bezweifeln, obwohl bei ge-
ringgradigen Processen ein fortwährendes Offenerhalten der Ohrtrompete durch häufiges Gurgeln und wiederholtes Lufteinblasen
mittelst Katheter Verschlimmerungen aufhalten und in jeder Beziehung günstig einwirken mögen.

Es bleibt somit unter solchen Umständen nichts übrig, als
die äussere Knochenschale zu durchbrechen, um direct zu dessen
Zellenräumen und dem Eiterherde zu gelangen und bin ich entschieden der Ansicht, dass es Fälle gibt, in welchen jeder den-
kende Arzt die Anbohrung des Warzenfortsatzes machen muss,
wenn er sich nicht Vernachlässigung des Kranken oder mangelnde
Thatkraft vorwerfen will, indem ihre Ausführung oft zur Indicatio
vitalis wird.

Die Schwierigkeiten der Operation würden nur dann irgendwie erhebliche sein, wenn die zwischen den Knochenzellen und
der Haut liegende Knochenschichte eine beträchtliche Dicke hätte.
Dies kommt allerdings vor; einmal variirt die Dicke der äusseren
Knochenlamelle des Processus mastoideus auch im Normalen sehr
bedeutend, nach FR. ARNOLD von ½ Linie bis 3 Linien, andererseits wird oft ein Theil des sonst von Hohlräumen erfüllten Knochens massiv, was namentlich häufig bei vorgerückterem Alter
geschieht. Ja ein solcher Verdichtungsprocess, eine solche Sclero-
sirung des Knochens könnte gerade in Folge einer chronischen
Entzündung dieser Theile eintreten, wie ja die Knochenentzün-
dung nicht immer zu Knochenatrophie und Caries, sondern auch
häufig zu Hypertrophie des Gewebes, zu Hyperostose, führt. Einen
solchen Fall legte FANO der Société de Biologie im Jahre 1853
vor. Es handelte sich um einen 23jährigen Menschen, welcher
4 Jahre lang an einer chronischen Otitis mit starker Eiterung ge-

litten hatte und durch Uebergreifen der Entzündung auf das Gehirn
starb. Das ganze Schläfenbein, namentlich aber der Warzentheil,
hatte dabei eine ganz collosale Hypertrophie erlitten und zeigte
eine Grösse, welche die Norm um das Vierfache mindestens über-
stieg. Zugleich waren die Wände stark verdichtet wie Elfenbein
und maassen 1—4 Centimeter.

Indessen der Knochen dürfte noch so dick sein, es würde
dies die Operation nur erschweren, nie unmöglich machen. Auf
der anderen Seite würde dagegen ein solcher Zustand, wenn man
ihn überhaupt voraussehen könnte, eine operative Eröffnung des
im Innern des Schläfenbeins befindlichen Abscesses um so mehr
erheischen, indem bei sehr dicker Knochenwandung ein freiwilliger
Aufbruch nach aussen um so weniger zu erwarten stünde. Durch
eine solche, nicht mittelst Kunsthülfe hervorgerufene Entleerung
und durch spontane Fistelbildung hinter dem Ohre entscheidet
sich nicht selten eine langwierige, mit grossen Schmerzen und
drohenden Allgemeinerscheinungen verlaufende Otitis rasch günstig, und sollte uns dieser eben nicht seltene Vorgang einen Fingerzeig für unser ärztliches Handeln geben. Sicherlich werden aber
nur passive Naturen oder solche, welche sich den Ernst der in
Frage stehenden Affectionen nicht klar zu machen verstehen,
selbst in dringenden Fällen, wo thatkräftiges Einschreiten Noth
thut, ruhig zuwarten und höchstens kataplasmiren, bis der Abscess selbst den Knochen durchbricht und sich von freien Stücken
nach aussen öffnet.

Die operative Durchbohrung des Warzenfortsatzes lässt sich
am meisten mit der Trepanation des Schädeldaches vergleichen,
soweit diese zur Entfernung von fremden Körpern, von Eiter oder
Blut aus der Schädelhöhle ausgeführt wird. Doch findet ein
wesentlicher Unterschied zu Gunsten ersterer Operation statt, sowohl was die Sicherheit des Erfolges, als was die Gefährlichkeit
der Ausführung selbst betrifft. Wenn die Anzeichen für die Trepanation auch in neuerer Zeit gegen früher sehr bedeutend ein-
geschränkt und vermindert wurden, so wird doch jeder Chirurg
veranlasst sein, in Fällen zu trepaniren, wo er sich von vornherein gestehen muss, es könne möglicherweise neben der einen
erkennbaren Verletzung noch eine weitere an einem anderen,
durchaus unzugänglichen Ort, etwa an der Schädelbasis, stattfinden, oder in Fällen, wo der Sitz des Abscesses oder des Extravasats sich nicht mit absoluter Sicherheit angeben lässt. Man

wird also zuweilen ohne jeden Nutzen trepaniren und dem ursprünglichen Trauma noch ein weiteres, nicht unbedeutendes hinzufügen. Wo ich dagegen die Anbohrung des Warzenfortsatzes empfehle, in Fällen von Entzündung desselben mit Eiteransammlung in seinen Zellen, wird man einmal stets dem Abscesse freien Ausgang verschaffen können und somit immer ein sicherer und unmittelbarer Nutzen aus dem operativen Eingriffe entspringen. (Ich spreche natürlich nicht von Fällen, wo man mit der Operation so lange wartet, bis sich ein anderes bedeutendes Leiden, z. B. des Gehirns dazu gesellt hat. Dass man auch mit diesem Eingriffe zu spät kommen kann, wer wollte dies läugnen?) Man kann dann ferner, wenn einmal der Weg gebahnt ist, jeder weiteren Eiteransammlung entgegentreten, indem nicht nur der Warzenfortsatz, sondern auch die Paukenhöhle — der gewöhnliche Ausgang der Erkrankung — für unsere therapeutischen Einwirkungen, vorzugsweise Einspritzungen, offen liegen und daher das ganze Leiden auf diese Weise am raschesten zur Heilung zu bringen ist. Was das Zweite, die Gefahren der Operation betrifft, so sind dieselben bei der Trepanation des Schädeldaches ungleich bedeutender, indem hier oft Blutungen aus der Meningea media vorkommen und es im Zwecke des Eingriffs liegt, die Dura mater bloszulegen, ja oft zu spalten, während wir bei richtiger Technik am Warzenfortsatze die Dura mater und den Sinus transversus vermeiden und es auch nur mit einer äusseren Blutung zu thun haben werden.

In dem oben berichteten Falle ging ich ungemein vorsichtig, ja zaghaft zu Werke und ist dies sehr erklärlich. Ich musste mir bei Betrachtung der vorliegenden Verhältnisse sagen, dass aller Wahrscheinlichkeit nach der Verlauf der Erkrankung nur dann ein günstiger sein könne, wenn der in den tieferen Theilen des Ohres angesammelte Eiter gründlich entleert würde, was nur durch eine hinter dem Ohre angelegte Gegenöffnung möglich sei. Ich zog die Literatur zu Rathe, soweit sie mir damals zu Gebote stand, und fand auch einige Beobachtungen, welche meinem Falle ähnlich waren, und wo die Operation einen unmittelbaren, ich möchte sagen, lebensrettenden Erfolg hatte; allein soviele Ohrenärzte, Anatomen und Chirurgen ich nachschlug, allenthalben traten mir wesentliche Bedenken, grossentheils sogar ein offenes Verdict entgegen. Was war natürlicher, als dass mir, der ich kaum ein Jahr selbständig practizirte, ein solcher operativer Eingriff als ein grosses Wagniss erschien und ich ungemein vorsichtig, ja fast nur versuchsweise handelte? Wäre ich nicht mit der einfachen Knopfsonde zum Ziele gelangt, ich würde mich kaum zu einem activeren Verfahren mit anderen Instrumenten entschlossen haben. Jetzt würde ich in einem ähnlichen Falle mit weit grösserer Bestimmtheit auftreten und mich nicht scheuen, wenn die trennende Knochenschichte als weniger mürbe oder als dicker sich erwiese, einen Handhohlmeisel oder die hohlmeiselförmige Resectionszange Luër's zur Durchbohrung des Warzenfortsatzes zu benutzen. Die Trepanationsinstrumente scheinen mir hierzu weit weniger passend zu sein, da man ausser in Fällen, wo, wie bei der unten angegebenen Forget'schen Beobachtung, ein Sequester entfernt werden muss, nur eine verhältnissmässig kleine, etwa 1—2 Linien im Durchmesser haltende Oeffnung nöthig hat, um dem Eiter freien Ausgang zu geben und Einspritzungen von hier zu ermöglichen, zumal man die Oeffnung im Nothfalle mit dem Linsenmesser oder dem Exfoliativ-Trepan später immer noch erweitern könnte.

Wilde in Dublin empfiehlt, wenn sich bei Otitis interna eine deutliche Entzündung des Warzenfortsatzes ausbildet, hinter dem Ohre parallel der Muschel einen kräftigen, etwa zolllangen Einschnitt zu machen, welcher Haut und Periost durchdringt. Einem solchen Einschnitte solle immer unmittelbare Erleichterung folgen und liesse sich so oft die Entzündung des Knochens beschränken. Ich sah Wilde selbst mehrmals ein solches Verfahren mit auffallend günstigem Erfolge anwenden und entschloss mich daher um so leichter, in obigem Falle einen solchen Einschnitt zu versuchen. Wenn auch die darauf folgende Besserung des Zustandes hier nur eine vorübergehende war, so lässt sich doch nicht läugnen, dass man in früheren Stadien der Entzündung, bevor es zu ausgebreiteter Eiterbildung im Innern des Knochens gekommen ist, sehr wesentlichen Vortheil auf diese Weise erzielen könnte, zumal die durch den Einschnitt auf den Zitzenfortsatz bewirkte Blutentleerung stets eine sehr bedeutende sein wird. Da nun der Anbohrung des Warzenfortsatzes zu Entleerung eines in ihm enthaltenen Abscesses immer ein auf seiner Höhe geführter Hautschnitt vorausgehen muss, so liesse sich in Fällen, wo noch etwas Zuwarten erlaubt ist, zuerst ein solcher allein ausführen, und könnte man, wenn damit das ganze Leiden nicht eine günstigere Wendung nimmt, in einem oder zwei Tagen erst die Durchbohrung des Knochens selbst folgen lassen. Einen solchen Schnitt macht man am besten 3—4 Linien hinter der Anheftung der Ohrmuschel und würde ich später den Hohlmeisel in der Mitte des Schnittes, in gleicher Höhe mit der Ohröffnung einsetzen und ihn horizontal leicht nach vorn zu wirken lassen. Auf diese Weise würde man die Dura mater und den Sinus transversus sicher vermeiden und am raschesten gegen die grossen constant vorhandenen, dicht hinter und über der Paukenhöhle liegenden Zellen gelangen. Verlegt man den Einschnitt näher an die Muschel, so verletzt man entweder die Art. auricularis posterior selbst oder wenigstens ihre Aeste dicht an ihrem Abgange. Jedenfalls wäre es aber weniger bedenklich, zu weit nach vorn als zu weit nach hinten einzugehen, indem man sonst leichter den Sinus transversus treffen würde. Auch darf man das Perforativ nicht über der Höhe der Ohröffnung wirken lassen, weil man sonst Gefahr läuft, die Dura mater zu verletzen. Selbstverständlich hätte man das Instrument sehr vorsichtig und mit Pausen zu benutzen, um fortwährend wie bei der Trepanation sondiren und die Wunde reinigen zu können, um ferner jedes allzurasche Durchstossen des Knochens zu vermeiden. Ist der Knochen mürbe und die Scheidewand dünn, so würde schon eine gewöhnliche Knopfsonde genügen, wie in meinem obigen und auch dem JASSER'schen Falle.

Eine kurze Vorlage der einschlägigen Casuistik erscheint mir um so wichtiger, als dieselbe grösstentheils in älteren oder in weniger zugänglichen Quellen sich zerstreut findet und eine kritische Betrachtung der vorliegenden Fälle von Anbohrung des Zitzenfortsatzes am leichtesten eine richtige Beurtheilung und geeignete Würdigung der Operation vermitteln wird, welcher ich einen sehr bestimmten Platz in der chirurgischen Operationslehre eingeräumt wissen möchte.

Die ersten Vorschläge, den Zitzenfortsatz mit einem Instrument zu durchbohren, machten JOHANNES RIOLANUS (1649) und ROLLFINK (1656), beide indessen nur bei Taubheit und Ohrensausen, welche von Verstopfung der Tuba Eustachii verursacht würden. An den Katheterismus der Ohrtrompete dachte man damals noch nicht, obwohl diese Verbindung zwischen Schlund und Ohr bald ein Jahrhundert lang bekannt war. MORGAGNI sprach sich gegen diese Operation aus, vorzüglich, weil er der Ansicht war, die Zellen des Warzenfortsatzes seien gegen die Paukenhöhle zu geschlossen, VALSALVA (1704) war der Erste, welcher durch eine bereits bestehende Fistelöffnung hinter dem Ohre Einspritzun-

gen machte und einen vornehmen Mann so von einer lange bestehenden eiternden Ohrentzündung heilte. Nach sämmtlichen
mir zu Gebote stehenden Autoren[*]) hätten PETIT und HEUERMANN
zuerst gerathen, bei Caries und Eiteransammlung im Zitzenfortsatze denselben zu durchbohren; FORGET dagegen[**]) gibt an, dass
J. L. PETIT diese Operation auch wirklich einmal ausgeführt habe
und zwar mit Hohlmeisel und Hammer. Der Kranke wurde dadurch gerettet; ein Anderer, an dem er sie ebenfalls machen wollte,
liess sie nicht zu und starb an seinem Leiden.

Mit diesem bei FORGET's Autorität sicherlich authentischen
Fall kenne ich im Ganzen neun Beobachtungen, in welchen der
Warzenfortsatz zur Entleerung von Eiter angebohrt wurde[***]). Alle
diese Fälle nahmen einen durchaus günstiges Ende, sowie auch
von den weiteren 8 mir bekannten Operationen, welche im vorigen
Jahrhundert bei chronischer Taubheit ohne Otorrhoe gemacht wurden — also als Mittel gegen Taubheit, etwa statt des Einführens
des Katheters — nur ein einziger, der des Leibarztes Baron
v. BERGER in Kopenhagen, unglücklich ausfiel (1791). So wenig
das Verfahren bei der letzteren Indication zu rechtfertigen ist,
so sehr zeigt doch im Ganzen dies Ergebniss, dass es sich hier
um keine so gefährliche Operation handelt, als man meist geneigt
ist zu glauben. Der Fall PETIT's, welcher mir indessen in ex-
tenso nicht zu Gebote steht, wäre jedenfalls als die erste Perforation des Zitzenfortsatzes zu betrachten.

Der zweite Fall ist der bekannte vom Regiments-Chirurgus
JASSER (1776)[†]):

Ein Rekrut, Hittberg, litt seit vielen Jahren an Ohrenschmer-

---

[*]) So SCHREGER, Grundriss der chirurgischen Operationen, Nürnberg
1819, S. 250. — LINCKE, Handbuch der Ohrenheilkunde, III. von WOLFF be-
arbeiteter Band. Leipzig 1845, S. 286 u. A.

[**]) L'Union médicale 1860. No. 52.

[***]) Bei dem Falle MORAND's, welchen WOLFF a. a. O. als erste Perforation des Zitzenfortsatzes angibt, handelte es sich nach Einsicht des Origi-
nals nicht um eine solche, sondern um einen Hirnabscess nach Otitis, welcher
durch Trepanation der Schuppe des Schläfenbeines und Spaltung der Dura
mater nach aussen entleert und endlich geheilt wurde. Diese Beobachtung
ist äusserst interessant, gehört aber nicht hierher. Siehe MORAND's vermischte
chir. Schriften. Aus dem Französ. von E. PLATNER, Leipzig 1776. S. 4—13.

[†]) J. S. SCHMUCKER's vermischte chirurg. Schriften. Berlin 1782. III. Bd.
S. 113. Dieser, wie die zwei nächsten Fälle, sind abgedruckt in LINCKE's
„Sammlung auserlesener Abhandlungen und Beobachtungen aus dem Gebiete
der Ohrenheilkunde". Leipzig 1840. 4. Heft. S. 195, 202 u. 96.

zen mit starker Eiterung und Schwerhörigkeit auf beiden Seiten. „Der Commandant des Regimentes, der bei der ersten ärztlichen Untersuchung zugegen war, hob den Stock in die Höhe, wobei er den Rekruten versicherte, dass dieser das wahre Hülfsmittel wäre, ihm sein verlornes Gehör wieder herzustellen und ihm seine Materie aus den Ohren zu bringen. Ich durfte mir nun bei dieser neuen Cur nicht einfallen lassen, den Patienten für einen Invaliden zu erklären." (JASSER.) Im Verlaufe eines Jahres stellten sich mehrmals sehr heftige Ohrenschmerzen auf dem einen Ohre ein, welche Anfälle immer von mehrwöchentlicher Dauer und stets von starkem Fieber begleitet waren. Bei dem letzten dieser Anfälle steigerten sich die Schmerzen und die Allgemeinerscheinungen zu einer ganz entsetzlichen Höhe, so dass der Kranke oft Tag und Nacht halb verrückt im Zimmer herum lief und mehrmals vor grossen Schmerzen alles zerriss, was er am Leibe hatte. Allmälig bildete sich eine kleine Erhabenheit hinter dem Ohre, welche aber wieder zurückging. JASSER machte nun einen zolllangen Einschnitt hinter dem Ohre, welcher bis auf den Knochen ging und, da nur einige Tropfen dünnen Eiters kamen, entblösste er mit dem Bistouri den Zitzenfortsatz noch weiter von der Sehne des Sternocleidomastoideus und von der Beinhaut. Es zeigte sich nun der Knochen rauh. Beim Untersuchen mit der Sonde konnte er sie in die Zellen des Warzenfortsatzes ziemlich tief hineindrücken. Durch diese Oeffnung spritzte er nun sogleich ein. Die injicirte Flüssigkeit lief zur Nase heraus und zugleich drang viel Eiter aus der äusseren Oeffnung. Des Kranken Ausdruck erheiterte sich sogleich und er rief freudig aus, seine Schmerzen im Ohre liessen nach. Unmittelbar nach der Operation legte sich der Kranke ruhig ins Bett und schlief ununterbrochen 10 Stunden. Den nächsten Tag waren alle Schmerzen verschwunden, die Eiterung wurde bald geringer und hörte nach acht Tagen vollständig auf. Nach 3 Wochen war auch die Wunde hinter dem Ohre geschlossen. Die Schmerzen kamen nie wieder; dagegen war seine Schwerhörigkeit viel geringer als früher.

Durch diesen günstigen Erfolg aufgemuntert, machte nun JASSER verschiedene Versuche am Cadaver und durchbohrte später an demselben Soldaten den anderen Zitzenfortsatz mit einem Troikart, um ihn durch nachfolgende Einspritzungen auch hier von seiner Taubheit zu befreien. Schmerzen hatte er daselbst nie gehabt, auch war keine Caries vorhanden, und nur die Schwerhörigkeit gab diesmal die Indication zur Operation ab. In der That besserte sich auch das Gehör etwas. In drei Wochen war die Wunde verheilt, ohne dass es zu einer Exfoliation des Knochens gekommen wäre. Nachdem JASSER diese Fälle veröffentlicht hatte, wurde das Verfahren die JASSER'sche Operation genannt und in der nächstfolgenden Zeit sine discrimine an vielen Schwerhörigen ausgeführt.

Der dritte hierher gehörige Fall ist der von Dr. FIELITZ*), welcher ausserdem an noch zwei Personen wegen Taubheit diese Operation ausführte.

Ein junges Frauenzimmer verlor in Folge einer hitzigen Krankheit ihr Gehör auf der einen Seite und litt nun 5 Jahre lang öfter an einem übelriechenden Ohrenausfluss, dem jederzeit ein Fieber mit heftigen Schmerzen im Ohre vorausging. FIELITZ durchbohrte ihr den Zitzenfortsatz mit einem kleinen spitzigen Instrumente und spritzte 12 Tage lang einen starken Aufguss von Schierling ein; 12 Tage lang lief bei diesen Einspritzungen viel Eiter mit etwas Blut gemischt aus Ohr und Nase, wobei das Gehör täglich zunahm. Der eitrige Ausfluss verschwand dann gänzlich und das Gehör war vollständig hergestellt.

Der vierte Fall betrifft eine vom Chirurgen WEBER in Hammelburg (Unterfranken) im Jahre 1824 ausgeführte Anbohrung des Warzenfortsatzes**).

Ein 44jähriger Bauer war vor 3 Monaten von einer anfangs wenig schmerzhaften, bald eiternden Ohrenentzündung befallen worden, welche unter Schwankungen zu einer entsetzlichen Höhe gestiegen war. Trotz aller Mittel hatten sich die Schmerzen im und hinter dem Ohre so gesteigert, dass der Kranke 12 Tage lang keine Minute schlafen konnte, fast keine Speise mehr zu sich nahm und im höchsten Grade entkräftet war. Da die Schmerzen namentlich am Warzenfortsatz sehr heftig waren und durch einen daselbst gemachten Einschnitt sich nicht minderten, beschloss WEBER denselben anzubohren, obwohl der Knochen nirgends missfärbig sich zeigte. „Fast auf seiner höchsten Erhabenheit, 10 Linien hinter dem Ohre, 7 von dem oberen und 4 Linien von dem hinteren Rande des Warzenfortsatzes entfernt, stiess ich den Troikart bohrend und schief nach vorn gerichtet, beiläufig

---

*) A. G. RICHTER's chirurg. Bibliothek. Bd. VIII. St 3. S. 325.
**) FRIEDRICH's und HESSELBACH's Beiträge zur Natur- und Heilkunde. Bd. I. Nr. 9. S. 227—234. Würzburg 1825.

3 Linien tief in den Knochen ein, bis mir die geringere Resistenz die Gegenwart einer Zelle des Zitzenfortsatzes andeutete. Nun zog ich ihn zurück und welche Freude für mich! als ich beim Herausziehen einen Strom von Eiter mir entgegen quellen sah." Der Schmerz war verschwunden, die Eingenommenheit des Kopfes nahm immer mehr ab, und allmälig stellte sich auch das Gehör wieder ein. Nach 4 Wochen hörte die Eiterung ganz auf und nach 7 Wochen war die Wunde ohne Knochenabblätterung geheilt.

Wie Professor FORGET im vergangenen Jahre*) veröffentlicht, hat er 1849 ebenfalls bei Otitis interna den Warzenfortsatz durchbohrt und später unter Erweiterung der Oeffnung einen Sequester aus dem Inneren dieses Knochens entfernt. Diese sehr interessante Beobachtung gewinnt doppelten Werth durch die Ausführlichkeit und Genauigkeit der Mittheilung. Wir wollen hier das Wesentlichste anführen.

Ein junger Mann von 14 Jahren wurde nach oder eigentlich während eines kalten Flussbades von heftigen Schmerzen in dem einen Ohre ergriffen, welchen sich nach einigen Tagen eine leichte Otorrhoe zugesellte. Im Laufe der nächsten Monate steigerte sich dieser Zustand immer mehr, die Schmerzen kamen anfallsweise oft ungemein heftig, die Eiterung wurde im Ganzen stärker und stellte sich während eines starken Anfalls von acuter Otitis eine Lähmung des entsprechenden Facialis ein. Diese einseitige Gesichtslähmung blieb ein ganzes Jahr lang trotz aller möglicher Behandlung, von Elektricität bis zu Schwefelbädern, verlor sich aber dann allmälig. Otorrhoe und Schmerzen dauerten während dessen fort in wechselndem Maasse und entwickelten sich polypöse Excrescenzen im Gehörgange, welche trotz Ausschneidung und Aetzung immer wiederkehrten. Im Verlaufe dieser Zeit ging in dem jungen Manne eine merkwürdige Veränderung vor sich, nicht nur in seinem körperlichen, sondern auch in seinem geistigen Befinden. Er wurde wortkarg, mürrisch und finster, seine Geisteskräfte sanken merklich und er verfiel immer mehr in eine Art Idiotismus.

Zwei Jahre nach dem Beginn des Leidens kam Patient unter FORGET's specielle Behandlung. Der auf der erkrankten Seite vollständig taube Kranke klagte über ein ungewöhnliches Hitzegefühl im Ohre, und liess sich eine ziemlich beträchtliche An-

---

*) L'Union médicale 1860. V. 52.

schwellung der ganzen Ohrgegend, namentlich der Zitzengegend nachweisen. Unter Abnahme der vorher starken Eiterung trat eine Zunahme der entzündlichen Erscheinungen, eine Anschwellung hinter dem Ohre und eine bedeutende Steigerung der Schmerzen im Ohre und im Kopfe ein. Da FORGET den Sitz eines Abscesses im Zitzenfortsatze als sicher annahm, schritt er zur Anbohrung dieses Knochens; er machte zuerst einen 4 Centimeter langen Einschnitt bis auf den Knochen und als er diesen mit dem Bistouri nicht durchbrechen konnte, nahm er einen Hohlmeisel, der bald eine Oeffnung schaffte. Ein Strom Eiter, mit einzelnen Luftblasen gemengt, entleerte sich sogleich; nach einigen Einspritzungen von lauem Wasser zog er ein Haarseil durch die neue Oeffnung und den äusseren Gehörgang hindurch, um ihre Verschliessung zu vermeiden.

Trotz des günstigen Erfolges der Operation und der starken Eiterung sank der Zitzenfortsatz nicht entsprechend ein und drohten bald üppig wuchernde Granulationen die Fistel zu verschliessen. Ein Monat nachher trat von neuem vermehrte Anschwellung der ganzen Gegend mit ausgebreitetem Erysipel ein, vermehrten sich wieder die Schmerzen und gesellte sich Fieber dazu mit entwickelten Hirnsymptomen. FORGET konnte sich diese Erscheinungen nicht anders als durch Anwesenheit eines nekrotischen Knochens im Innern des Zitzenfortsatzes erklären und schickte sich an, denselben zu entfernen. Nachdem der Hautschnitt vergrössert und die Knochenöffnung hinlänglich blosgelegt war, liess sich durch Eingehen mit dem kleinen Finger die Anwesenheit eines nur an einer Seite verwachsenen Sequesters nachweisen. FORGET brach ihn unter rotirenden Bewegungen mit einer Knochenzange ab und konnte nun ein Knochenstück von 3 Centimeter Höhe und 2 Centimeter Dicke aus dem Innern des Warzenfortsatzes entfernen.

Vom Tage dieser Operation an trat keine Störung mehr ein; die Eiterung, welche anfangs aus dem Gehörgang wie aus der Fistel sehr stark fortgedauert hatte, minderte sich allmälig und war nach 3 Monaten kaum noch zu bemerken. Die Anschwellung fiel rasch ein und 7 Wochen nach der Operation war die Knochenwunde vollständig geschlossen. Ebenso hoben sich binnen Kurzem die Gesundheit wie die Intelligenz des Kranken zu ihrem früheren Stande und konnte er sich dem angestrengtesten Dienst in Algier unterziehen, wo er 6 Jahre blieb. Vor Kurzem sah

ihn FORGET wieder, es war nie mehr eine Störung seines Be-
findens eingetreten und liess sich selbst eine merkbare Spur von
Hörvermögen auf der so lang und so tief erkrankten Seite nachweisen.

In dem Aufsatze, welcher diese höchst werthvolle Mittheilung
FORGET's enthält, wird angegeben, dass Dr. FOLLIN in Paris 1859
zweimal den Warzenfortsatz angebohrt habe. In beiden Fällen
fanden sich zwar bereits in Folge der eiterigen Otitis Fisteln
daselbst; da trotzdem die Anwesenheit von Eiter im Innern der
Zitzenfortsatz-Zellen eine fortwährende Reizung und sehr heftige
Schmerzen im Ohre unterhielt, so legte FOLLIN den Knochen blos
und machte mit der Trephine eine hinreichend grosse Oeffnung.
In Folge dieses Eingriffes hörten die Schmerzen auf, die Eiterung
konnte nun gut nach aussen gelangen, minderte sich allmälig und
im Verlaufe von 6 Wochen war die Heilung eine vollständige.
Auch hier verschwand die Taubheit in beiden Fällen mit den
krankhaften Erscheinungen. Diese beiden Fälle soll FOLLIN der
Société de chirurgie in der Sitzung vom 18. Januar 1860 vorge-
legt haben. Da mir die Verhandlungen dieser Gesellschaft nicht
zu Gebote stehen, muss ich mich mit obigen Angaben begnügen.

Als achter Fall von Durchbohrung des Warzenfortsatzes
schliesst sich endlich meine oben mitgetheilte Beobachtung aus
dem Jahre 1858 an.

Weitere Schlüsse aus den Ergebnissen dieser acht Fälle zu
ziehen, halte ich nach dem Obigen für überflüssig. Facta loquuntur.

G.

Abnormitäten der Rachenmündung der Tuba und traumatische Felsenbeinbrüche.

LXXIV.

Ein Fall von Verwachsung der Rachenmündung der Ohrtrompete.*)

Das Präparat, welches in der anatomischen Anstalt zu Würzburg zufällig zur Untersuchung kam, stammt von einer 41 jährigen Frau; dieselbe galt, wie Herr Dr. Seuffert, damaliger Assistent der chirurgischen Klinik, so gütig war zu ermitteln, seit langer Zeit als auf dem rechten Ohre taub und war ausserdem in Folge ausgedehnter Hornhautnarben nahezu blind. Das Augenleiden liess sich in bestimmte Abhängigkeit von vor langer Zeit überstandenen Blattern bringen, während in Bezug auf die einseitige Taubheit sich keine bestimmten genetischen Anhaltspunkte gewinnen liessen. Als nächste Ursache des am 17. November 1864 erfolgten Todes wird ein in Zerfall begriffener Krebs der Gebärmutter mit nachfolgender Perforation des Mastdarms und der Harnblase angeführt.

Die nähere Untersuchung des rechten Ohres sammt der entsprechenden Gesichtshälfte ergab Folgendes:

Die Haut des Gesichts bietet hier und da deutlich eingezogene weisse Narben dar, wie dieselben gewöhnlich nach überstandenen Blattern zurückbleiben. In der Mitte des hinteren Randes der rechten Ohrmuschel eine strahlige glänzende Narbe, die sich quer vom Helix zum Ante-helix herüberzieht; ihre Länge beträgt ungefähr 3''' und ihre Breite 1½'''. In der inneren Hälfte des äusseren Gehörgangs ein Cerumenpfropf, dessen innerster Theil eine kugelförmige Erhabenheit darstellt. Das Trommelfell in der äusseren Lage verdickt, der Processus brevis des Hammers stark hervortretend; der vordere untere Quadrant des Trommelfells stark nach einwärts liegend und ist diese Vertiefung, dem Umfange des entfernten Cerumen-

---

*) Zuerst veröffentlicht im Archiv für Ohrenheilkunde 1864. Bd. I. S. 295 mit Tafel III von meinem Zuhörer Dr. Lindenbaum aus Moskau. Präparat von mir ausgearbeitet und beschrieben, noch in meiner Sammlung. Der sonstige Text stammt von Dr. Lindenbaum, nicht von mir.

pfropfes entsprechend, von steilen Rändern begrenzt. Die Schleimhaut der Paukenhöhle allenthalben ziemlich stark verdickt, insbesondere in dem hinteren Abschnitte und unten, so dass durch diese Wulstung der Schleimhaut die Paukenhöhle als Cavum zum Theil aufgehoben war. Was noch davon übrig blieb, zeigte sich erfüllt von einer gelblichen Flüssigkeit, deren Bestandtheile bei der mikroskopischen Untersuchung sich als feine Cholestearinkrystalle, Pflasterepithelien und zahlreiche Fettkörnchen erwiesen. Der Steigbügel beweglich. (Um sich hierüber zu versichern, wurde nach der von POLITZER angegebenen Methode verfahren. Ganz am Anfang der Untersuchung wurde mittelst eines Gummischlauches, der in den Gehörgang luftdicht eingefügt wurde, die in demselben befindliche Luft abwechselnd verdichtet und verdünnt und hierbei beobachtet, ob ein in den geöffneten Canalis semicircularis superior gebrachter Wassertropfen sich entsprechend bewegt.)

Die Tuba Eustachii in ihrem ganzen Verlaufe beträchtlich erweitert, ihr unterer Abschnitt an dem Ostium pharyngeum von einer 1 $\frac{1}{2}$''' dicken, derben Membran vollständig verschlossen, stellt ein blindes, sackförmiges Ende dar. Das Lumen der Tuba ist von einem fest-gallertigen und etwas verschrumpften graulichen Pfropfe vollständig ausgefüllt, der vom Isthmus spindelförmig beginnend sich bis an die obere, glatte und etwas concave Oberfläche der erwähnten Verschliessungsmembran, allmälig an Umfang zunehmend, erstreckt. Bei der mikroskopischen Untersuchung ergibt sich, dass dieser Pfropf aus fettig entarteten Epithelzellen und zahlreichem feinkörnigen Detritus besteht. Der Wulst, der im Normalzustande das Ostium pharyngeum tubae umgibt, ist vollständig verstrichen und statt dessen sehen wir eine straff ausgespannte Narbe, deren äussere, nach der Rachenhöhle gerichtete Oberfläche, von glänzend weissem Ansehen mehrere leistenförmige dünne Stränge darstellt, die hauptsächlich in der Richtung nach innen und oben stark hervortreten und sich bis zur äussersten Peripherie der Narbe verfolgen lassen.

Die angrenzende Schleimhaut des Cavum pharyngo-nasale und der hinteren Choanen vollständig normal und es konnten an derselben auch bei der genauesten Untersuchung nicht die geringsten Veränderungen entdeckt werden, die auf das frühere Vorhandensein von Geschwüren oder dergleichen Erscheinungen hinzuweisen im Stande wären.

Der Musculus tensor tympani, von viel Fettgewebe umgeben, zeigt eine sehr vorgerückte fettige Entartung der einzelnen Muskelfibrillen. Die beiden Muskeln der Tuba, der Spheno- und Petro-salpingo-staphylinus (Abductor und Adductor tubae) scheinen durchaus normal sich zu verhalten. Die Nervenäste des Acusticus erweisen sich bei der mikroskopischen Untersuchung von zahlreichem Bindegewebe durchsetzt; eine weitere Veränderung ist nicht bemerkbar.

Was den bei dieser Untersuchung nachgewiesenen anatomischen Befund anlangt, bei welchem es sich um einen bereits

13*

mehrere Decennien dauernden vollständigen Verschluss der Tuba
handelte, so dient er nur als neue Bestätigung der gegenwärtig
allgemein verbreiteten Anschauungen über die keineswegs geringe
physiologische Bedeutung der Ohrtrompete. Wenn eine auch nur
vorübergehende Undurchgängigkeit der Tuba, wie dieselbe äusserst
häufig in Folge catarrhalischer Zustände des Mittelohres und der
Rachenhöhle beobachtet wird, an der Verschlimmerung des Gehörs gewöhnlich einen nicht unbedeutenden Antheil nimmt, so ist
wohl leicht einzusehen, dass dieser Uebelstand sich zu einem viel
höheren Grade entwickeln muss, wenn der Verschluss der Tuba
bereits schon mehrere Jahre gedauert hat. Die Unterbrechung
des Luftaustausches zwischen der Pauken- und Rachenhöhle und
die nachfolgende allmälige Absorption der in der ersteren Cavität
eingeschlossenen Luft lässt in diesen Fällen der einseitigen Wirkung des äusseren Atmosphärendruckes freien Spielraum, wodurch
das starke Einwärtssinken des Trommelfells, das gleichzeitige
stärkere Hineinragen des Steigbügels in den Vorhof und in Folge
dessen auch der verstärkte Druck auf den Inhalt des Labyrinths
(POLITZER) eine hinlängliche Erklärung erfahren. Die allmälig
immer mehr zunehmende Ansammlung von Secret der Pauken-
und Tubenschleimhaut, dem auf diese Weise jeder freie Abfluss
nach unten gänzlich abgeschnitten wird, verdient ferner auch
einige Beachtung, da diese Complication bei längerer Dauer des
Verschlusses gleichfalls im Stande ist, die Function des ganzen
Gehörapparates wesentlich zu stören. In unserem Falle konnten
die nachtheiligen Folgen eines einseitigen Luftdruckes auf die
verschiedenen Gebilde des Ohres ganz deutlich verfolgt werden;
schwieriger jedoch gestaltet sich die Entscheidung der Frage, in
wie weit der gleichzeitig vorhanden gewesene Cerumenpfropf als
Ursache der bedeutenden Taubheit mitgewirkt habe. Obgleich
es nicht in Abrede gestellt werden kann, dass dieser Körper bei
seinem beträchtlichen Umfange auch an und für sich genügen
würde, die Functionen des Gehörorgans bedeutend zu beeinträchtigen, so wird er in unserem Falle höchst wahrscheinlich eine
nur untergeordnete Rolle gespielt haben, da der übrige Befund
der Untersuchung auch ohne Zuhülfenahme dieser zufälligen Complication vollkommen hinreicht, uns über die Ursachen der während des Lebens beobachteten hochgradigen Taubheit vollständig
aufzuklären.

Hinsichtlich der Entstehung der am Orificium pharyngeum

tubae beobachteten Narbe können bei dem Mangel ganz bestimmter anamnestischer Anhaltspunkte freilich nur Vermuthungen ausgesprochen werden. Wenn man jedoch das äussere Ansehen der
Narbe und die vollständige Integrität der angrenzenden Rachenschleimhaut näher berücksichtigt, so wird man leicht zu der
Ueberzeugung gelangen, dass es sich hier um einen sehr beschränkten localen Process gehandelt haben muss. Gegen das
frühere Vorhandensein dyskrasischer Geschwüre und besonders
syphilitischer, deren Lieblingssitz bekanntlich gerade diese Gegend
darstellt, scheint der Umstand zu sprechen, dass solche Geschwüre
äusserst selten vereinzelt auftreten und auch die angrenzenden
Theile dabei gewöhnlich nicht verschont bleiben. Es liegt viel-
mehr Grund vor, die Entstehung der Narbe mit den im Kindes-
alter überstandenen Blattern in Zusammenhang zu bringen, und
man kann dies mit um so grösserer Wahrscheinlichkeit thun, als
auch die Haut des Gesichts und der Ohrmuschel, sowie die Hornhaut beiderseits unzweifelhafte Zeichen dieser Krankheit an sich
tragen. Eine Blatternpustel, die sich an der Rachenmündung der
Tuba Eustachii könnte entwickelt haben, wäre wohl im Stande
gewesen, bei ihrer späteren Vernarbung diese Oeffnung zum vollständigen Verschluss zu bringen.

Dass es sich bei der Behandlung solcher Fälle nur um einen
operativen Eingriff handeln könne und zwar um die Wiederherstellung der Durchgängigkeit der Tuba oder um die Anlegung
einer künstlichen Oeffnung, welche der äusseren Luft einen freien
Zutritt in die Rachenhöhle gestatte, sei es durch Anbohrung des
Trommelfells oder des Zitzenfortsatzes, ist leicht zu ersehen. Der
letztere Eingriff, der in den älteren Zeiten als Ersatzmittel für
die Durchbohrung des Trommelfells bei hochgradiger Taubheit
dienen sollte und sich auch manche Anhänger erwarb, verdient
in diesem Sinne keine weitere Berücksichtigung, da sich gegenwärtig wohl schwerlich Jemand zu einer so eingreifenden Operation entschliessen wird, in der höchst schwankenden Hoffnung auf
diese Weise in den Stand versetzt zu werden, den nachtheiligen
Folgen eines Verschlusses der Ohrtrompete erfolgreich entgegen
zu wirken. Hinsichtlich der künstlichen Perforation des Trommelfells, die von den meisten Autoren hauptsächlich für diese Fälle
warm empfohlen wurde, können wir uns auch keine glänzenden
Erfolge versprechen, da die neuesten Beobachtungen den Werth
dieser Operationen, die an der ausserordentlichen Regenerations-

kraft des Trommelfells stets scheitert, für solche Fälle sehr gering erscheinen lassen. Viel mehr, sowohl in diagnostischer als
in therapeutischer Beziehung, wäre noch von der Rhinoscopie zu
erwarten, deren Entdeckung besonders für die Ohrenheilkunde
segensreiche Folgen verspricht. Bekanntlich hat die operative
Chirurgie durch die Einführung des Laryngoscops in die ärztliche
Praxis ein weites Gebiet gewonnen, auf welchem sie bereits seit
mehreren Jahren ihre glänzendsten Triumphe feiert. Ermuthigt
durch dieses Beispiel wäre auch das Einbringen von schneiden-
den oder stechenden Instrumenten in das Cavum pharyngo-nasale
unter der Leitung des Rhinoscops als kein zu grosses Wagestück
zu betrachten, da wir es hier verhältnissmässig mit gröberen Theilen zu thun hätten und jede unnütze Verwundung der Nachbartheile um so leichter zu umgehen wäre, da das ganze Operations-
feld unseren Blicken nicht entzogen bliebe und das Instrument
selbst mittelst des Ohrkatheters, somit gedeckt, eingebracht werden könnte. Weiteren Untersuchungen jedoch und hauptsächlich
der häufigeren Zuhülfenahme des Rhinoscops muss es vorläufig
überlassen werden, die Frage zu entscheiden, ob Verwachsungen
der Rachenmündung der Tuba auch in der That zu den so äusserst
seltenen Erscheinungen gehören, wie wir dieselben gegenwärtig
aufzufassen gezwungen sind, und ob nicht etwa eine künstliche
Durchbohrung der verschliessenden Membran in den frischeren
Fällen noch im Stande wäre, die nachtheiligen Folgen des erwähnten Uebels auf die Dauer zu beseitigen. —

   Fälle von genau constatirter Verwachsung der Rachenmündung der Ohrtrompete gehören nach den bisher veröffentlichten
Beobachtungen zu den seltensten anatomischen Befunden, die wir
überhaupt aufzuweisen haben. In den älteren Schriften über
Ohrenheilkunde wird dieser Veränderung im Gegentheil als einer
sehr häufigen Ursache verschiedener functioneller Störungen des
Gehörorganes und insbesondere der angeborenen Taubstummen-
heit Erwähnung gethan und dem entsprechend werden auch mehrfache Beobachtungen mitgetheilt, wo bei einer näheren Untersuchung von Kranken als einziger Grund der bestehenden Taubheit ein Verschluss der Ohrtrompete bald in der Gegend der
Rachenmündung, bald in einem höheren Abschnitte derselben angenommen werden musste. So betrachtet SAISSY*) den Verschluss

---

*) Dictionaire des sciences médicales. Paris 1819. Tome 38. p. 98.

der Eustachi'schen Trompete als eine sehr häufige Folge von Ra-
chenaffectionen, die als gewöhnliche Begleiter von Masern, Scharlach und Pocken auftreten; er erwähnt auch mehrerer Fälle, wo
dieser Umstand vollständige Taubheit nach sich zog. In einem
derselben diagnosticirte SAISSY eine beiderseitige Verwachsung
der Tuben, da der VALSALVA'sche Versuch bei dem Kranken
misslang und eine Sonde beim Einführen in die Mündung dieser
Röhren bald auf ein unüberwindliches Hinderniss stiess. Wenn
man jedoch die Art dieser Untersuchung näher ins Auge fasst
und besonders den Umstand berücksichtigt, dass in keinem der
angeführten Fälle eine spätere Section zur Bestätigung der ge-
stellten Diagnose unternommen wurde, so wird man wohl mit
vollem Rechte an der Zuverlässigkeit dieser Beobachtungen zwei-
feln können, da bekanntlich Hindernisse beim Einführen des Ohrkatheters eine sehr mannigfache Erklärung zulassen und deshalb
das einzige Misslingen dieser Operation noch keineswegs zu dem
Rückschlusse auf eine vorhandene Verwachsung der Ohrtrompete
berechtigt.

Indemselben Sinne sind auch die, in einer noch früheren
Zeitperiode von TULPIUS*), DIEMERBROECK**) u. e. A. mitgetheilten Beobachtungen aufzufassen, wo es sich höchstwahrscheinlich
nur um eine hochgradige Verengerung der Tuba Eustachii handelte, da auch hier, wie in den vorhin erwähnten Fällen der
wichtigste Beweis, nämlich eine nachfolgende Section, stets unterlassen wurde. Obgleich diese Beobachtungen, bei der Mangel-
haftigkeit der früheren diagnostischen Hilfsmittel einen nur sehr
geringen practischen Werth besitzen, so bieten sie dennoch ein
besonderes Interesse hinsichtlich der schon zu jenen Zeiten herrschenden Anschauungen über die wichtige physiologische Bedeutung der Ohrtrompeten, deren Integrität, wie aus dem Angeführten leicht zu ersehen ist, als eine der hauptsächlichsten Bedingungen für die normale Function des ganzen Gehörapparates
vorausgesetzt wurde.

Die erste sichere Beobachtung einer vollständigen Verwachsung des Ostium pharyngeum tubae finden wir am Anfange des
gegenwärtigen Jahrhunderts in dem Werke von OTTO***) kurz

---

*) Observat. med. Amst. 1672. p. 68. cap. 35. Lib. I.
**) Opera omnia med. et anatom. Ultrajecti 1685. p. 415.
***) Seltene Beobachtungen zur Anatomie, Physiologie und Pathologie.
Breslau 1816. p. 3.

angeführt, — er will dieselbe zufällig bei einer Section gefunden
haben; ob die inneren Theile des Ohres näher untersucht wurden,
wird nicht erwähnt. Ein ferner Fall von Verwachsung der Tuba
Eustachii gehört der neuesten Zeit und wird von Jos. Gruber *)
in seinem Berichte folgendermassen beschrieben: „Durch Vernarbung syphilitischer Rachengeschwüre, welche einen grossen Theil
des weichen Gaumens und den Limbus cartilaginis der rechten
Tuba zerstörte, kam es bei einem 22jährigen Manne zum gänzlichen Verschluss der Pharyngeal-Mündung der Tuba durch Narbengewebe. Die Verwachsung wurde während des Lebens vermittelst Rhinoscopie erkannt; die bedeutendsten mit ihr einhergehenden subjectiven Erscheinungen waren Schwerhörigkeit (er
hörte die Uhr nur beim Anlegen an den Knochen) und continuirliches Sausen („wie im Walde“) auf dem rechten kranken Ohre.
Da der Kranke an einer rasch verlaufenden Lungentuberculose
litt, wurde gegen das Ohrenleiden keine Behandlung eingeleitet.
Das nach dem Tode gewonnene Ohrenpräparat bestätigte die
Diagnose. Glattes weissliches Narbengewebe verschliesst die
Pharyngealmündung vollkommen; der Limbus ist zu Grunde gegangen und dadurch die Seitenwand des Pharynx ganz glatt.“

Leider wurde auch hier eine weitere Untersuchung der Paukenhöhle unterlassen, wesshalb wir keinen näheren Aufschluss
erhalten über die in den übrigen Gebilden des Gehörorgans höchst
wahrscheinlich erfolgten secundären Veränderungen.

Die Rachenmündung der Tuba kann auch durch narbige Con-
tractionen der angrenzenden Theile in Folge vorhergegangener
Geschwüre zum vollständigen Verschlusse gelangen, und solche
Fälle, wo es sich demnach um keine selbstständige Erkrankung
dieser Röhre handelte, sind auch schon hier und da beobachtet
worden. So erwähnt Beck **) eines Individuums mit completer
Taubheit, welche durch eine fast totale Verwachsung des Gaumensegels mit der Gaumenwand entstanden war, indem nur in
der Mitte für den Durchgang der Luft durch die Nase noch eine
kleine Oeffnung bestand. Wilde ***), der es überhaupt sehr be-

---

*) Bericht vom Docenten Dr. Jos. Gruber über die im k. k. Wiener
allgemeinen Krankenhause im Jahre 1863 von ihm untersuchten und behandelten Ohrenkranken. S. 28.

**) Die Krankheiten des Gehörorganes von Jos. Beck. Heidelberg und
Leipzig 1827. p. 117. Anm. 3.

***) Practische Beobachtungen über Ohrenheilkunde von William Wilde,
übersetzt von Dr. v. Haselberg. Göttingen 1855. S. 419.

zweifelt, ob eine Unwegsamkeit der Ohrtrompete auch in der That Taubheit verursachen könne, spricht von einem Kranken, der eine völlige Verschliessung der Nasen-Schlundöffnung darbot, bedingt durch eine Verwachsung des Gaumensegels mit der Rückwand und den Seiten des Schlundes, in Folge syphilitischer Geschwüre und dessen ungeachtet soll das Gehör dieses Mannes äusserst scharf gewesen sein. Diese Beobachtung lässt sich nicht wohl anders erklären, als dass die Rachenmündung der beiden Ohrtrompeten bei dem Ulcerationsprocesse vollständig unbetheiligt geblieben sei.

Einen Fall von Verwachsung des Ostium pharyngeum tubae, gleichfalls durch vorhergegangene syphilitische Geschwüre der Rachengegend bedingt, beschreibt VIRCHOW.*) In Folge einer späteren Vernarbung dieser Geschwüre hatte sich bei einer Kranken eine vollständige Atresie der hinteren Choanen ausgebildet und es war ausserdem eine vollständige Verwachsung des weichen Gaumens mit der hinteren Wand des Rachens zu Stande gekommen, wodurch auch die Mündung der Tuba Eustachii fast ganz verschlossen wurde.

Der Umstand, das Verwachsungen der Rachenmündung der Ohrtrompete in einer nur äusserst geringen Zahl von Fällen auf eine selbstständige Erkrankung der diese Röhre zusammensetzenden Gebilde zurückgeführt werden konnten, scheint in einem sonderbaren Widerspruche zu stehen mit der täglichen Erfahrung, wonach bekanntlich Erkrankungen der Ohrtrompete sehr häufig als vom Rachen fortgeleitete auftreten. Wir wissen ferner, dass die Rachengegend gleichzeitig als derjenige Theil des Körpers bezeichnet werden kann, der auch am meisten verschiedenartigen ulcerösen Affectionen entzündlichen und dyskrasischen Ursprungs ausgesetzt ist und folglich wäre ein Uebergreifen dieser Zerstörungen auf die Ohrtrompete leicht zu vermuthen, — alle bisherigen Erfahrungen scheinen jedoch gegen die letztere Annahme zu sprechen. Die Seltenheit der Verwachsungen der Eustachischen Trompete überhaupt, da auch völlige Stenosen derselben in den höheren Abschnitten entschieden zu den grössten Ausnahmen gehören, sucht RAU**) durch eine geringe Neigung der Schleimhaut dieser Röhre zu ulcerativen Processen zu erklären.

---

*) In seinem zusammenfassenden Aufsatze über die Natur der constitutionell syphilitischen Affectionen. Arch. f. path. Anat. Bd. XV. S. 313.

**) Lehrbuch der Ohrenheilkunde. Berlin 1856. S. 218. Anm. 3.

Obgleich dieses Factum feststeht und auch durch die zahlreichen Untersuchungen Toynbee's bestätigt wird, so bleibt es dennoch unerwiesen, welchen anatomischen oder sonstigen Eigenthümlichkeiten jene Membran eine so auffallende Immunität verdankt.

LXXV u. LXXVI.

Beidseitig alte Ohrpolypen, oft vergeblich operirt. Tod durch Fall auf den Kopf, wahrscheinlich in einem Schwindelanfalle.
Links mehrere Polypen von der Aussenfläche des Trommelfells ausgehend, daneben theilweise Obliteration der Paukenhöhle. Rechts Polyp der Paukenhöhle, Fractur der vorderen Gehörgangswand.
Schlitzförmige Verengerung beider Tubenmündungen durch Verdickung des Gaumensegels und der Mucosa pharyngis.*)

Joseph Wagner, 62 Jahre alt, Pfründner im Ehehaltenhause zu Würzburg, kam im Januar 1858 zu mir wegen beiderseitiger Ohrpolypen. Er erzählte mir, dass er im 5. Lebensjahre Scharlach gehabt habe und seitdem an eiterigem Ausfluss aus beiden Ohren leide, seit seinem 14. Jahre hätte er Ohrpolypen, welche er im Alter von 17 Jahren, also 1813, zum ersten Male und zwar vom berühmten Barthel Siebold, später von allen möglichen in Würzburg thätigen Chirurgen abbrennen und abschneiden hätte lassen. Wie oft er überhaupt operirt worden wäre, wisse er nicht mehr, nach den Operationen hätte er gewöhnlich etwas besser gehört und wäre der übelriechende Ausfluss geringer gewesen, allein ohne dass je die Besserung lange Bestand gehabt habe. Bevor Textor (der Vater) operirt hätte, vor ca. 30 Jahren, wären die Polypen ganz aussen sichtbar gewesen. Seit lange habe er nichts mehr daran vornehmen lassen, da es doch nie etwas genützt habe.

Ich fand beidseitig neben starker übelriechender Eiterung ungefähr am Ende des knorpeligen Gehörgangs Ohrpolypen, und zwar links einen, rechts mehrere, von theils glatter theils körniger Oberfläche. Eine Cylinderuhr von ca. 6' normaler Hörweite hört er beidseitig vom Stirnhöcker aus und ausserdem links beim Anlegen ans Ohr. Schmerzen keine, dagegen klagt der Kranke, dass er schon lange an heftigem Schwindel litt, der ihm häufig die Sicherheit im Gehen und Stehen so benähme, dass er für betrunken gälte. Ich rieth ihm, die Ohren täglich auszuspritzen mit lauem Wasser und dann eine Lösung von schwefelsaurem Kupfer einzugiessen (gran 2 auf Aq. ℥j). Nach 4 Wochen kam er wieder und wollte links etwas besser (½") hören. Ich rieth ihm, so fortzufahren und sagte, dass Beste wäre, er liesse sich die Gewächse wegnehmen. Obwohl ich diesen Vorschlag nur so kurz hin und in aller Freundschaft gemacht

---

*) Zuerst veröffentlicht im Arch. f. Ohrenheilk. 1869. Bd.IV. S. 135.

hatte, wurde der alte Bursche dadurch entschieden scheu und liess sich nicht mehr sehen.

Ich hörte bis zu seinem im Mai 1862 plötzlich erfolgten Tode nichts mehr von ihm. Man fand ihn eines Mittags in seinem Pfründhause todt und kalt mit zerschmettertem Hinterhaupte am Fusse einer Treppe, von welcher er offenbar (wahrscheinlich in einem seiner Schwindelanfälle) herabgestürzt war.

Die Section ergab mehrfachen Bruch des Hinterhauptes mit nach vorne ausstrahlenden Fissuren, ferner colossale Extravasation in der Schädelhöhle und im Gehirne.

Untersuchung der Felsenbeine (Präp. Nr. 224 u. 225). Links. Blut im Porus acust. internus und unter der Dura mater in der Gegend des Clivus Blumenbachii. Dura mater über dem Tegmen tympani, dessen Knochen nicht missfärbig und ungemein dick und hart ist, nicht verändert.

Erst in der Tiefe des Gehörgangs mehrere halbweiche grünlich-missfärbige Geschwülste, von denen eine bedeutend länger ist, mit vielem dicklichen Eiter umgeben. Es ergibt sich, dass das Trommelfell nicht perforirt, sehr bedeutend verdickt und seine Aussenfläche theils diffus gewulstet ist, theils den Ausgangspunkt für einzelne mehr in die Länge entwickelte, aber breit aufsitzende Excrescenzen darstellt. Die Polypen wären hier somit als Ausdruck einer chronischen Myringitis anzusehen.

Indem das Trommelfell allseitig an Volumen sehr zugenommen hat, ragt es weiter als normal in die Paukenhöhle hinein und ist auf diese Weise der vordere untere Theil dieser Cavität vollständig obliterirt. Hintere Hälfte der Paukenhöhle und zwar von der Sehne des M. tensor tymp. an, sammt Amboss und Steigbügel ist nahezu normal erhalten. Schleimhaut nicht stark verdickt, abgesehen von unten und vorn, wo der Raum zwischen Trommelfell und Labyrinthwand von gewulstetem derben Gewebe eingenommen ist. Tuba sehr weit, im oberen Theile etwas dünnes Secret.

Rechts. Klaffende Diastase zwischen Felsen- und Hinterhauptsbein bis zum Clivus Blumenbachii, in welchen eine kleine Fissur sich hinein erstreckt. Ebenso geht nach vorn die Diastase in einen Bruch des grossen Keilbeinflügels über, welcher sich bis zum Foramen ovale und auf den Canalis caroticus ausdehnt. Längs dieser Verletzung bedeutende Sugillation unter der Dura mater. Ausserdem Querbruch des Jochbogens an seinem Ansatze am Schläfenbein mit starker Sugillation. Unter dem Gelenkknorpel des Unterkiefers eine grosse luftgefüllte Blase. Ferner Fractur des lateralen Theiles der vorderen Wand des Gehörgangs, wo sich ein länglich dreieckiges Stückchen bewegen lässt; dort scheint etwas Luft ins Gewebe getreten zu sein. (Nahe am Trommelfell besitzt die vordere Gehörgangswand eine kleine länglich-rundliche Lücke, jedenfalls eine Rarefication des Knochens.) Der Polyp ist vorne sehr breit, so dass er den Gehörgang fast ausfüllt, bis zu dessen knorpeligem Abschnitt er herausragt. Er ist zweilappig und geht mit einem lan-

gen dünnen Stiele von dem Boden der Paukenhöhle aus. Das T r o m -
m e l f e l l fehlt bis auf den äussersten, ringsum noch erhaltenen Rand
und den obersten Abschnitt mit dem grösseren Theil des Hammergriffes.
Letzterer liegt etwas mehr nach innen. S c h l e i m h a u t d e r P a u -
k e n h ö h l e mässig gewulstet: ziemlich viel missfärbiges Secret in ihr.
Ausgesprochene Caries nirgends zu entdecken. Amboss und Steigbügel
vorhanden. D u r a m a t e r über dem Felsenbein etwas verdickt. T e g -
m e n t y m p a n i viel dünner, als links, indessen nirgends durchbrochen
oder cariös. W a r z e n f o r t s a t z noch theilweise lufthaltig, wenn auch
wenig. F a c i a l i s in seinem Verlaufe durch das Felsenbein äusserlich
geröthet, auch Inhalt der S c h n e c k e leicht röthlich und etwas gallertig.
        Sehr interessant war noch der Befund im C a v u m n a s o - p h a -
r y n g e a l e, wo sich beidseitig eine ganz symmetrische schlitzförmige
Verengerung der R a c h e n m ü n d u n g d e r O h r t r o m p e t e vorfand.
Die Schleimhaut im P h a r y n x war allenthalben sehr bedeutend verdickt, die Oeffnungen der Schleimdrüsen überall ungewöhnlich weit,
und namentlich der weiche Gaumen enorm hypertrophirt. Dadurch
lag die hintere Knorpellippe der T u b a dem vorderen Rande der Trompetenmündung an und war zwischen ihnen nur ein enger, durch Auf-
einanderliegen der Schleimhautpartien vollständig verstrichener Schlitz,
so dass man erst durch Auseinanderziehen der Theile die Mündung
sichtbar machen konnte. Von der hinteren Knorpellippe zieht sich
ein dicker, nach unten sich etwas verdünnender Schleimhautwulst weit
nach abwärts und trennt derselbe die zwei Furchen von einander,
welche von der Tubenmündung und von der Rosenmüller'schen G r u b e
nach abwärts gehen. — Hinteres Ende der unteren N a s e n m u s c h e l
sehr dick, kolbenförmig und bis zur hinteren Tubenlippe ragend.

        Dieser Fall zeigt so recht, wie wenig gewöhnlich alles Ope-
riren der Ohrpolypen nützt, wenn man nicht ausserdem noch den
der Polypenbildung zu Grunde liegenden Entzündungsprocess —
am häufigsten ein eiteriger Paukenhöhlencatarrh — eingehend
behandelt. Von den chirurgischen Klinikern werden dieselben
heutzutage noch in der Regel allzu einseitig aufgefasst und gleich
anderen als selbstständig dastehenden Gewächsen und Geschwulst-
bildungen ausschliesslich operativ behandelt, während doch eine
gründliche und lange fortgesetzte örtliche Medication allein sicher
vor Wiederbildung solcher Wucherungen schützt. Die meisten
Chirurgen glauben ein Uebriges an Gründlichkeit geleistet zu
haben, wenn sie nach der operativen Entfernung des Polypen
noch einen Höllensteinstift in die Tiefe des Ohres stecken und
dem Kranken etwa noch zeitweilige Einspritzungen anrathen. —
        Sehr häufig sehen wir bekanntlich bei Ohrenaffectionen, na-
mentlich solchen, welche mit Hypersecretion in der Paukenhöhle
oder auch mit andauerndem Tubenabschlusse einhergehen, hefti-

gen Schwindel auftreten. Höchst wahrscheinlich gingen auch die Schwindelanfälle, an denen Wagner öfter litt, vom Ohre aus und ist es somit sehr möglich, dass die Ohrenaffection an seinem Falle von der Treppe und somit mittelbar an seinem jähen Tode Schuld war.

Unser Kranker wurde 66 Jahre alt und seine beidseitige Ohreneiterung bestand 61 Jahre lang! Sollten Fälle von so langer Dauer einer Ohreneiterung häufig vorkommen? Ich bezweifle es sehr; wenigstens fällt mir schon länger auf, dass, so viele alte Leute mich Jahr aus Jahr ein wegen sehr verjährter, 20–40 Jahre dauernder Schwerhörigkeit um Rath fragen, ganz ungemein selten unter diesen alten Fällen solche mit chronischen Otorrhöen vorkommen. Ich habe verhältnissmässig noch sehr wenige alte Leute mit alten Otorrhöen gesehen*). Worin mag dies begründet liegen? Sollten solche Kranke es auffallend selten der Mühe werth halten, zum Arzte zu gehen? Ist in dieser Ausdehnung kaum wahrscheinlich, wenn auch zugegeben werden muss, dass Otorrhöen, wenn ohne Schmerzzufälle verlaufend und wenn dazu noch einseitig, somit die allgemeine Hörfähigkeit nicht sehr beeinträchtigend, oft genug für ein recht gleichgültiges Leiden angesehen werden, an das nicht zu rühren vielleicht selbst verschiedene alte und desshalb „erfahrene" Aerzte gerathen haben. Oder sollten die im Kindes- und Jünglingsalter so ungemein häufigen Eiterungsprocesse des Ohres auffallend oft im Mannesalter ausheilen und insofern nicht bis zum Greisenalter aushalten? Ich erinnere mich nicht besonders vieler solcher Berichte und dafür sprechender Befunde und bin ich eher geneigt — vorausgesetzt, dass meine Erfahrung über die relative Seltenheit alter Leute mit alten Otorrhöen nicht eine zufällige ist und ihr nicht die Beobachtung anderer beschäftigter Ohrenärzte entgegen gehalten werden kann — anzunehmen, dass Leute mit langjährigen Ohreneiterungen auffallend selten bis zum Greisenalter aushalten oder mit anderen Worten, dass die Lebensdauer der Otorrhöiker — wollen wir der Kürze wegen dieses Wort schaffen! — eine auffallend und unverhältnissmässig verkürzte ist. Es fragt sich sehr, ob die als Folgeerkrankungen der Ohrenflüsse bekannten Affectionen Meningitis und Hirnabscess, Thrombose, Metastase und

---

*) Wie seltsam manchmal der Zufall mit uns spielt! Während des Druckes dieser Zeilen kam mir ein 55jähriger Mann mit 30jähriger Eiterung und eine 63jährige Frau mit einer seit 44 Jahren bestehenden Otorrhoe zur Beobachtung.

putride Infection, denen ich die noch bestrittene miliare und acute
Tuberculose anreihe, zur Erklärung obiger Thatsache ausreichen
und ob nicht noch eine ganze Reihe acuter und besonders schlei-
chend verlaufender Gesundheitsstörungen von solchen Eiterungen
ausgehen können. Es ist kaum abzusehen, wie sich im grösseren
Maassstabe eine statistische Zusammenstellung gewinnen lassen
sollte über die Lebensdauer der Otorrhöiker im Verhältnisse zu
der anderer in gleichem Alter und unter gleichen Verhältnissen
lebenden Menschen. Sollten sich überhaupt Aerzte mit einem
grossen stabilen Beobachtungskreise, z. B. an grossen Gefängniss-
anstalten u. dgl., bewegen lassen, dieser Sache eine specielle Aufmerksamkeit zu widmen, so wäre es immerhin vom humanen
Standpunkt aus noch richtiger, wenn dieselben curativ gegen dies
Leiden zu Felde zögen, als dass sie lange Tabellen über die
daran Leidenden anlegten. Indessen möchte doch diese Frage
den Aerzten und nicht blos den Ohrenärzten zur besonderen Beobachtung und eventuell zur Berichtigung empfohlen werden. —
    Besondere Beachtung verdient noch die durch starke Hyper-
trophie der Schleimhaut und des Gaumensegels hervorgerufene Verengerung des Lumens der Tubenlippen, wodurch das sonst trompe-
tenförmig offene, rundliche oder ovale, Ostium pharyngeum in einen
lineären Schlitz verwandelt wurde, der durch das Ueberragen der
gewulsteten Schleimhautränder nahezu bedeckt und verstrichen war.
Selbstverständlich würde in einem solchen Falle das Einbringen
des Katheterschnabels in die Tubenmündung äusserst schwierig
und sicherlich sehr schmerzhaft sein; auch würde einem solchen
Kranken nachhaltig nur dann genützt werden, wenn es gelänge,
die Pharyngealschleimhaut und die Drüsensubstanz des Gaumensegels zu einer gründlichen Volumsverminderung zu bringen. Ich
glaube, dass ähnliche Zustände gar nicht so selten vorkommen
und mag eine derartige Gestaltung der Tubenmündung namentlich
auch oft durch langes Bestehen stark vergrösserter Mandeln bedingt sein, welche den hinteren Bogen des Velum, den Arcus
palato-pharyngeus, hinaufdrücken und somit ähnlich raumver-
engernd auf das Tubenostium und auf die ganze Nasenrachen-
höhle wirken, wie ein Gaumensegel, das durch Hypertrophie seines Drüsenlagers stark an Dicke zugenommen hat und somit
weiter nach oben ragt. Wenn solche Befunde noch wenig oder
gar nicht beschrieben sind, so rührt dies daher, dass der obere
Rachenraum, der doch durch die Rhinoscopie in neuerer Zeit

eine weitere practische Bedeutung gewonnen hat, immer noch eine unverdient geringe Beachtung und zu seltene Besichtigung von Seite der pathologischen Anatomie erfährt.

Noch möchte zu erwähnen sein, dass ich häufige und andauernde Schwindelanfälle auffallend oft bei solchen Ohrenkranken gefunden habe, bei denen das hintere Ende der unteren Nasenmuschel eine so bedeutende Entwickelung genommen hatte, dass dasselbe die Tubenmündung erreichte (im obigen Falle reichte es sogar bis zur hinteren Tubenlippe). Dieser Theil ist mit einem cavernösen Venennetze versehen, das zwischen Periost und Schleimhaut liegt und das in ausgedehntem Zustande stellenweise 1 1/2—2''' dick ist*). Tritt bei stattfindenden Congestivzuständen des Kopfes oder der Nasenschleimhaut eine Füllung dieses mächtigen Venennetzes ein, so ergibt sich aus der beträchtlichen Volumszunahme des kolbigen Endes der Nasenmuschel leicht nicht nur eine mechanische Verlegung der Tubenmündung, sondern kann bei höheren Graden sogar ein gewisser Druck auf den untersten Theil der Tuba und somit auf den Inhalt des ganzen Tubenrohres zu Stande kommen. Der untere Tubenabschnitt wird unter solchen Verhältnissen sicherlich ebenfalls im Zustande der Hyperämie und der Hypersecretion sich befinden, sich verengt und mit Schleim angefüllt zeigen, welcher letztere durch eine solche Vorlagerung der geschwollenen Nasenmuschel nicht nur am Austritte gehemmt, sondern geradezu gegen den oberen Theil des Kanales gedrängt werden wird, woraus natürlich eine Compression der in der Paukenhöhle eingeschlossenen Luft und eine stärkere Belastung der Fenstermembranen resultiren würde.

Häufig genug, wenn nicht regelmässig, mag bei solchen hyperämischen und hypertrophischen Zuständen der Schleimhaut in der Umgegend der Tubenmündung sich auch abnorme Entwicklung der Gefässe der an und für sich blutreichen und mit ziemlich grossen Gefässen versehenen Faserknorpelmasse finden, welche sich als Ausfüllungsmasse längs der Schädelbasis hinziehend (Fibrocartilago basilaris) dem Tubenknorpel medial allenthalben dicht anliegt und bei Schwellung und Volumszunahme auf letzteren jedenfalls einen Druck ausüben würde.

Für die obige Auffassung des ursächlichen Zusammenhangs gewisser prolongirter Schwindelzustände mit congestiven Schwel-

---

*) Vgl. KOHLRAUSCH in JOH. MÜLLER's Archiv 1853. S. 149.

lungen im Nasen- und Rachenraume sprechen auch die auffallend
günstigen Erfolge einer gegen letztere direct gerichteten Medication, unter denen Aetzungen mit Höllensteinlösungen, sei es
mittelst Einspritzungen in die Nase oder mittelst langer feiner
Pinsel applicirt, ganz besondere Erwähnung verdienen.

<hr>

LXXVII.

**Blutung aus dem Ohre nach Fall auf den Kopf. Lockerung der Pyra-
mide. Fissur des Canalis caroticus und des Tegmen tympani. Aussprengung eines Stückes Gehörgangswand. Keine Verletzung des
Labyrinthes und des Trommelfelles.*)**

Jgnatz Mühlbauer, 76 Jahre alt, stürzte am 29. Mai 1866
beim Fensterputzen vom ersten Stock eines Hauses herunter auf den
Kopf und starb einige Stunden nach diesem Fall. Er hatte eine schwache
Blutung aus dem rechten Ohre und aus der Mundhöhle. Das subcutane
Zellgewebe am Scheitel und Hinterkopf fand sich stark blutig durchtränkt, an der Haut des Scheitels eine Quetschwunde. Die Dura mater
ist normal, dagegen starkes Blutextravasat in die subarachnoidealen
Räume, besonders an der Convexität des Gross- und Kleinhirns. Gehirn anämisch.

Das rechte Scheitelbein war in einen vorderen und hinteren
Theil zersprengt. Diastase der Naht zwischen Hinterhauptsbein
und rechtem Felsenbein (Präp. Nr. 265) mit kleiner Knochenabsplit-
terung an der Naht. Die Diastase geht um die ganze Pyramide herum
bis zu der vorderen Seite und hier findet sich eine Fissur des Felsenbeins selbst, welche den Canalis caroticus eröffnend und einen
Riss bis zum Foramen spinosum sendend nach aussen und hinten geht
bis auf die Höhe des Antrum mastoideum.

Im rechten Gehörgang einiges Blut, sowie auch am Trommelfell, welches unverletzt ist. In der vorderen Wand des knöchernen Gehörgangs ist ein Stückchen Knochen allseitig abgelöst.
Ausserdem sind die in der Fissura Glaseri verlaufenden Weichtheile mit der nächsten Umgebung stark blutig durchtränkt und zeigt
sich, dass der über das Tegmen tympani sich erstreckende Sprung im
Knochen sich quer über die Fissura Glaseri selbst etwas nach aussen
noch fortsetzt, so dass dicht am vorderen Rande des Trommelfells die
Spitze einer feinen Pincette durch den Knochen hindurch in die Paukenhöhle geführt werden konnte. Im Antrum mastoideum reichlich Blut, wenig nur in der Paukenhöhle. Die Pyramide selbst
und das Labyrinth waren ganz unbetheiligt.

Die Ohrblutung war hier nur durch eine Fortsetzung des
Knochensprunges in den äusseren Gehörgang bedingt, nicht durch

<hr>

*) Zuerst veröffentlicht im Arch. f. Ohrenheilk. 1871. Bd. VI. S. 75.

einen Einriss des Trommelfells, den man in solchen Fällen nahezu constant anzunehmen gewohnt ist. Insofern schliesst sich diese Beobachtung dem zweiten Falle ZAUFAL's*) an, wo eine Fissur der oberen Gehörgangswand neben Unverletztheit des Trommelfells die reichliche Blutung erklärte. Eine ähnliche Aussprengung eines Knochenstückes aus der vorderen Gehörgangswand von oben fand sich auch im ersten von ZAUFAL vorgelegten Falle und mag dieselbe bei der eigenthümlichen anatomischen Anordnung und der Dünne dieses eingerollten Knochenblattes nicht gerade selten vorkommen (siehe auch unseren vorausgehenden Fall Wagner).

In practischer Beziehung bemerkenswerth ist ferner in unserem Falle, dass das Labyrinth vollständig unverletzt blieb. Wäre der Kranke nicht seinem Schädelbruche unterlegen, so würde sich wahrscheinlich aus der Blutung im Mittelohre eine Entzündung, die entweder zu Eiterung oder zu Verdickungs- und Verwachsungszuständen geführt hätte, und somit ein gewisser Grad von Schwerhörigkeit entwickelt haben, den man nach den landläufigen Anschauungen sicher für Folge eines traumatischen Vorganges in den Weich- oder Harttheilen des Labyrinths gehalten hätte, wie sie allerdings auch häufig bei Schädelverletzungen vorkommen.

---

*) „Beitrag zur Aetiologie der Felsenbeinfissuren." Wiener medicin. Wochenschr. 1865. Nr. 63 u. 64.

HISTORISCHER ANHANG.

14*

I.

William R. Wilde, practical observations on Aural Surgery and the nature and treatment of diseases of the Ear. London 1853. — Practische Bemerkungen über Ohrenheilkunde und die Natur und Behandlung der Krankheiten des Ohres. Mit Abbildungen. Aus dem Englischen von Dr. Ernst von Haselberg, Reg.-Med.-R. in Stralsund. Mit einem Vorworte von Dr. W. Baum, Prof. der Chirurgie in Göttingen. Göttingen 1855.*)

Wenn wir es hier unternehmen, ein kritisches Referat über das obengenannte Buch zu geben, so geschieht es hauptsächlich, weil wir dem wissenschaftlichen Betriebe der Ohrenheilkunde in unserem Vaterlande überhaupt einen grösseren Aufschwung wünschen, dann aber auch, um einer einseitigen und, wie wir glauben, ungerechten Besprechung desselben durch Dr. Kramer**) entgegenzutreten. Eine einfache Betrachtung des erfahrungsreichen Inhaltes wird die Behauptung rechtfertigen, dass wir es hier mit einem brauchbaren, wissenschaftlichen sowohl als practischen Anforderungen entsprechenden und zu weiteren Arbeiten anregenden Buche zu thun haben.

Im 1. Cap. „Einleitung und Literatur" (S. 1—56) liefert Wilde eine kurze kritisch historische Uebersicht über Alles, was bisher in der Ohrenheilkunde geleistet wurde; eine Zusammenstellung, die das in Grossbritannien und Irland Erschienene vollständig erschöpfend behandelt, daher vieles Neue bringt, aber auch eine genaue, auf eigenes Studium gegründete Bekanntschaft mit der deutschen sowohl als französischen Literatur zeigt. Die Kritik ist eine durchaus ruhige und objective, die den fremden sowohl als einheimischen Schriftstellern stets die Ehre gibt, die

---

*) Diese kritische Besprechung erschien in den von Friedrich u. A. Vogel herausgegebenen „medicinisch-chirurgischen Monatsheften". I. Bd. S. 71. Erlangen 1857.

**) „Die Ohrenheilk. in den Jahren 1851—55". Berlin 1856. S. 16—39.

ihnen gebührt. Warm nimmt er sich natürlich seiner Landsleute
an, wo er glaubt, dass ihre Arbeiten im Auslande falsch beur-
theilt wurden und erklärt es für Unrecht, wenn z. B. KRAMER in
der historischen Einleitung seines Werkes über Ohrenheilkunde
Männer von rechtlicher Gesinnung und entschiedenem Verdienst,
wie CUNNINGHAM, SAUNDERS und BUCHANAN zusammenwirft mit
ohrenärztlichen Charlatanen, wie CURTIS und Anderen.

Das 2. Cap. enthält: „Diagnostik und allgemeine
Therapie" S. 56—109). Für die Untersuchung des äusseren
Gehörganges und des Trommelfells zieht er dem — in Deutschland meist gebräuchlichen — zangenförmigen gespaltenen Ohrenspiegel drei verschieden weite, silberne Trichterchen vor, welche
ebenso gut als jener den knorpeligen Gehörgang erweitern und
seine Krümmung ausgleichen, dagegen viel bequemer zu handhaben seien. — Das directe Sonnenlicht hält er dabei für besser,
als jede künstliche Beleuchtung. — Den Katheterismus der
EUSTACHI'schen Röhre wendet er nicht constant an, sondern
begnügt sich meist, die Kranken bei geschlossenem Mund und
Nase kräftig exspiriren zu lassen, dabei auscultirend und das
Trommelfell mit dem Ohrenspiegel beobachtend, um aus dessen
Bewegungen sowie den hörbaren Geräuschen und den Gefühlen
des Kranken Schlüsse zu ziehen auf die Wegsamkeit der Tuba,
den Zustand der Paukenhöhle und die Schwingungsfähigkeit des
Trommelfells. Nur, wenn der Kranke auf diese Weise das Trommelfell nicht „aufblasen" kann, greift er zum Katheter und treibt
Luft mit einer Compressionspumpe ein; er beruft sich hierbei auf
einen Ausspruch A. COOPER's, der sagte: „Wo nur irgend ein
Patient selbst im Stande ist, das Trommelfell aufzublasen, da gebrauche man keinerlei künstliche Mittel dazu, sie sind unnöthig
und können leicht schaden." Wenn W. so in Ueberschätzung der
reizenden Einwirkung des Katheters dessen Benutzung zur Diagnose nicht zur Regel macht, sondern sich meist auf ein weit un-
sichereres Verfahren, das sog. VALSALVA'sche Experiment, verlässt,
— das, nebenbei bemerkt, ungelehrigen Patienten häufig nicht
beizubringen ist, — so ist dies doppelt zu beklagen, weil er sich
damit zugleich eines mächtigen Hilfsmittels zur Behandlung der
Krankheiten des mittleren und inneren Ohres beraubt. Dass es
sich indessen bei W. nicht etwa um mangelhafte Fertigkeit im
Einführen des Katheters handelt, den er in den früheren Jahren
seiner Praxis viel constanter anwandte, davon hat Ref. während

eines längeren Aufenthaltes in Dublin mehrfach Gelegenheit gehabt, sich selbst zu überzeugen.

Sodann gibt W. eine Reihe trefflicher practischer Lehren über die weitere Untersuchung bei Schwerhörigen, warnt vor dem unvorsichtigen Ausspritzen der Ohren, wie es so häufig bei jedem Ohrenkranken ohne Unterschied und ohne vorhergehende Untersuchung vorgenommen wird, noch mehr aber vor dem geradezu gefährlichen Sondiren des Trommelfells, geht sodann auf die Prüfungen der Hörfähigkeit über, wobei er aufmerksam macht, wie nicht selten die Probe mit der Uhr ganz täuschende Resultate gibt und erwähnt dann, wie bei jeder einigermassen bedeutenden und länger bestehenden Schwerhörigkeit die Sprache des Kranken an Wohlklang und Deutlichkeit verliert.

In einer Besprechung der bei Ohrenleiden indicirten Heilmittel rühmt er der meist entzündlichen Natur der Processe wegen namentlich das Setzen von Blutegeln, aber in der nächsten Nachbarschaft des äusseren Gehörganges, nicht wie es gewöhnlich geschieht, auf den Zitzenfortsatz, wo sie weit weniger directen Nutzen bringen, und gibt hier mehrere besondere Vorsichtsmaassregeln an. — Auf nationaler Vorliebe beruht wohl ein Theil jener Begeisterung, mit der er sich über die Wirksamkeit des Quecksilbers ausspricht, das, namentlich in der Form von Sublimat mit China verbunden, selbst alte Verdickungen des Trommelfells und sonstige Residuen chronischer Entzündungen der Paukenhöhlenschleimhaut häufig beseitigen könne.

Das 3. Cap. „Statistik und Nosologie der Ohrenkrankheiten" (S. 109—183) beginnt mit einer genauen bis auf Alter und Geschlecht sich erstreckenden statistischen Zusammenstellung von 2385 Ohrenkranken, die im Verlauf von 8 Jahren im St. Mark's Spitale für Augen- und Ohrenkranke in Dublin behandelt wurden. Sehr anerkennenswerth ist hier die offene Bescheidenheit, mit der W. gesteht, in den ersten Jahren seiner Praxis manchen Beobachtungsfehler gemacht und manchen Fall unter „nervöse Schwerhörigkeit" gezählt zu haben, den er jetzt, wo seine Sinne geübter und seine Erfahrung geläuterter, als Folgezustand einer entzündlichen Affection im mittleren Ohre auffassen würde; so glaubt er namentlich, früher häufig feinere Veränderungen in der Structur und Durchsichtigkeit des Trommelfelles übersehen zu haben, und theilt daher seine Beobachtungen in zwei Gruppen, von denen die eine, weil mit den ersten Jahren

seiner Praxis zusammenfallend, einen beschränkteren Werth habe
als die zweite, einer späteren Zeit angehörende. — Anschliessend
daran erhebt er nun die gewichtigsten Zweifel über den Werth
der verschiedenen statistischen Zusammenstellungen KRAMER's, in
denen dieser stets die grössere Hälfte seiner Kranken unter „nervöse Taubheit" einregistrirt, ohne sich durch das zugleich beobachtete „papierweisse und undurchsichtige" Aussehen, dass das
Trommelfell fast immer in diesen Fällen darbot, eines Anderen
belehren zu lassen, und macht aufmerksam, wie die Angaben
dieses Arztes von der überwiegenden Häufigkeit der „nervösen"
Schwerhörigkeit keineswegs übereinstimmen mit den Erfahrungen,
die uns analoge Theile, z. B. das Auge liefern, wie wenig auch
mit den Sectionsresultaten TOYNBEE's, welche das Vorwiegen von
Structurveränderungen im schallleitenden Apparate nachweisen
und wie deutlich dagegen aus einer vergleichenden Zusammenstellung der verschiedenen KRAMER'schen Angaben hervorgehe,
dass ihnen „entweder eine mangelhafte Beobachtungs-
gabe oder ungenügende Untersuchungsmittel, oder
ein Mangel an Kenntnissen der natürlichen Beschaffenheit der Theile, in specie des Trommelfells, zu
Grunde liegen müsse".

Hierauf in die erwähnten pathologisch-anatomischen Studien
TOYNBEE's näher eingehend, gibt Verf. eine vollständige Uebersicht der Resultate von 915 Ohrensectionen — darunter 184 von
zu Lebzeiten notorisch Schwerhörigen — wie wir sie früher die
Runde durch viele deutsche Journale haben machen sehen, und
erklärt, dass seine eigenen klinischen Beobachtungen und Erfahrungen vollständig mit den Ergebnissen dieser Untersuchungen
übereinstimmen, welche zeigen, dass Schwerhörigkeit am häufigsten bedingt sei durch ein Leiden der Paukenhöhlen-Schleimhaut
und durch Veränderungen am Trommelfell.

Um ein Bild der klinisch-diagnostischen Auffassung des Ver-
fassers und der Mannigfaltigkeit der Erkrankungen im Gehörorgan
zu geben, folgt nun eine tabellarische Zusammenstellung
von 200 Fällen von Gehörkrankheiten, wie sie sich im
St. Mark's Hospitale in einem bestimmten Zeitraume zufällig
nach einander einstellten, mit allen Angaben über die anatomische
Beschaffenheit der einzelnen Organtheile, über die subjectiven Erscheinungen, die der Kranke darbot, über die eruirbaren ätiologischen Momente, die Dauer des Leidens u. s. w. — Einigen theil-

weise sehr interessanten epikritischen Bemerkungen über diese
200 Fälle folgt als Eintheilungsversuch eine „nosologische
Tabelle der Ohrenkrankheiten", welche, wenn auch auf
anatomischen Grundlagen sich bewegend und für den Praktiker
sehr lehrreich, doch mehr ein Inhaltsverzeichniss aller Abnormitäten genannt werden muss, die bis jetzt an den einzelnen Theilen
des Gehörapparates beobachtet worden sind, als eine logisch sich
auseinander entwickelnde Eintheilung derselben.

Die eigentliche specielle Pathologie und Therapie beginnt
mit dem 4. Capitel: „Krankheiten der Ohrmuschel, der
Gegend des Zitzenfortsatzes und des äusseren Gehörganges" (S. 183—247). Sehr zweckmässig ist die kurze anatomische Skizze, wie sie diesem Capitel und den folgenden voran-
geschickt ist, und ähnlich wie in ARLT's trefflichem Lehrbuche
der Augenkrankheiten namentlich die Verhältnisse näher berührt,
welche dem Praktiker von Wichtigkeit sind. — Mit den angeborenen Missbildungen des äusseren Ohres beginnend, geht er auf
die Wunden, Geschwülste, Hautaffectionen desselben und der Nachbartheile über. Beim Abschnitt „fremde Körper im Ohre"
warnt er sehr vor der gewöhnlich rohen Instrumentalhilfe und
hält das Ausspritzen des Gehörganges mit lauem Wasser für das
wirksamste und einfachste Mittel zur Entfernung derselben; in
seltenen Fällen nur sind hebel- und zangenartige Instrumente in-
dicirt. Sprechend von der so häufigen Verstopfung des Gehörganges durch Ohrenschmalzpfröpfe erwähnt er mehrere krankhafte
Veränderungen, wie sie nicht selten durch ein längeres Bestehen
solcher Ansammlungen an der Auskleidung des Gehörganges und
dem Trommelfell zurückbleiben. Bei beginnender Furunkelbil-
dung im Gehörgang glaubt er die Eiterung häufig verhütet zu
haben durch eine kräftige Höllensteinapplication. Bei Eczem werden namentlich Silberlösung (10 Gran auf 1 Unze) und im späteren Stadium eine salpetersaure Quecksilbersalbe gerühmt. — Die
verschiedenen diffusen Entzündungen des Gehörganges werden nur
kurz erwähnt, und finden, weil meist mit einem ihrer Symptome
„Ohrenfluss" bezeichnet, in einem späteren, diesem Gegenstand
speciell gewidmeten Capitel eine ausführlichere Besprechung.

Das 5. Cap. „Krankheiten des Trommelfells" (S. 248
bis 360) — das bedeutendste des ganzen Buches — beginnt nach
vorausgeschickter ausführlicher Schilderung der anatomischen Verhältnisse dieser Membran mit den congenitalen Missbildungen, wie

W. sie bei einigen Taubstummen fand, und geht sodann auf die Wunden und Verletzungen über. Diese entstehen durch die verschiedenartigsten Ursachen; man hat Blutung aus dem Ohre bei Personen bemerkt, die bedeutende Höhen erstiegen, und auch bei denen, die sich in Taucherglocken hinabliessen. W. selbst hat zwei Fälle beobachtet, wo das Trommelfell durch tiefes Tauchen zerriss, ebenso kommen Einrisse desselben vor bei Leuten, die sich im Momente des Abfeuerns in der Nähe grösserer Geschütze befinden, daher Artilleristen so häufig Blutungen aus den Ohren, Schwerhörigkeit und Narben auf dem Trommelfell zeigen. — Uebergehend auf die Entzündungen des Trommelfells theilt er dieselben ein 1. in acute, in der fibrösen Platte beginnend und begleitet von Entzündung der Paukenhöhle, oft von rheumatischem Charakter; 2. in subacute; 3. in syphilitische; 4. in scrophulöse, gewöhnlich in der Schleimhautplatte mit Schleimanhäufung in der Paukenhöhle; 5. in chronische Entzündung mit oder ohne Entzündung der Paukenhöhle. — Sehr gelungen ist die Schilderung der acuten Entzündung des Trommelfells — Myringitis acuta.

Als „subacute Trommelfellentzündung" beschreibt W. den subacuten Catarrh des mittleren Ohres mit besonderer Localisation des Processes auf der Schleimhautplatte des Trommelfells.

Als „syphilitische Trommelfellentzündung" fasst W. mehrere ihm vorgekommene Fälle auf, wo während der Existenz entschieden secundär syphilitischer Affectionen ziemlich rasch eine bedeutende Schwerhörigkeit sich entwickelte (manchmal plötzlich mit dem Verschwinden eines Hautausschlages) und das Trommelfell fast wie bei der acuten Myringitis eine sehr intensive Injection zeigte, mit welcher aber der nur sehr unbedeutende Schmerz und das Fehlen aller sonstigen Symptome in keinem Verhältnisse stand.

Da indessen alle Angaben früherer Schriftsteller über syphilitische Ohrenaffectionen durchaus nicht stichhaltig sind, weil nicht auf objectiven Thatbestand gegründet, und die Zahl seiner eigenen derartigen Beobachtungen bis jetzt nur eine beschränkte ist, so spricht er sich mit einer gewissen Zurückhaltung über die wirklich syphilitische Natur derselben aus, die er indessen nach Allem für sehr wahrscheinlich hält.

Als Folgen chronisch entzündlicher Processe im Trommelfell führt er endlich eine Reihe von Befunden auf, wie sie sich bei Schwerhörigen finden.

Alle diese mannigfachen chronisch-entzündlichen Zustände des Trommelfells liefern wohl das bedeutendste Contingent zu jenen Fällen, welche — wegen ungenügender Berücksichtigung des objectiven Befundes — von Ohren- und sonstigen Aerzten so häufig als „nervöse Taubheiten" angesehen werden, zu welcher Diagnose sich diese um so mehr berechtigt glauben, als die seit längerer Zeit Schwerhörigen meist ein überreiztes und hyperästhetisches Wesen zeigen mit jener ängstlich-hastigen Verworrenheit und Unsicherheit in Mienen und Worten, wie es der Praktiker als „nervös" zu bezeichnen gewohnt ist. Und doch ist dieser Zustand nicht die Ursache, sondern die Folge des Ohrenleidens. Wie oft sehen wir nicht, dass ein Schwerhöriger von einem Arzt zum andern irrt, bei jedem andere Meinungen und andere Rathschläge hört, sich bald dieser, bald jener Cur unterwirft und endlich, nachdem er Jahre lang mit Vesicantien, Haarseilen, auflösenden Mitteln und Bädern tractirt wurde, in die Hände von Wasserdoctoren, Homöopathen und Mesmeristen geräth! Doch Alles umsonst! Was Wunder nun, wenn der Kranke, in allen Hoffnungen getäuscht, nicht im Stande, an geselliger Unterhaltung theilzunehmen, unglücklich und mit sich und der Welt zerfallen, weil unbeschäftigt, einem unseligen Grübeln über sich und sein Leiden anheimfällt, und dadurch das wird, was man eben „nervös" nennt. Und doch handelt es sich hier um nichts anderes, als um eine falsche Auffassung von Folgezuständen und zugleich um mangelhafte Kenntnissnahme von den Veränderungen, die in den leidenden Theilen selbst Platz gegriffen haben. Leider sind aber diese Folgen chronischer Entzündungen, wenn weiter vorgeschritten, häufig unheilbar.

Die operative Perforation des Trommelfells, wie man sie für hochgradige Verdickungen desselben vorgeschlagen hat, ist meist unnütz, weil dabei meist auch tiefer greifende Veränderungen in der die Trommelhöhle auskleidenden Schleimhaut sich entwickelt haben. — Eine Reihe sehr interessanter praktischer Bemerkungen enthält der Abschnitt „Zufällige Durchlöcherung des Trommelfells", welchen Zustand W. manchmal durch leises Betupfen der Wundränder mit salpetersaurem Silber zur Heilung brachte. Als Aetzträger benutzt er hierbei eine Silbersonde, deren Spitze er entweder durch Tauchen in Salpetersäure oder in geschmolzenen Höllenstein armirt. — Schliesslich erwähnt er noch jenes von YEARSLEY zuerst beschriebene räthselhafte Mittel, das auch ihm bei Perforationen des Trommelfells oft wunderbare Dienste that, und welches in nichts besteht, als in einem Kügelchen feuchter Baumwolle.

Im 6. Cap. „Krankheiten des mittleren Ohres und der Eustachi'schen Röhre" (S. 360—426) werden bei den Verletzungen namentlich die Blutungen aus dem Ohre, wie sie beim Erhängen und bei Schädelbrüchen sich finden, näher gewürdigt. — Was die acute Otitis oder Entzündung der Paukenhöhlen-Schleimhaut betrifft, so sind ihre Symptome ähnlich den bei der acuten Myringitis angegebenen, indem diese beiden Affectionen sich immer mehr oder weniger combiniren, nur sind sie ungleich heftiger bei der ersteren, wo zugleich das Trommelfell sich verhältnissmässig wenig ergriffen zeigt. Der Ausgang dieser Krankheit ist entweder 1. Zertheilung und Verschwinden des in die Paukenhöhle gesetzten Exsudates durch Resorption oder allmäligen Abfluss durch die Tuba oder 2. Durchbruch des Eiters durch das Trommelfell mit augenblicklicher Erleichterung, oder 3. Uebergreifen der Entzündung auf den Knochen und die Nachbartheile, Sinus lateralis, Meningen oder Gehirnsubstanz mit meist tödtlichem Verlauf. — Die Otorrhoe der Phthisiker beruht ebenfalls auf einer solchen Otitis, welche sich in subacuter Weise und mit wenig heftigen Symptomen entwickelt und als Fortsetzung der Catarrhe der Respirationsorgane angesehen werden muss.

Eine ähnliche Weiterleitung des entzündlichen Processes aufs mittlere Ohr findet sich bei den acuten Exanthemen — Otitis exanthematica; sie wird gewöhnlich wegen der sonstigen drohenden Erscheinungen von den Aerzten nicht besonders gewürdigt, indess sehr zum Nachtheil der Kranken, indem gerade diese Form oft sehr verderblich wirkt und erworbene Taubstummheit sich am häufigsten von Scharlach, Blattern oder Masern datirt. Bei dieser Otitis kommen selbst lebensgefährliche Blutungen aus dem Ohre vor, in welchem Falle einmal Syme die Carotis unterband, aber nur, um später zu finden, dass nicht die Wand der Carotis, sondern die des Sinus lateralis vom Eiter angeäzt worden war. — Hierher gehört auch die Schwerhörigkeit bei und nach Typhus, soweit sie nicht auf Störungen im Centralnervensystem beruht. — Einen eigenen Abschnitt widmet W. der so häufigen Gesichtslähmung im Verlaufe von Otitis und spricht die Vermuthung aus, dass gewiss viele Paralysen des Fa-

cialis, die für rein rheumatisch gehalten werden, als vom Ohre
ausgehend erkannt werden würden, wenn man anders genauer auf
die in diesem Organe sich findenden Erscheinungen und Veränderungen achtete, und will dann ferner eine auffallend häufige
Ungleichheit der beiden Gesichtshälften bei Ohrenkranken auf
leichte Affectionen des Facialis zurückführen, der ja in innigster
anatomischer Beziehung zur Paukenhöhle steht.

Bei Betrachtung des chronischen Catarrhs der Schleimhaut des mittleren Ohres wird verwiesen auf früheres, indem derselbe Krankheitsprocess bereits in seiner Localisation aufs
Trommelfell bei der subacuten und scrophulösen Entzündung desselben betrachtet wurde. — Sprechend von den Krankheiten
der EUSTACHI'schen Röhre, die er stets als secundäre, von
der Rachenhöhle ausgehende betrachtet, bezieht er die bei ge-
spaltenem Gaumen fast nie fehlende Schwerhörigkeit darauf, dass
hierbei der Levator palati wegen ungenügender Fixation seines
unteren Anheftepunktes den unteren Theil der Tubenwände zu-
sammenfallen lasse. Dass vergrösserte Mandeln auf die Tuba
drücken und so Taubheit verursachen können, hält W. für anatomisch unmöglich und daher das bei Gehörkranken so häufig
practicirte Abschneiden derselben für mindestens unnütz.

Im 7. Cap., das den „Krankheiten des inneren Ohres"
gewidmet ist (S. 426—452), theilt er einen sehr merkwürdigen
Fall unter Abbildung des Präparates mit, wo nach den heftigsten
Symptomen einer Gehirnentzündung mit Lähmung des Gesichtes
und der Extremitäten unter Ohrenfluss ein nekrotisches Knochenstück aus dem Ohre gezogen wurde, welches das ganze Labyrinth umfasste, Schnecke, Vorhof und Bogengänge mit einem Theil
der inneren Paukenhöhlenwand. Die Patientin genass. — In mehreren Fällen von heftigem Ohrensausen, ohne wahrnehmbare
materielle Veränderung, sah er später mehrmals die Kranken einer
Gehirnaffection unterliegen. — Was die Otalgie oder Ohrenzwang
betrifft, so erinnert sich W. in seiner grossen und langjährigen
Praxis nur dreier Fälle — drei junge Frauen —, wo dem Schmerze
keine materielle Veränderung im Gehörorgan zu Grunde lag; dieser
musste hier um so mehr für rein nervös, für Neuralgie, gehalten
werden, als er einen intermittirenden Typus hatte und mit Hysterie
und Gebärmutterleiden in Verbindung stand. Sonst fand er bei
„Schmerzen im Ohre" stets entzündliche Vorgänge oder ihre Producte im betreffenden Organe. — Da W. die bei weitem über-

wiegende Zahl der Ohrenkrankheiten auf entzündliche Processe
in den verschiedenen Gebilden dieses Organs zurückführt, so
bleiben natürlich nur wenig Fälle übrig für die nervöse Schwerhörigkeit oder verminderte Energie der Gehörnerven. In diesem
Punkt unterscheidet er sich aufs wesentlichste von KRAMER, der
die grössere Hälfte der Schwerhörigen für „nervös taub" erklärt,
obwohl er bei solchen Kranken „fast immer" oder „nicht selten"
das Trommelfell papierweiss und undurchsichtig fand. W. reca-
pitulirt daher hier noch einmal im kurzen, was gegen diese Auffassung vorgebracht werden muss, der sowohl die unbefangene
Beobachtung und jede logische Verwerthung des Befundes, als
auch die pathologische Anatomie und die Analogie entgegenstehen.

Wenn auch der „Ohrenfluss" keine selbstständige Krankheit, sondern nur das Resultat verschiedener krankhafter Processe
im Gehörorgan ist, so wird doch seiner zusammenhängenden Betrachtung „aus practischen Rücksichten" ein eigenes, das 8. Cap.
gewidmet (S. 452—500). Nach einer recapitulirenden Aufzählung
der verschiedenen Affectionen, die sich mit Otorrhoe äussern, warnt
W. sehr vor der gebräuchlichen Geringschätzung dieses Leidens,
indem dasselbe bei längerem Bestehen nicht blos constant Gewebs-
veränderungen mit Beeinträchtigung der Sinnesfunction zurück-
lasse, sondern bei Vernachlässigung nicht selten zu den ernstesten
Allgemeinerkrankungen führe. Aufs entschiedenste bekämpft er
sodann das selbst noch von manchen Aerzten gepflegte Vorurtheil
des Publicums, dass es schädlich sei, einen Ohrenfluss zu heilen,
indem dessen „Unterdrückung" leicht Gehirnsymptome hervorriefe.
Häufig scheine ihm hinter diesem Aberglauben eine gewisse Un-
lust verborgen, sich mit Uebeln abzugeben, deren Behandlung äusserst langwierig und mühevoll sei, und deren Beurtheilung allerdings eine gewisse Kenntniss der Organtheile und ihrer Unter-
suchungsmethoden voraussetze. Wenn Gehirnleiden sich einstelle
gleichzeitig mit dem Aufhören eines lange bestehenden Ohren-
flusses, so handle es sich immer um Weiterverbreitung der Entzündung auf den Knochen, der man eben durch ein frühzeitiges
Behandeln zuvorkommen müsse. Was ein zu rasches Heilen dieses
Uebels und seine Nachtheile betreffe, so habe man dies schon
deshalb nicht zu fürchten, weil es eben nie möglich sei, eine
chronische Otorrhoe rasch zu sistiren. Bei der Behandlung ist
vor Allem auf die grösste Reinlichkeit zu sehen, der Patient muss
täglich mehrmals laues Wasser einspritzen, um jeder Anhäufung

des Secretes vorzubeugen, dabei adstringirende Lösungen und Vermeiden des üblichen Baumwollenpfropfes. Dem Einträpfeln der
medicamentösen Flüssigkeit ist ein Ueberpinseln der kranken
Fläche mit einer stärkeren Solution, z. B. einer 10 gränigen Silberlösung, noch vorzuziehen. — Als eine der häufigeren Ursachen
von Otorrhöen werden sodann die Polypen besprochen, von
denen er 5 verschiedene Arten beschreibt und abbildet. Zu ihrer
Entfernung dient ihm namentlich ein von ihm selbst construirter
Schlingenträger.

Eine specielle Berücksichtigung findet sodann die Caries
des Felsenbeins, als eine der gewöhnlichsten Complicationen
vernachlässigter Otorrhöen; hierauf folgen Abschnitte über „Lähmung des Facialis“ und „Gehirnleiden in Folge von
Ohrenfluss“ mit einer Reihe sehr interessanter Krankenge-
schichten und Sectionsergebnissen.

Den Schluss des Werkes bildet ein Anhang über Taubstummheit (S. 500—558), der dadurch namentlich sehr werth-
voll ist, weil W. in seiner amtlichen Stellung, als Mitglied der
irischen Censuscommission, die beste Gelegenheit hatte, über die
Statistik, sowie die ätiologischen Momente dieses Uebels die genauesten Aufschlüsse für ein ganzes Land zu gewinnen. —

Nachdem wir so versucht haben, ein skizzirtes Bild des vorliegenden Buches zu entwerfen, legen wir es mit jener Befriedi-
gung bei Seite, die die Lectüre eines guten, seinen Inhalt klar
entwickelnden, durchaus auf eigener Beobachtung und reicher Erfahrung gegründeten Werkes immer in uns zurücklässt und be-
kennen, dass der Verfasser gehalten hat, was er in seiner Vorrede
versprach:

„Ich habe mich bemüht, und hoffentlich nicht vergebens, den
Irrthum aufzudecken und die Wahrheit festzustellen, richtige Grund-
sätze zu entwerfen für eine genaue Diagnose der Krankheiten des
Ohres, ihre Behandlung von Empirie zu befreien und sie zu stützen
auf die festen Gesetze der neueren Pathologie, der praktischen
Chirurgie und rationellen Therapie.“

War es WILDE doch leichter als je einem Andern, frucht-
bringend auf diesem Gebiete zu wirken; denn als der bedeutendste und beschäftigste Augenarzt in Dublin und Irland
brachte er zur Diagnostik der Ohrenkrankheiten aus seiner oph-
thalmologischen Praxis Sinne mit, die geübt waren, feine und
minutiöse Veränderungen zu erkennen und richtig zu deuten nach

Sitz, Tiefe und Bedeutung; sein Geist und seine Verstandesschärfe,
wie wir sie aus seinen mannigfachen Arbeiten kennen, befähigten
ihn Schlüsse zu ziehen von den Erkrankungen des einen Organs
auf analoge Erscheinungen in dem andern und seine in der augen-
ärztlichen Praxis erworbenen Erfahrungen waren es wiederum,
durch die er, sowohl kritisch als productiv, Einfluss gewann auf
die Therapie der Ohrenkrankheiten.*) Allem was er gibt, liegt
eine reiche practische Erfahrung und eine exacte nüchterne Beobachtung zu Grunde; wo er glaubt, die Sache nicht fest basiren
zu können, da ist er offen und bescheiden; wo er Neues zu erklären sucht, gibt er diese Erklärung als Versuch, ohne Andere
zu demselben Glauben zwingen zu wollen; — vor Allem aber
ist er kein Pedant, der sich an nosologische Formeln hängt und
in sie alles Material hineinzuzwängen sucht; wo er solche benutzt
oder selbst aufstellt, ist es blos der Uebersicht und der Kürze
des Ausdruckes wegen. Wohlwissend, wie wenig noch in der
Ohrenheilkunde geleistet, wollte er hauptsächlich Thatsachen sam-
meln und diese wahrheitsgemäss darlegen, ohne aus dem bis jetzt
nur mangelhaft Zusammengetragenen ein systematisches Handbuch
verfassen zu wollen, und gab deshalb seinem Werke nur den Namen „Practische Beobachtungen aus der Ohrenheilkunde“. Er
benutzte dazu viele seiner früher veröffentlichten Abhandlungen
und Vorträge, worauf wir es beziehen müssen, wenn uns Wieder-
holungen manchmal störend in den Weg treten, und das Ganze

---

*) Um einen Begriff von der vielseitigen Thätigkeit dieses geistreichen
und merkwürdigen Mannes zu geben, sei hier erwähnt, dass derselbe ausser
einer Reihe von Abhandlungen aus den verschiedenen Gebieten der Augenheilkunde — über die congenitalen Missbildungen und Krankheiten des
Sehapparates, über die epidemischen und contagiösen Ophthalmien, über
Bläschenbildung auf der Hornhaut, den MORGAGNI'schen Cataract, über Entzündung des Ciliarkörpers u. s. w. — eine Reise beschrieb durch Griechenland und den Orient, eine Schilderung der Krankenhäuser und des Medicinal-
wesens von Oesterreich 1811 herausgab, sowie eine Biographie seines geistreichen Landsmannes, des Dechant SWIFT, ferner eine historisch-topographische
Schilderung des malerischen Nordens von Irland schrieb und endlich seit 1851
damit beschäftigt ist, im Auftrage der Regierung den medicinischen Theil des
Census von Irland zu bearbeiten, in welchem der Statistiker und medicinische Geograph aus Quellen geschöpfte Mittheilungen über Epidemien und
Epizootien, die meteorologischen Verhältnisse von Irland u. dgl. seit den ur-
ältesten Zeiten bis in die letzten Jahre finden wird. (Es sei mir hier erlaubt
zu bemerken, dass WILDE glaubt nach alten keltischen Chroniken das Auftreten der Syphilis in Irland bis auf das Jahr 919 zurückführen zu können.)

nicht selten einen rhapsodischen, erzählenden Charakter annimmt, der indessen gerade mit seinen häufig eingestreuten Krankenge-schichten und geistreichen Abschweifungen dazu beiträgt, dass das Buch sich angenehm lesen lässt, während doch ein beige-gebenes gutes Register abhilft, wenn wir das Zusammengehörende nicht immer dicht neben einander finden sollten.

Wir müssen uns schliesslich beziehen auf die schönen und passenden Worte, mit denen Professor BAUM die deutsche Ueber-setzung einführt:

"Der Werth dieses Buches für die Entwicklung unserer Kennt-nisse der Krankheiten des Gehörorgans wird immer mehr aner-kannt werden. Die Polemik darin ist scharf, aber veranlasst. Es hat die Frische und Lebendigkeit unmittelbarer und reichster An-schauung. Es ist rein praktisch und will nicht mehr sein." "Das Werk ist eine Frucht der merkwürdigen medicinischen Schule von Dublin, in welcher so viele Männer Grossartiges und Epoche-machendes geleistet haben, dass sie für eine der bedeutendsten und die wissenschaftlichen Fortschritte der practischen Medicin am meisten fördernden unserer Zeit angesehen werden darf." —

Wenn trotzdem Sanitätsrath W. KRAMER in Berlin in seiner Eingangs erwähnten Brochure 23 Seiten lang an unserem Buche nur zu tadeln und zu mäkeln weiss, und sich nicht scheut, WILDE mehrmals geradezu der Ungeschicklichkeit im Handhaben der Instrumente, ja selbst der Lüge zu beschuldigen und sein Ur-theil folgendermaassen zusammenfasst:

"Das Buch strotzt in den wichtigsten pathologischen, dia-gnostischen und therapeutischen Gegenständen von Irrthümern, verdient keinerlei Vertrauen und tritt der gedeihlichen Entwick-lung der Ohrenheilkunde nur hemmend in den Weg. Es ist deshalb sehr zu bedauern, dass Professor BAUM sich herbeige-lassen hat" u. s. w.,

so ist ja die absprechende Weise KRAMER's, mit der er von jeher gewohnt ist, so reichlich Kritik über Anderer Leistungen zu üben, dass ihm für seine eigenen keine mehr übrig bleibt, viel zu be-kannt, als dass es nöthig wäre, auf ein solches Urtheil nur im Geringsten weiter einzugehen. —

Die Uebersetzung ist eine ungemein fleissige Arbeit, doch hält sie sich manchmal zu ängstlich treu an die Worte des Grund-textes und dürften die einmal üblichen medicinischen Termini technici eine häufigere regelmässigere Berücksichtigung finden.

Sollte das Interesse für Ohrenkrankheiten durch Verbreitung des WILDE'schen Buches so geweckt werden, wie sie es wirklich verdienen, so wird ohne Zweifel eine neue Auflage manche Mängel zu vermeiden wissen, und auch die deutsche Verlagshandlung bestrebt sein, durch eine etwas elegantere Ausstattung dem englischen Originale gleich zu kommen.

v. Troeltsch.

II.
Joseph Toynbee.
Ein Nekrolog.*)

Am 7. Juli 1866, wenige Tage nach der Deutschland umgestaltenden Schlacht von Königgrätz, verstarb zu London eines plötzlichen Todes der bekannte Ohrenarzt JOSEPH TOYNBEE, 51 Jahre alt. Im Jahre 1841 hatte derselbe seine ersten anatomischen Untersuchungen über die Pathologie des Ohres veröffentlicht und am Tage seines Begräbnisses erschien eben eine kleine Abhandlung von ihm über „Gehirnsymptome bei gewissen Ohrenaffectionen". Fünfundzwanzig Jahre Arbeit im Dienste der Ohrenheilkunde! Auch wenn diese Arbeit weniger umfangreich gewesen wäre und weniger tief in die ganze Entwicklung dieser Specialität eingegriffen hätte, als Beides der Fall war, so müsste die einfachste Pietät es verlangen, dass in einer der wissenschaftlichen Ohrenheilkunde ausschliesslich gewidmeten Zeitschrift eigens dieses Mannes und seines Wirkens gedacht würde. Zudem hat TOYNBEE das Erscheinen dieses Archivs selbst freudig begrüsst und sich gleich anfangs durch einen Beitrag**) seinen Mitarbeitern beigesellt.

JOSEPH TOYNBEE wurde 1815 zu Heckington in Lincolnshire als Sohn eines vermögenden Landwirthes geboren.***) Seine erste

---

*) Zuerst veröffentlicht im Arch. f. Ohrenheilk. Bd. III. S. 230. 1867.

**) Siehe S. 112 des zweiten Heftes des I. Bandes (1864) „Ueber Nekrose der Schnecke und des Vorhofes und deren Ausstossung während des Lebens".

***) Ueber die persönlichen Verhältnisse TOYNBEE's verdanke ich die besten Nachrichten einem seiner Freunde, Herrn GOWING in Ipswich, der die Güte hatte, mir hierüber ausführliche Mittheilungen zu machen. Ausserdem standen mir zwei kurze Nekrologe aus der Lancet und der Medical Times zu Gebote.

Erziehung besorgte ein Hauslehrer, später kam er auf die Schule von Kings-Lynn. Sechzehn Jahre alt begann er seine medicinischen Studien in London und zwar liess er sich bei Mr. WADE an dem Westminster General Dispensary einschreiben und studirte Anatomie unter Mr. DERWOTT. Später trat er in die medicinische Schule des St. Georgs-Spitals ein und hörte u. a. bei Sir BENJAMIN BRODIE. Sehr bald als ein ungewöhnlich rühriger anatomischer Arbeiter bekannt, welcher häufig den jüngeren Leuten bei Verfertigung ihrer Präparate für die Prüfungen half, erhielt er sehr frühzeitig eine Anstellung als Prosector (Assistant-Curator) am anatomischen Museum des Royal College of Surgeons*) („Hunterian Museum"), das damals unter Professor OWEN's Leitung stand.

Wie TOYNBEE als Student bereits sich vorwiegend für anatomische Studien interessirte, so scheint auch seine besondere Vorliebe für das Gehörorgan aus sehr früher Zeit zu datiren; wenigstens veröffentlichte er schon 1836, also in seinem 21. Jahre, unter den Anfangsbuchstaben „J. T." mehrere Briefe über die Physiologie des Ohres in der Lancet. In seinem 26. Jahre bereits (1841) wurde ihm eine in England hochstehende Auszeichnung zu Theil, indem er unter dem Vorsitze des ihm stets wohlwollenden Sir BENJAMIN BRODIE zum Mitgliede der Royal Society of London, der englischen Academie der Wissenschaften, gewählt wurde (F. R. S.) und zwar zur Anerkennung für seine anatomischen Untersuchungen über die Structur gewisser gefässloser Gewebe.**)

Diese ganz vortreffliche Abhandlung besitzt eine besondere,

---

*) Für mit englischen Zuständen weniger Bekannte wird hier angeführt, dass diese „Chirurgen-Collegien", wie sie sich in London, Glasgow, Dublin u. s. w. finden, neben den Universitäten ganz unabhängig von denselben existirende und in wissenschaftlichem Range ihnen nahezu gleich stehende Unterrichtsanstalten sind, welche indessen nicht wie die Universitäten den Doctortitel (M. D.), sondern nur den Titel „Fellow of the Royal College of Surgeons" (F. R. C. S.) ertheilen, mit welchem aber die gleich ausgedehnte Praxislicenz wie mit dem M. D. verbunden ist. Viele in Wissenschaft und Praxis gleich hochstehende englische Aerzte — ich erinnere nur an WILLIAM BOWMAN, ebenso bedeutender Anatom als Augenarzt — sind somit keine Doctores medicinae. So auch TOYNBEE.

**) „Researches, tending to prove the Non-vascularity and the peculiar uniforme Mode of Organization and Nutrition of certain Animal Tissues, viz. Articular Cartilage and the Cartilage of the different Classes of Fibro-Cartilage; the Cornea, the Crystalline Lens and the Vitreous humour and the Epidermoid Appendages". Philosophical Transactions. 1841. p. II. 159—192 und Tab. XIII—XVI.

nicht blos historische Bedeutung dadurch, dass TOYNBEE hier bereits das constante Vorhandensein zelliger Elemente in den gefässlosen Theilen des thierischen Organismus nachweist und zugleich diese Zellen als Hauptfactoren der Gewebsernährung in den Vordergrund stellt. „I ascribe to these cells the function of circulating, and of perhaps changing the nature of, the nutrient fluid, which is brought to the circumference of the solid non-vascular tissues, and I believe them in some measure to compensate for the abscence of the internal vascularity possessed by other structures" (p. 161). Zugleich wurden hier die Hornhautzellen („Hornhautkörperchen") zum ersten Male, wenn auch nur ganz kurz, beschrieben. „Some of these cells (in the substance of the cornea) are rounded, others are oval, and have fine branches radiating from them, similar to the osseous and pigment corpuscules" (p. 179). Diese Mittheilung blieb lange Zeit ganz unbeachtet und wurde erst nach der zweitmaligen Entdeckung dieser Zellen durch VIRCHOW und Beschreibung derselben durch STRUBE (1851) von HENLE wieder ans Tageslicht gezogen.

Im gleichen Jahre 1841 begann TOYNBEE mit seinen Veröffentlichungen über die pathologische Anatomie des Gehörorganes, und sind die zusammenfassenden Berichte über die grosse Anzahl seiner Sectionen des Ohrs sämmtlich in den Verhandlungen der Londoner medicinisch-chirurgischen Gesellschaft (Medico-chirurgical Transactions 1841—1855) erschienen. Nicht selten mag es vorkommen, dass bei Männern, die dazu berufen sind, in ihrer Sphäre einen wesentlich bestimmenden Einfluss auszuüben, die Erstlingsarbeiten, so unfertig dieselben sonst auch sein mögen, doch die ganze Richtung bereits kennzeichnen, nach welcher diese Einwirkung auf den Gang und die Entwicklung ihrer Wissenschaft sich später geltend machte. So auch hier. TOYNBEE betonte 1841 bereits mehr, als es bisher wohl je geschehen war, die grosse Wichtigkeit pathologisch-anatomischer Untersuchungen des Gehörorgans für eine richtige Erkenntniss und eine vernünftige Behandlung seiner Krankheiten; andererseits wies er bereits auf die Häufigkeit und grosse Mannigfaltigkeit krankhafter Vorkommnisse in der Paukenhöhle hin, von deren entzündlichen Affectionen weit öfter als von abnormen Zuständen des Gehörnerven die Schwerhörigkeit nach seiner Meinung ausgehen müsse. Die Hauptfrucht seiner langjährigen mühsamen Arbeiten war aber gerade der Beweis, dass das, was er bereits im Beginne seiner

Laufbahn gewissermaassen vorahnend ausgesprochen hatte, durchaus richtig war; TOYNBEE's Untersuchungen haben am meisten zu der jetzt herrschenden Ueberzeugung der Aerzte beigetragen, dass die Mehrzahl der Functionsstörungen des Ohres nicht, wie man früher angenommen hatte, nervöser Natur seien, sondern auf peripherischen Vorgängen entzündlicher Natur beruhten, welche vorwiegend häufig ihren Sitz in der Paukenhöhle oder allgemeiner gesprochen im mittleren Ohre haben.

Dieser erste Bericht enthält in manchmal allerdings sehr kurzen Einzelangaben den anatomischen Befund von 41 beliebigen Gehörorganen, über deren Functionstüchtigkeit zu Lebzeiten TOYNBEE's gar nichts bekannt war. Der grössere Theil bot verschiedengradige Verdickungszustände der Paukenhöhlen-Auskleidung zum Theil mit Adhäsionsbildungen dar und zweimal fand sich Anchylosis des Steigbügeltrittes im ovalen Fenster. Etwas Auffallendes hat es für uns, wenn TOYNBEE so oft davon spricht, dass wegen Verdickung der Schleimhaut die Aeste des Plexus tympanicus in der Paukenhöhle nicht deutlich sichtbar gewesen wären. Ein englischer Arzt, SWAN, hatte nämlich einige Zeit früher (1834) drei Fälle beschrieben, wo in Folge von Erkrankung der Paukenhöhlen-Schleimhaut der JACOBSON'sche Plexus nicht mehr deutlich unterschieden werden konnte, und hatte derselbe die Vermuthung aufgeworfen, es möge mancher Fall von Ohrensausen und von Taubheit daher rühren, dass durch eine Affection der Schleimhaut der Paukenhöhle die in derselben sich verzweigenden Aestchen des Glossopharyngeus und deren Verbindungen mit dem Sympathicus im Canalis caroticus irgendwie alterirt würden.*)

Der Umstand, dass unter 41 beliebigen Gehörorganen nur 10 in einem vollständig normalen Zustande sich befanden, liess TOYNBEE bereits auf die ungeahnte Häufigkeit der Ohrenaffectionen hinweisen, die viel öfter vorkämen, als man nach den Erfahrungen des gewöhnlichen Lebens vermuthen sollte.

Der zweite Bericht über seine Sectionen, 1843 erscheinend, hat die Ergebnisse der Untersuchung von 120 Gehörorganen zum Gegenstand und spricht sich TOYNBEE hier schon bestimmter aus, dass die Mehrzahl der Fälle, welche man bisher unter dem Na-

---

*) Jetzt würde uns ein solcher Befund höchstens die verminderte Empfindlichkeit der Paukenhöhlen-Schleimhaut z. B. gegen reizende Einspritzungen erklären, wie dieselbe allerdings öfter sich beobachten lässt.

men „nervöse Schwerhörigkeit" begriffen hatte, auf chronischer Entzündung der Paukenhöhlen-Schleimhaut beruhe, und diese Affection jedenfalls am häufigsten Abnahme der Gehörschärfe bedinge.

Der Mittheilung der einzelnen Befunde geht eine sehr gute
Beschreibung der pathologischen Veränderungen voraus, welche
die Entzündung der Paukenhöhlen-Auskleidung überhaupt mit
sich bringt. Diese Entzündung wird von ihm eingetheilt in drei
Grade oder Stadien, von denen der erste in Erweiterung der Gefässe, Blutaustritt in oder unter das Gewebe der Schleimhaut und
ferner in reichlicher Schleimproduction, in Erguss von Lymphe,
von blutigem Serum oder von Eiter in die Paukenhöhle besteht. Im zweiten Stadium findet Schwellung und Verdickung der
Schleimhaut statt, der Plexus tympanicus wird unsichtbar, ebenso
werden die Vertiefungen des ovalen und des runden Fensters
mehr oder weniger ausgeglichen — häufig finden sich Ansammlungen von Schleim oder auch von käseartigen Massen in der Paukenhöhle, — äusserst charakteristisch für dieses Entzündungssta-
dium und sehr oft vorkommend ist die Bildung von membranösen
Bändern zwischen den einzelnen Theilen der Paukenhöhle. Im
dritten Stadium endlich kommt es zur Ulceration der Paukenhöhlen-Schleimhaut, zur Zerstörung des Trommelfells und zur
Atrophie des M. tensor tympani. Nicht selten ergreift die Krankheit die Wände der Paukenhöhle selbst und setzt das Gehirn wie
andere wichtige Theile in Mitleidenschaft.

Der dritte Bericht, 1842 erscheinend, enthält bereits den Befund von 915 Ohrensectionen und gehörten darunter 181 Gehörorgane Personen an, welche als schwerhörig bekannt waren.

Der vierte Bericht vom Jahre 1851 beschränkt sich auf Mittheilung über die Pathologie jener Ohrenaffectionen, welche zu Erkrankungen des Gehirns und der benachbarten Venensinusse führen
können, also vorzugsweise der Otorrhöen, deren Wichtigkeit für
die Lebensdauer des Kranken hier in umfassender Weise anatomisch begründet und durch casuistische Zusammenstellungen bewiesen wird. Unter den 63 in den Tabellen nebst Sectionsbefund
aufgeführten Fällen von tödtlich verlaufenen Otorrhöen gehören
22 der anatomischen Beobachtung TOYNBEE's an.

Der fünfte Bericht, 1855 erschienen, führt die Sectionsergeb-
nisse von weiteren 608 Gehörorganen vor, von denen 134 Schwerhörigen angehörten, deren Krankengeschichte bekannt war, und
welche zu Lebzeiten von TOYNBEE untersucht worden waren.

In der sechsten Mittheilung endlich, sich an die fünfte unmittelbar anschliessend, gibt TOYNBEE in tabellarischen Uebersichten einen Generalbericht über alle bisher von ihm gemachten Ohrensectionen, welche im Ganzen die Zahl von 1523 erreicht hatten. Unter diesen befanden sich 510 gesunde Gehörorgane; unter den erkrankten gehörten 654 vollständig unbekannten und 359 entschieden schwerhörigen Personen, deren Leidensgeschichte aber nur in 136 Fällen näher bekannt war.

Einige Jahre später (1857) erschien ferner in Form eines selbstständigen Buches und unter dem Titel „A descriptive catalogue of preparations illustrative of the diseases of the ear, in the museum of JOSEPH TOYNBEE" eine etwas mehr ins Einzelne eingehende Zusammenstellung alles pathologisch-anatomischen Materials, das sich aus den Ohrsectionen TOYNBEE's ergeben hatte, welche bereits die Zahl von 1659 erreichten. Neben diesen zusammenfassenden Berichten hat TOYNBEE im gleichen Zeitraume noch eine grosse Menge Aufsätze pathologisch-anatomischen Inhaltes, die meisten in den Verhandlungen der Londoner pathologischen Gesellschaft (Transactions of the Pathological Society 1849 —1856), über einzelne am Gehörorgane vorkommende Krankheitsformen oder einzelne besonders interessante oder seltene Fälle von Ohrenaffectionen veröffentlicht.

Wir haben diese pathologisch-anatomischen Arbeiten TOYNBEE's hier so ausführlich vorgeführt, einmal weil sie unter den Leistungen dieses Mannes weitaus die erste Stelle einnehmen und dann weil sie gerade es sind, die den Namen TOYNBEE für immer in dem Gedächtnisse der dankbaren Nachwelt werden fortleben lassen. Diese Untersuchungen sind die ersten in grösserem Maassstabe und mit weiter gestecktem Ziele unternommenen Versuche, die Lehre von den Krankheiten des Ohres aus dem Gewirre der Annahmen und Vermuthungen auf den sicheren Boden der Thatsache zu erheben, und ihnen verdanken wir es zumeist, dass die Ohrenheilkunde in neuester Zeit sich zum Range einer wirklichen Wissenschaft entwickelt hat. Die unläugbar grossen Fortschritte, welche unsere Specialität im Laufe der letzten zehn Jahre gemacht hat, sie lassen sich zum grossen Theile zurückführen auf die Präcisirung unserer Anschauungen und die Erweiterung unseres Gesichtskreises, wie sie durch diese TOYNBEE'schen Arbeiten vermittelt oder angebahnt wurden. Bezeichnend in dieser Beziehung ist, dass die Mehrzahl der jetzt in Deutsch-

land an der wissenschaftlichen Ausbildung der Ohrenheilkunde
arbeitenden Docenten und Aerzte sich einige Zeit in London auf-
gehalten haben, behufs eigenen Studiums der Sammlung Toynbee's, welche derselbe mit grösster Liberalität und Freundlichkeit
allen Collegen durchzumustern gestattete. Sehr richtig ist jedenfalls, wenn William Wilde*) sagt: „The labours and investiga-
tions of Mr. Toynbee have effected more for aural pathology
than these of all his predecessors either in England or on the
Continent." So viele Versuche zur anatomischen Begründung der
Ohrenkrankheiten auch schon gemacht worden waren, so hatten
dieselben doch nie eine entschiedene Spärlichkeit überschritten
und sich zudem vorwiegend den mit Otorrhoe einhergehenden
Affectionen zugewendet wegen der wichtigen Folgezustände, die
solche Fälle eben häufig direct zur Section bringen. Die Schwerhörigkeit aber als solche hatte bisher nur sehr selten den Anatomen und den Pathologen so viel Interesse abgezwungen, dass
sie sich ausgiebigen Untersuchungen über ihre materielle Begründung an der Leiche unterzogen hätten. Noch weniger wurden
aber solche Versuche von den Ohrenärzten gemacht, die es gewöhnlich weit bequemer fanden, sich das Substrat ihrer diagnostischen Bestimmungen und ihrer therapeutischen Angriffe im eigenen Kopfe zu construiren, als dasselbe an der Leiche erst mühsam und allmälig kennen zu lernen.

Können in dieser Beziehung die Verdienste Toynbee's als
Begründers der pathologischen Anatomie des Ohres nicht hoch
genug geschätzt werden, indem seine Arbeiten eben zuerst eine
positive und thatsächliche Anschauung über die am öftesten im
Gehörorgane vorkommenden pathologischen Veränderungen und
über die häufigeren Ursachen der Schwerhörigkeit vermittelten,
so darf auf anderer Seite nicht in Abrede gestellt werden, dass
durch eine geringere Massenhaftigkeit seiner Sectionen die Wissenschaft weit weniger zu Schaden gekommen, als ihr durch ein genaueres Eingehen in den einzelnen Fall und durch eine directe
practische Verwerthung des speciellen Befundes, insbesondere für
die therapeutische Auffassung des krankhaften Zustandes, genützt
worden wäre. Am meisten vermisst man natürlich letzteres bei
den immerhin zahlreichen Untersuchungen jener Individuen, welche
notorisch schwerhörig waren und insbesondere von denen, welche

*) S. 37 seiner Aural Surgery (1853), deutsche Uebersetzung S. 40.

TOYNBEE zu Lebzeiten selbst untersucht hatte und deren Krankengeschichte ihm näher bekannt war.

Verlassen wir die pathologisch-anatomischen Untersuchungen
TOYNBEE's und betrachten die weitere literarische Thätigkeit dieses
Mannes, so müssen zuerst zwei äusserst werthvolle Beiträge zur
normalen Anatomie des Ohres genannt werden, die eine sehr bekannte, über den Bau des menschlichen Trommelfells (1851), die
andere über „die Muskeln, welche die EUSTACHI'sche Ohrtrompete öffnen" (1853), und sodann zwei physiologische Arbeiten,
„über die Function des Trommelfells" (1852) und „über die Art
und Weise, wie Schallschwingungen im menschlichen Ohre vom
Trommelfell zum Labyrinthe übergeleitet werden" (1859).

Gehen wir vom theoretisch-wissenschaftlichen Gebiete über
zur eigentlichen Ohrenheilkunde, zur therapeutischen Nutzanwendung unserer inneren Anschauung und Vorstellung von den
krankhaften Vorgängen im Ohre, so dürfen wir uns nicht ver-
hehlen, dass der Schwerpunkt und das Wesentliche der Leistungen TOYNBEE's in seinen pathologisch-anatomischen Untersuchungen, nicht in der Verwerthung derselben für die Behandlung der
Ohrenkrankheiten liegt. Zum Theil haben wir dies Missverhält-
niss oben schon angedeutet. Nicht uninteressant ist in dieser Beziehung, dass nach der Liste seiner Publicationen, welche dem
1860 erschienenen Lehrbuche der Ohrenkrankheiten angehängt
ist, die Zahl der anatomischen Abhandlungen 41, der Aufsätze
aber, welche practische Gegenstände behandeln, 14 beträgt. Im
Einzelnen auf die therapeutischen Anschauungen TOYNBEE's, wie
sie am bestimmtesten in seinen eben erwähnten „Diseases of the
Ear, their nature, diagnosis and treatment" ausgesprochen sind,
einzugehen, ist hier nicht der Ort, sowenig es früher möglich
war, den Inhalt und die Tragweite jeder einzelnen anatomischen
Arbeit gründlicher zu beleuchten. Nur Eines muss hervorgehoben
werden. Der Mann, dessen anatomische Untersuchungen deutlich und unumstösslich bewiesen, dass die weitaus überwiegende
Mehrzahl von Schwerhörigkeiten auf Veränderungen in der Paukenhöhle, auf krankhaften Vorgängen und abnormen Bildungen
im Mittelohre beruhten, wandte das Instrument, durch welches
man auf die Tuba und auf die Paukenhöhle am directesten und
ausgiebigsten einwirken kann, nämlich den Ohrkatheter, nicht nur
nicht an, sondern verwarf seine Anwendung sogar ausdrücklich
und grundsätzlich. Sieht man sich nach einer Erklärung um, wie

234 Historischer Anhang.

es möglich war, dass ein Ohrenarzt die für die Behandlung von
Ohrenkrankheiten unstreitig wichtigste Methode nicht benutzte, so
darf wohl nicht ausser Acht gelassen werden, dass TOYNBEE, der
sich offenbar immer mehr zum anatomischen Studium als zum
chirurgischen Handeln hingezogen fühlte, seine Praxis zu einer
Zeit begann, als in London unter den Händen eines Ohrenarztes
TURNBULL während des Gebrauchs von Katheter und Compressionspumpe zwei Kranke eines plötzlichen Todes verstarben —
ein Ereigniss, welches selbstverständlich in England einen bedeutenden Schrecken vor dem Katheter hervorrief und wohl auch
Mitursache sein mag, dass WILDE in Dublin, sonst ein durch und
durch practisch angelegter Arzt und äusserst gewandter Opera-
teur, den Ohrkatheter ebenfalls nie oder äusserst selten zur Anwendung zieht. Wenn wir die volle Tragweite der Nichtbenutzung
des Katheters ins Auge fassen, so müssen wir sagen, dass TOYNBEE
es eigentlich anderen Aerzten zum grössten Theile überliess, aus
seinen schönen pathologisch-anatomischen Arbeiten die Conse-
quenzen zu ziehen, welche sich für die practische Auffassung und
für die Behandlung der Ohrenkrankheiten aus denselben noth-
wendigerweise ergaben und deren therapeutische Verwerthung
gegenwärtig in Deutschland wenigstens allgemein angenommen
ist. Eine wahrhafte Ironie liegt in der Thatsache, dass TOYNBEE,
der durch jahrelang fortgesetzte, mühsame Arbeiten nachwies,
dass die Schwerhörigkeit meistens auf einem catarrhalischen Processe des mittleren Ohres beruht, therapeutisch gegen diesen Zustand gewöhnlich mit allgemeiner oder ganz mittelbarer Medication zu Felde zog, während KRAMER in Berlin zu gleicher Zeit
die „nervöse Schwerhörigkeit" seiner Kranken mit dem Katheter
behandelte! —

Sprechen wir von den rein menschlichen Seiten TOYNBEE's,
so müssen wir hervorheben, dass derselbe schon frühzeitig seine
ärztliche Stellung zur Aufbesserung der Lage und insbesondere
der Wohnungsverhältnisse der ärmeren Klasse benutzte. Er hielt
dafür, dass den Armen häufig durch gute Luft in ihren Arbeits-
und Wohnräumen mehr genützt sei, als durch Arzneimittel, und
wie er selbst in der ersten Zeit seiner Praxis eine Casse („Sama-
ritan-Fund") gründete, welche bestimmt war, den Armen eines
gewissen Bezirkes neben Nahrung und Kleidung bessere Lüftung
in den Wohnungen zu verschaffen, so kümmerte er sich stets aufs
Lebhafteste um die in England so häufig besprochenen Fragen

über die Ventilations-Einrichtungen. Toynbee galt geradezu für eine Autorität im Fache der Ventilation, so dass er 1817 bereits vor einem Ausschusse des Parlaments einen Bericht abstatten musste über den Zustand der Armenwohnungen in London und über die Mittel, dieselben zu verbessern. Wie er bei zahlreichen Vereinen, welche die Lebensweise und den Gesundheitszustand der arbeitenden Klasse zu verbessern trachteten, sich als rühriges, nicht blos einfach zahlendes Mitglied betheiligte, so ergriff er mit Freuden auch jede Gelegenheit, direct bildend und hebend auf das Volk einzuwirken. Von diesem humanen Standpunkte aus arbeitete er in der mannigfachsten Weise, am ausgiebigsten auf seinem Landsitze in Wimbledon, einige Stunden von London enfernt, wohin er in den letzten 12 Jahren seines Lebens jeden Abend in den Kreis seiner Familie — eine liebenswürdige, fein gebildete Frau mit neun Kindern — zurückkehrte, um frühmorgens zur Ausübung seines ärztlichen Berufes wieder in die Stadt zu fahren. Ein Lieblingsplan Toynbee's in der letzten Zeit seines Lebens war die Gründung localer Sammlungen aller Gegenstände, Natur- und Kunstproducte, welche im Umkreise von fünf engl. Meilen um jedes Dorf vorkommen, und zwar sollten sämmtliche Bewohner eines solchen Bezirkes aufgefordert werden, zum Zustandebringen solcher Ortsmuseen nach Kräften beizutragen.

Dass ein so durchaus edler und wohlwollender Charakter auch warm fühlte für die Interessen seines eigenen Standes, versteht sich von selbst; so war er bis zu seinem Tode Schatzmeister des Unterstützungsvereins für ärztliche Hinterbliebene (Medical Benevolent Fund), welchem Vereine er einmal das grossartige Geschenk von 500 Pfund Sterling machte. Ebenso wenig entzog er sich natürlich den wissenschaftlichen Vereinen der Collegen und hatte Toynbee zur Zeit seines Todes eben die ehrenvolle Stellung eines Präsidenten der Londoner mikroskopischen Gesellschaft (Quekett Club) inne.

Toynbee's plötzlicher Tod erfolgte offenbar in Folge von Chloroform-Einathmung. Es scheint, als ob er schon längere Zeit Versuche angestellt habe, inwieweit es möglich sei, Dämpfe vom Munde in die Paukenhöhle mittelst des Valsalva'schen Versuches einzupressen, und inwieweit Chloroform und Blausäure, in dieser Weise angewendet, mildernd auf subjective Gehörsempfindungen, auf Ohrensausen, einzuwirken vermöchten. Ob er selbst an Ohrensausen gelitten oder ob er diese Versuche rein im Interesse seiner

Kranken angestellt hat, lässt sich nicht sagen. Am Samstag, den
7. Juli, Nachmittags 4 Uhr, sah Toynbee in seinem gewöhnlichen
Empfangszimmer (Savile Row 18) noch einen Kranken; um 5 Uhr
fand ihn sein Diener anscheinend schlafend, in der That aber
todt, auf dem Sopha, mit einer Lage Baumwolle über dem Gesichte, vor ihm seine Uhr und einige Blätter Papier mit Bemerkungen „über die Wirkung von Chloroform-Einathmung auf Ohrensausen, wenn in die Paukenhöhle eingepresst". Im Zimmer starker
Chloroform-Geruch. Unter dem Sopha lag eine leere und offene
Flasche, welche offenbar Chloroform enthalten hatte, neben ihm
zwei Flaschen, die eine noch nicht geöffnete mit Aether, die andere halb voll mit Blausäure. Ein sogleich herbeigerufener Arzt
stellte künstliche Respirationsversuche an, allein vergebens. —

Ein so ganz jäher und unerwarteter Tod hatte etwas doppelt
Wehmüthiges für die Mitwelt, etwas furchtbar Erschütterndes für
die Familie; auf der anderen Seite müssen wir aber auch einen
Mann beneiden, dem es vergönnt war, rasch und ohne voraus-
gehendes Siechthum des Körpers und des Geistes ein Leben zu
beschliessen, das tüchtig ausgefüllt und ebenso reich an Leistungen als an Erfolgen gewesen ist.

III.

Vorstellung beim Reichskanzleramte betreffend die Berücksichtigung der Ohrenheilkunde bei Festsetzung der neuen Vorschriften für die ärztliche Schlussprüfung. Eingereicht von Prof. v. Tröltsch.*)

Die vor Kurzem in Berlin tagende, vom Reichskanzleramte
berufene Commission zur Berathung der ärztlichen Prüfungsreform
hat sich dahin geeinigt, dass es sich durchaus empfehle, einmal
die gesetzliche Studienzeit der Mediciner zu verlängern und andererseits bei der Schlussprüfung den Kreis der zu examinirenden
Fächer zu erweitern. Es unterliegt keinem Zweifel, dass beide
Beschlüsse sowohl im Interesse der leidenden Menschheit als in
dem der Ehre und der Stellung des ärztlichen Standes allgemein
als äusserst segensreiche und bedeutungsvolle begrüsst werden
müssen. Damit dieselben aber ihre volle Wirkung nach beiden

-----

*) Veröffentlicht im Arch. f. Ohrenheilk. Bd. XIV. S. 151. 1878.

Richtungen zu entfalten vermögen, muss der Kreis der Fächer, in welchen der künftige Arzt ein gewisses Quantum Kenntnisse nachzuweisen hat, auch so weit sich erstrecken, dass nichts allzu Wesentliches fehlt. Der ergebenst Unterzeichnete hält es daher für seine Pflicht, der maassgebenden und beschlussfassenden Behörde gegenüber hervorzuheben,

> „dass es nicht nur als äusserst wünschenswerth, sondern auch im staatlichen Interesse als nothwendig angesehen werden muss, dass jeder practische Arzt bis zu einem gewissen Grade auch zur Erkenntniss und zur Behandlung der Ohrenkrankheiten befähigt sei, somit der Nachweis von Kenntnissen in diesem Fache beim Schlussexamen durchaus geboten wäre". —

Die Ohrenheilkunde ist verhältnissmässig eine so junge wissenschaftliche Disciplin und der Fragen, welche der vom Reichskanzleramte zusammenberufenen Commission zur Berathung vorlagen, waren so viele, dass es uns geradezu Wunder nehmen müsste, wenn bereits dieser Specialität und ihrer Bedeutung für Arzt und Volk die ihr factisch gebührende Würdigung zu Theil geworden wäre. Es sei mir daher gestattet, hier das Wesentlichste in dieser Beziehung darzulegen.

Wenn wir uns fragen, warum in neuerer Zeit nach und nach die Behörden der verschiedensten Staaten, und so auch die Regierung des deutschen Reiches, neue Disciplinen, wie z. B. die Augenheilkunde zu einem obligaten und Examinations-Fache erhoben haben, so möchten zu dieser Maassregel sicher allenthalben gewisse practische Gesichtspunkte den Ausschlag gegeben haben. Bleiben wir bei der eben beispielsweise angeführten Augenheilkunde stehen, so möchten diese practischen Gründe, welche die Regierungen veranlassten, dieses relativ neue Fach anderen längst examinabeln nahezu gleich zu stellen, sich wesentlich in den drei Sätzen zusammenfassen lassen, dass 1. Augenkrankheiten sehr häufig vorkommen, 2. durch diese Erkrankungen und ihre Folgen die Bevölkerung und unmittelbar der Staat sehr erheblich geschädigt werden können und 3. dass diese Schädigung sich um so mehr abschwächen und vermindern lässt, je mehr Aerzte jene Erkrankungsformen richtig zu erkennen und zu behandeln vermögen. Wenden wir diese Gesichtspunkte, welche unleugbar die zwingende Veranlassung zur staatlichen Würdigung der Augenheilkunde beim ärztlichen Schlussexamen gegeben haben, auf die

analoge, aber noch jüngere Disciplin der Ohrenheilkunde an und
suchen die dadurch sich ergebenden drei Fragen an der Hand
der Erfahrung und der Thatsachen zu beantworten.

Die erste Frage wäre die über die relative Häufigkeit des
Vorkommens von Ohrenerkrankungen. Grössere statistische Angaben hierüber fehlen natürlich noch durchaus. Der allgemeine
Eindruck im gewöhnlichen Leben und in der Krankenhauspraxis
ist bei dieser Krankheitsform nicht maassgebend, indem sie verhältnissmässig selten an sich die Kranken ins Spital treibt, andererseits sie durchschnittlich nichts äusserlich Sichtbares mit
sich bringt, so dass ein Ohrenkranker auf der Strasse auffiele,
wie dies oft genug beim Augenkranken der Fall ist. Weiter dürfen
wir nicht vergessen, dass die Abnahme des Gehörs schon eine
ziemlich beträchtliche sein muss, bis sie unter den gewöhnlichen
Lebens- und Umgangsverhältnissen dem weiterstehenden Publicum
bemerkbar wird, ferner dass Schwerhörende sehr geneigt sind,
ihr Gebrechen zu verbergen oder zu verdecken. Wirklich gibt
es in der Gesellschaft unendlich mehr Gehördefecte, als man für
gewöhnlich glauben möchte.

Eine richtigere Anschauung, wie häufig Ohrenkrankheiten
sein müssen, gewinnen wir schon, wenn wir erwägen, dass es in
Deutschland kaum eine grössere Stadt gibt, in der nicht mindestens ein Arzt sich vorwiegend oder selbst ausschliesslich mit
der Behandlung dieser Erkrankungen beschäftigt und dass die
deutschen Universitäten 17, die österreichischen 7 und die der
Schweiz 4 Docenten für Otiatrik besitzen. Gewiss spricht aber
die grosse Anzahl von Ohrenärzten dafür, dass auch massenhaft
Ohrenkranke existiren müssen. Dies kann uns auch gar nicht
Wunder nehmen, wenn wir uns auf das Gebiet der Pathologie
begeben.

Jedermann weiss, dass eine Reihe alltäglicher Leiden, wie
Schnupfen und Angina, sich sehr leicht von der Schleimhaut der
Nase und des Schlundes auf die mit dieser zusammenhängende
Mucosa des Ohres verbreiten und dieses somit bei acuten und
noch mehr bei chronischen Affectionen jener Theile gewöhnlich
mehr oder weniger in Mitleidenschaft versetzt wird. Welche
Organe sind aber wegen Eindringens verdorbener und verunrei-
nigter Luft in Schul- und Kinderzimmern, im Wirthshause und
in der Werkstätte, in Fabrikräumen, in stauberfüllten Städten
und Industriegegenden so vielfach krankmachenden Einflüssen

ausgesetzt, als das Anfangsgebiet der Einathmungswege, die Na-
sen- und die Rachenhöhle? Welche Erkrankungen sind in unserem Klima und bei unserer Lebensweise häufiger als Schnupfen
und Rachencatarrhe?

Wegen des Zusammenhanges der Schleimhäute des Kopfes
unter sich sehen wir ferner Erkrankungen des Gehörorganes sich
so oft entwickeln bei der Grippe und der Diphtheritis, beim
Keuchhusten und Scharlach, bei Masern und Blattern, beim Typhus und bei der Lungentuberculose — sämmtlich Affectionen,
die wahrlich zu den häufigsten Krankheiten des menschlichen
Organismus, theilweise besonders während des Kindesalters, gehören. Je gründlichere Beachtung die Ohrenleiden finden, desto
mehr bricht sich weiter die Anschauung Bahn, dass die Gesundheit des Ohres sehr oft alterirt wird durch anderweitige pathologische Vorgänge, insbesondere im Gebiete der Circulation und
Respiration, indem durch Herzleiden, Morbus Brightii, Emphysem,
Ascites, Struma, Schwangerschaft etc. hyperämische und Stauungs-
zustände im Nasenrachenraume sowie im Mittelohre hervorgerufen
werden und dass ferner allgemeine Anämie und Muskelschwäche
auch auf gewisse nothwendige Functionen des Ohrmechanismus
hemmend und störend einzuwirken vermögen. Nicht unerwähnt
dürfen wir schliesslich lassen, dass erwiesenermaassen die Scro-
phulose und die constitutionelle Syphilis in der Aetiologie der
Ohrenerkrankungen eine ungemein grosse Rolle spielen. Es
möchte hiernach schon glaublicher sein, wenn wir mit aller Bestimmtheit behaupten, dass Ohrenschmerzen, Ohrensausen, Ohreneiterung und insbesondere Schwerhörigkeit zu den häufigeren
Plagen der Menschen in unserem Himmelsstriche gehören, sie
mindestens ebenso reichlich vorkommen, wie die Augenkrankheiten und ferner, dass die Ohrenerkrankungen unbedingt unter
die allerhäufigsten Leiden des kindlichen Alters zu rechnen sind.

Betrachten wir nun, in welcher Weise und in welchem Grade
der Einzelne und mittelbar die Allgemeingesundheit durch die Folgen von Erkrankungen des Gehörorganes geschädigt werden können, so wissen wir Ohrenärzte am besten, wie gross die Anzahl
derer ist, welche in der Schul- und Lernzeit durch Schwerhörigkeit
gehindert sind, die ihnen gebotenen Kenntnisse gleich Anderen sich
anzueignen und wie unendlich Viele aus gleicher Ursache auch
im späteren Leben in ihrer intellectuellen und materiellen Entwicklung zurückgehalten, sowie im freien Entfalten und Verwer-

then ihres Wissens und Könnens gehemmt sind. Wenn es schon
einem harthörenden Lehrjungen schwerer fallen wird, ein tüch-
tiger Geselle oder einst ein beschäftigter und vermöglicher Meister
zu werden, auch sicher Dienende, männlichen oder weiblichen
Geschlechtes, bei schwerem Gehör es seltener zu einer anderen
als ganz untergeordneten Stellung bringen werden, so wird in
allen höheren Ausbildungs- und Berufsarten eine geschwächte Hör-
kraft sich natürlich noch ungleich nachtheiliger erweisen. Wie
viele sonst tüchtige und talentvolle junge Leute müssen die Gym-
nasien, die Cadettenschulen, die Universität und andere höhere
Lehranstalten ihres Gehörs wegen verlassen und wie oft muss aus
diesem Grunde der Bildungsgang, auf welchen vielleicht schon
reichlich Kapital verwendet wurde, unterbrochen werden! Nicht
gering ist ferner die Anzahl der Lehrer, Officiere, Richter und
sonstiger Beamte, welche ihrer Harthörigkeit wegen nur in beschränkter Weise im öffentlichen Dienste brauchbar und verwend-
bar sind, oder welche, wenn sie ihren Pflichten gar nicht mehr
nachzukommen vermögen, frühzeitig dem Pensionsfond einzig aus
diesem Grunde zur Last fallen. Welche Summen auf diese Weise
unserem Nationalvermögen jährlich entzogen werden — sei es
durch lucrum cessans, sei es durch directen Verlust — lässt sich
vorläufig nicht annähernd berechnen; berücksichtigen wir aber die
beträchtliche Menge derer, welchen Gehörschwäche den Kampf
ums Dasein mehr oder weniger erschwert, so möchte es schon aus
rein finanziellen und volkswirthschaftlichen Gründen im Interesse
jedes wohlgeordneten Staates liegen, dass seine Aerzte mit der
Behandlung dieser Erkrankungen umzugehen lernen.

Wir sprachen bisher nur von der Gehörverminderung; Ohrenleiden führen aber noch zu anderen Folgezuständen, von welchen
wir hier nur zwei kurz hervorheben wollen. Einmal die subjectiven Geräusche im Ohre, das Ohrensausen, das viele Kranke
weit mehr aus dem Gleichgewichte bringt, als ihre Schwerhörigkeit; es steht aber geradezu fest, dass durch diese Störung im
Allgemeingefühl, welche schon Geistignormale zu einen an Verwirrtheit und Verzweiflung grenzenden Zustand zu führen vermag,
bei sonstiger Disposition zu Geisteskrankheit deren Ausbruch be-
fördert und begünstigt werden kann. Weitere tiefgreifende Folgen vermögen die Eiterungen des Ohres hervorzurufen, indem aus
solchen bekanntlich nicht selten Hirnabscesse, eiterige Meningitis,
Phlebitis, Pyämie und andere infectiöse und metastatische Er-

krankungen, insbesondere acute Tuberculose, hervorgehen. Leider
gibt uns die übliche Statistik noch keinen Aufschluss, wie viele
Menschen jährlich in Deutschland, vorwiegend in voller Kraft
ihrer Jahre, an Ohreneiterung und ihren Folgen sterben. Gering
ist die Anzahl gewiss nicht und lässt es sich mit Bestimmtheit
sagen, dass nahezu Alle diese vor einem frühzeitigen Siechthum
oder Tode hätten bewahrt werden können, wenn richtige Hülfe
und Behandlung zur richtigen Zeit angewandt worden wären.

Vergleichen wir nach den letztgenannten Richtungen die Gefahren, welche dem Individuum aus Ohrenleiden erwachsen können, mit denen, wie sie Augenleiden hervorzubringen vermögen,
so muss leider den ersteren der bedenkliche Vorrang der weit
grösseren Perniciosität zugestanden werden. Allein wir haben
schliesslich noch einen weiteren unheilvollen und entsetzlichen
Einfluss zu besprechen, den Krankheiten des Ohres auszuüben im
Stande sind. Dieselbe Erkrankung, welche im späteren Alter einfach Taubheit oder hochgradige Schwerhörigkeit bedingt, wird,
wenn sie beim kleinen Kinde sich einstellt, neben dem Gehör-
defect auch die Entwicklung des Sprachvermögens verhindern
oder, konnte das Kind schon sprechen, dasselbe wieder zu Verluste bringen. In beiden Fällen wird das Kind taubstumm. Im
deutschen Reiche befinden sich nach Georg Mayr 38489 Taubstumme. Die statistischen Erhebungen ermangeln bisher zu sehr
einer genauen Unterscheidung, in welchen Fällen die Taubstummheit eine angeborene, oder aber in der ersten Lebenszeit vor der
Sprachbildung erworbene, oder ob sie in späteren Jahren erst
mit Verlust der bereits vorhandenen Sprache eingetreten ist; ferner
entbehren wir umfassender Nachrichten, in wie vielen Fällen sie
durch pathologische Zustände des Gehirnes und in wie vielen sie
durch wirkliche Ohrenkrankheiten erworben wurde. Im Allgemeinen darf man wohl annehmen, dass die grössere Hälfte sämmtlicher Taubstummheiten angeboren und die kleinere Hälfte erst
erworben ist. Von letzteren sind ein guter Theil, weil durch tie-
fere Gehirnprocesse bedingt, unbeeinflussbar von vornherein; ein
weiterer Theil aber hätte sich durch richtige und frühzeitige Behandlung verhüten, resp. die Gehörschwäche auf einen minderen,
oft sehr mässigen Grad beschränken lassen, nämlich fast alle jene,
welche durch entzündliche und exsudative Vorgänge in der Paukenhöhle entstanden, wie sie insbesondere bei Masern, Scharlach,
Diphtheritis und Typhus so ungemein häufig vorkommen. Wir

wollen recht mässig annehmen, dass unter den 38489 Taubstummen in Deutschland nur 15000 ihr Leiden nicht mit auf die Welt brachten, sondern erst später erwarben, so bleiben wir sicher weit hinter der Wahrscheinlichkeit zurück, wenn wir behaupten, dass ein Fünftel derselben, also 3000, durch frühzeitige und energische Behandlung ihrer Ohrenerkrankung nicht taubstumm, sondern höchstens schwerhörend in verschiedenem Grade geworden wären, so dass dieselben gewöhnlichen Privatunterricht oder theilweise selbst die öffentlichen Schulen hätten benutzen können und jedenfalls eine annehmbare Sprache behalten hätten. Dreitausend Taubstumme weniger in Deutschland! Welchen Kapitalverlust repräsentiren diese 3000 Unglücklichen und welche Summen weniger müssten unter normalen Verhältnissen der ärztlichen Ausbildung von Seite des Staates und der Gemeinden auf die Taubstummen-Anstalten verwendet werden! Und das sind Abschätzungen, die meiner Erfahrung und Ueberzeugung nach sicher weit unter der Wahrheit zurückstehen; die Anzahl der tauben oder doch höchstgradig schwerhörenden Kinder, welche bisher den Taubstummen-Anstalten zur Last fallen, liesse sich gewiss durch ärztliche Sorgfalt noch bedeutend mehr vermindern.

Liefern schon in früher Lebenszeit begonnene chronische Catarrhe und Eiterungen der Paukenhöhle, wenn nicht energisch behandelt, ziemlich viele Taubstumme, so ist es doch die acute Otitis media im Verlaufe der acuten Exantheme, welche Gehör und Sprache ganz besonders häufig vernichtet. Sprach es doch schon vor längerer Zeit ein hoch stehender Arzt, Prof. CLARKE in Boston, geradezu aus: „So nothwendig ist eine gehörige Aufsicht auf den Zustand des Ohres während des Verlaufes von acuten Exanthemen, dass jeder Arzt, welcher solche Fälle behandelt ohne Rücksicht auf das Ohr zu nehmen, für einen gewissenlosen Arzt erklärt werden muss." Wenn das Publicum allmälig von solchen Aussprüchen erfährt, für welche sich in meinem Lehrbuche sowie in Anderer Arbeiten über Ohrenkrankheiten reichlich Begründung findet, so möchte mancher Vater, dessen Kind im Scharlach taub wurde und nachher bald auch sein süsses Sprechen einbüsste, den Arzt, der um das Ohr während der Krankheit sich gar nicht kümmerte, in Wuth und Verzweiflung einen gewissenlosen Menschen schelten oder ihn wegen Vernachlässigung seines nun lebenslänglich tief geschädigten Kindes geradezu vor Gericht ziehen. Wenn der Arzt dem Richter

dann antwortete: „Ich habe auf der Universität nichts über Ohrenkrankheiten gelernt und war bei der Schlussprüfung von solchen
auch gar nicht die Rede, weder bei mir noch bei einem Anderen" — wen würde dann die Verantwortung für das ungehinderte
Taubstummwerden des armen Kindes und seiner Tausenden von
Unglücksgefährten treffen? —

Die dritte oben aufgeworfene entscheidende Frage: ob durch
besseren Unterricht unserer Aerzte die häufigen Schädigungen,
welche dem Privat- und Gemeinwohl so massenhaft aus den Folgen von Ohrenerkrankungen erwachsen, sich erheblich vermindern liessen, kann zum guten Theil als durch die bisherigen Betrachtungen bereits erledigt und unbedingt bejaht angesehen werden. Es hat natürlich zu allen Zeiten Leute gegeben — und nicht
am wenigsten auf den Universitäten —, die es ihrer eigenen
Würde und Bedeutung einzig entsprechend halten, Alles, was
neben ihnen vorgeht, einfach nicht zu beachten, und Andere,
welche aus geistiger Bequemlichkeit die Augen geradezu vor manchen Thatsachen verschliessen. Abgesehen von Solchen möchte
die früher allerdings allgemein verbreitete Ansicht: „mit Ohrenkranken lässt sich in der Regel nichts machen" kaum mehr viele
Vertreter und Anhänger finden. Hat doch in den letzten zwei Decennien, seit unentwegt vom Vorurtheil der Menge auch auf diesem
Gebiete tüchtig gearbeitet wurde, sich gewaltig viel in der Sache
selbst und so auch im allgemeinen Urtheile über dieselbe geändert!
Warum sollte sich auch an diesen Organen nichts thun und gegen
ihre Erkrankungen sich nichts vornehmen lassen? Sind sie doch
aus denselben Gewebselementen zusammengesetzt, aus denen auch
sonst unser Organismus besteht, ihr Bau ist bekannt, ferner sind
sie für Erkennung ihrer krankhaften Zustände und für therapeutische Einwirkungen, wenn auch nicht so zugänglich wie das in
jeder Beziehung am günstigsten situirte Organ, das Auge, so doch
in gleichem und theilweise selbst höherem Grade zugänglich, als
viele andere Gebiete, mit deren Erkrankungen sich zu beschäf-
tigen seit lange kein einsichtsvoller Arzt für überflüssig oder nicht
der Mühe werth erachtet. Freilich gibt es reichlich, nur allzu
reichlich, Fälle von Ohrenerkrankungen, für welche sich wenig
oder nichts thun lässt. Das ist vorwiegend die grosse Menge der
durchschnittlich mit wenig störenden Symptomen verlaufenden und
deshalb meist Jahre und Jahrzehnte bestehenden chronischen Catarrhe des Mittelohres, für welche erst Hülfe gesucht wurde, nach-

dem Verwachsungen und andere Desorganisationen in der Paukenhöhle sich ausgebildet haben. Gegen verschleppte und ver-
jährte Zustände lässt sich aber auch auf anderen Gebieten wenig
thun, obwohl solche schon länger einer gründlichen Bearbeitung
von Seite der Wissenschaft und der Praxis sich erfreuen. Später
werden wohl auch solche Fälle der Therapie ein dankbareres Feld
darbieten, wie ja schon aus den letzten Lustren ziemliche Fortschritte verzeichnet werden können. Gegenwärtig aber bereits
lässt sich bei frischen und acuten Erkrankungen des Ohres durchschnittlich sehr viel nützen und ebenso kann man bei einer grossen
Menge von chronischen Affectionen um so mehr helfen oder doch
weiteres Unheil verhüten, je jünger das Individuum und je bälder
ein sachverständiger und mit der nothwendigen Technik vertrauter
Arzt die Behandlung in die Hand bekommt. Je mehr es allenthalben solche Aerzte gibt, desto frühzeitiger werden sich auch
durchschnittlich die Kranken behandeln lassen und um so kleiner
wird allmälig die Zahl der unbeeinflussbaren und unheilbaren
Fälle werden, ganz abgesehen davon, dass je mehr Kräfte auf
diesem Felde thätig sind, desto reichlicher auch Fortschritte in
unserem Wissen und in unserem Können sich ergeben werden. —
Möge es mir einigermaassen gelungen sein, mit obigen Aus-
einandersetzungen nachgewiesen zu haben, dass Kenntnisse über
Ohrenkrankheiten und deren Behandlung zu besitzen für den Arzt
in jeder Beziehung mindestens ebenso nothwendig und wichtig
ist, wie z. B. solche in der Augenheilkunde, woraus zweifelsohne
hervorgeht, dass die Ohrenheilkunde in gleicher Weise verdient,
vom Mediciner in seinen Studienplan und von der Behörde unter
die bei der Schlussprüfung zu examinirenden Fächer aufgenommen zu werden. Dass das Erstere ohne das Zweite nie in ge-
nügendem Maasse stattfinden wird, bedarf keiner weiteren Erörterung. Selbst in den Augen der strebsamsten Studenten, solcher, welche keineswegs blos für die Prüfung lernen und arbeiten,
wird immer die Meinung der Staatsbehörde über die Wichtigkeit
der einzelnen Fächer, wie sie sich in deren Auswahl für die Prüfungen kundgibt, einen grossen Einfluss üben; für die grosse Masse
aber ist diese geradezu das Entscheidende.

Es fragt sich nun, in wie weit gegenwärtig schon Lehrer der
Ohrenheilkunde und passende Examinatoren dieses Faches an den
deutschen Hochschulen vorhanden sind. Wie aus der am Schlusse
angefügten Beilage: „Die Vertretung der Ohrenheilkunde an den

Universitäten Deutschlands, Oesterreichs und der Schweiz" hervorgeht, gibt es an den 20 Universitäten des deutschen Reiches
jetzt 17 Lehrer der Otiatrik, 9 ausserordentliche Professoren und
8 Privatdocenten. Vier davon vertreten ausserdem noch andere
Fächer, die übrigen widmen sich, soweit bekannt, ausschliesslich
der Ohrenheilkunde. Während sich in Berlin eine dreifache und
in Breslau eine doppelte Vertretung dieses Faches findet, fehlt
dieselbe bis jetzt noch an 6 Hochschulen, nämlich in Erlangen*),
Freiburg, Giessen, Marburg, Rostock und Tübingen*). Uebrigens
muss erwähnt werden, dass der Professor der Chirurgie in Erlangen, HEINEKE, als Docent in Greifswalde früher Ohrenkrankheiten las, dass der Professor der Augenheilkunde in Rostock,
ZEHENDER, längere Jahre in Bern als Professor für Augen- und
Ohrenheilkunde fungirte, und ferner, dass in Freiburg schon längere Zeit ein praktischer Arzt, THIRY, den Studenten theoretischen und klinischen Unterricht über Ohrenkrankheiten in Räumen der Universität ertheilt. Es kann indessen als absolut sicher
angesehen werden, dass, sobald die Ohrenheilkunde einmal von
Seite der Staatsbehörde als ein wichtiges und beim Schlussexamen zu berücksichtigendes Fach anerkannt sein wird, in allerkürzester Zeit auch die wenigen Lücken in der academischen Vertretung dieser Disciplin verschwänden und es somit kaum einige
Semester nöthig sein würde, an einzelnen Orten den Professor der
Augenheilkunde oder der Chirurgie um zeitweise Aushülfe nach
dieser Richtung anzugehen.

In welcher Weise und bis zu welcher Ausdehnung die Ohrenheilkunde bei der ärztlichen Schlussprüfung Berücksichtigung finden soll, hierüber der beschlussfassenden Behörde an diesem Orte
Vorschläge machen zu wollen, schiene ungeeignet. Es sei jedoch
erlaubt, unter den verschiedenen Möglichkeiten, wie sie — sei
es vorläufig, sei es bleibend — stattfinden könnten, wenigstens
eine ins Auge zu fassen. So gut nach § 10 unter 3. — gleicherweise der Vorschläge Preussens sowie der Commissionsbeschlüsse
— bei der chirurgischen Prüfung eine mündliche „Aufgabe aus
der Lehre von den Knochenbrüchen und Verrenkungen" mit folgender Anlegung des betreffenden Verbandes verlangt wird, könnte
weiter als 4. eingeschoben werden „eine mündlich zu erledigende
Frage aus der Lehre von den Ohrenkrankheiten nebst Nachweis,

---

*) Seitdem auch hier besetzt.

dass der Candidat eine von ihm verlangte Untersuchung des Trommelfells am Lebenden mit Beurtheilung des Befundes oder den Katheterismus der Ohrtrompete, am Lebenden oder an der Leiche, oder eine ähnliche wichtige Operation am Ohre auszuführen versteht." So gut ferner bei der medicinischen Prüfung nach § 12 unter 2. der pharmakologisch-toxikologische Abschnitt „einem dritten Examinator übertragen werden kann", würden gewiss die beiden Herren Chirurgen gerne von vornherein sich bereit finden, den otiatrischen Theil ihrer Station einem tüchtigen Docenten der Ohrenheilkunde, wenn ein solcher an der Universität vorhanden ist, zu überlassen. Durch eine derartige Anordnung, welche die ganze Prüfung nicht sonderlich verlängerte und die sich sicherlich allenthalben leicht ausführen liesse, würde der Student veranlasst werden, während seiner letzten Semester jede vorhandene Gelegenheit zu benützen, um sich die nothwendigsten Kenntnisse auch über die Krankheit des Gehörorgans sowie die erforderliche Technik zur Untersuchung und Behandlung solcher Kranken anzueignen. Wenn der junge Mann dann auch nach dieser Richtung ausgerüstet in die Praxis tritt, wird er im Stande sein, sich, wenn es nöthig ist, hierin weiter auszubilden und jedenfalls vermöchte er für viele Fälle durch rechtzeitige Eingriffe und sachverständigen Rath Nutzen zu stiften und unsägliches Unheil zu verhüten. Durch die Erweiterung der ärztlichen Schlussprüfung nach dieser Seite würde somit nicht weniger das Wohl der Kranken als das Ansehen und die Ehre des ärztlichen Standes eine weitere Sicherstellung erfahren.

Somit erlaube ich mir meinen Antrag:

„bei Festsetzung der neuen Vorschriften für die ärztliche Schlussprüfung auch die Ohrenheilkunde entsprechend unter die Examinationsfächer einzureihen"

zur geneigten Beachtung und Berücksichtigung zu empfehlen.*)

Würzburg, den 28. October 1878.

---

*) Sämmtliche Fachgenossen werden aufgefordert, in ihren Kreisen das Interesse an dem hier behandelten Gegenstande anzuregen und ihn möglichst allseitig zur öffentlichen Besprechung zu bringen.

A.

BEILAGE

zur vorhergehenden Eingabe.

Die Vertretung der Ohrenheilkunde an den Universitäten Deutschlands, Oesterreichs und der Schweiz.

I. Deutsches Reich.

Berlin. 1. AUG. LUCAE habilitirt seit 1865, Extraordinarius seit 1871. Leitet seit 1874 mit einem eigenen Assistenten eine Universitäts-Ohren-Poliklinik und ist eine auf 18 Betten berechnete stationäre Ohrenklinik als Theil der neuen Universitätsklinik im Bau begriffen.

2. WEBER-LIEL habilitirt seit 1872.

3. TRAUTMANN habilitirt seit 1876, zugleich als Oberstabsarzt (nicht officieller) Lehrer für Ohrenheilkunde an der königl. Militär-Academie und Arzt einer Ohrenabtheilung in einem Garnisonslazareth.

(EDMUND DANN [gest. 1851] hatte sich als Docent der Ohrenheilkunde 1832 habilitirt, JULIUS ERHARD [gest. 1873] i. J. 1861.)

Bonn. WALB, Docent der Augenheilkunde, vertritt seit 1878 auch die Ohrenheilkunde.

Breslau. 1. VOLTOLINI habilitirt seit 1863, Extraordinarius seit 1869.

2. GOTTSTEIN habilirt seit 1871.

Erlangen. — —*)

(Der Prof. der Chirurgie, HEINEKE, las früher als Privatdocent in Greifswalde ein Semester lang Ohrenheilkunde.)

Freiburg. — —

(CARL JOS. BECK, Prof. der chirurgischen Klinik [gest. 1838] las in den Sommersemestern von 1824—26 ein einstündiges

---

*) KIESSELBACH habilitirt seit 1879/80.

und in denen von 1827—35 ein wöchentlich zweistündiges
Colleg über Ohrenkrankheiten.)

Giessen. — —

Göttingen. KURD BÜRKNER habilitirt seit 1877.
(Prof. KARL HIMLY der Vater [gest. 1837] las von 1809
an „Morbos organorum visus et auditus.")

Greifswalde. Seit 1870 liest Docent, dann Extraordinarius P.
VOGT, Ohrenkrankheiten als Publicum zusammen mit Zahnkrank-
heiten.

(Im Jahre 1861/62 wurde Ohrenheilkunde gelesen vom
Privatdocenten der Chirurgie HEINEKE und in den Jahren
1866—70 vom Privatdocenten KIRCHNER, welcher sich der
Otiatrik speciell widmete, später aber als Militärarzt wegzog.)

Halle. HERMANN SCHWARTZE habilitirt seit 1863, Extraordinarius seit 1868. Seit 1863 eine otiatrische Poliklinik, als Theil
der medicinischen Poliklinik, von dieser subventionirt durch Arznei
und Instrumente. Für operative Fälle stellte Prof. TH. WEBER
Betten in der medicinischen Klinik zur Verfügung.

Heidelberg. S. MOOS habilitirt seit 1859, liest Ohrenheilkunde
seit 1862 und wurde Extraordinarius 1866. Seit 1873 eine vom
Staate unterhaltene Ohrenklinik.

Jena. L. SCHILLBACH habilitirt seit 1854, Extraordinarius seit
1862, vertritt Augen- und Ohrenheilkunde. Die ophthalmologisch-
otiatrische Klinik ein Theil der chirurgischen.

Kiel. MALLING habilitirt seit 1875, leitet eine Ohrenklinik,
welche Unterabtheilung ist der schon länger unter Direction des
Prof. der Augenheilkunde bestehenden Augen- und Ohrenklinik.

Königsberg. BERTHOLD, Extraordinarius der Augenheilkunde,
vertritt seit 1872 auch die Ohrenheilkunde.

Leipzig. RICHARD HAGEN habilitirt seit 1865, Extraordinarius
seit 1876. Leitet seit 1864 eine Privatpoliklinik, welche seit 1877
eine staatliche Beihülfe erhält.

(CARL GUSTAV LINCKE, academischer Docent, kündigte
im Lectionskataloge von Ostern 1837 bis Ostern 1840 Vorträge über Ohrenheilkunde an. Als Docent ist er zuletzt
Winter 1845/46 aufgeführt. Wann gestorben? — JOH. ADOLF
WINTER habilitirte sich 1844 für Augenheilkunde und gründete 1852 eine Privat-Poliklinik für Ohrenkrankheiten, welche
abgesehen von einem Locale, keine weitere Universitäts-
Unterstützung genoss. Extraordinarius seit 1853, Universi-

täts-Bibliothekar seit 1859. — HERMANN WENDT habilitirte sich 1866, nachdem er 1865 schon die WINTER'sche Poliklinik für Ohrenkranke übernommen hatte. Extraordinarius seit 1873. Gest. Oct. 1875.)

Marburg. — —

München. FR. BEZOLD, Augen- und Ohrenarzt, habilitirt seit 1878. (MARTELL FRANK habilitirte sich 1849 für Otiatrik, später Gerichts- und Polizeiarzt gab er 1873 seine Universitätsstellung auf.)

Rostock. — —

(Der Prof. der Augenheilkunde, ZEHENDER, war früher in Bern Professor der Augen- und Ohrenheilkunde.)

Strassburg. A. KUHN habilitirt seit 1873, hält eine nicht dotirte Ohren-Poliklinik in einem Universitätsgebäude.

Tübingen. — —*)

Würzburg. v. TRÖLTSCH hält Vorlesungen und Curse über Ohrenkrankheiten seit 1859, habilitirt seit Winter 1860/61, Extraordinarius seit 1864.**) Eine Ohren-Poliklinik, als Theil der allgemeinen Universitäts-Poliklinik, dotirt seit 1877.

II. Oesterreich.

In Czernowitz, Innsbruck, Krakau und Lemberg ist die Ohrenheilkunde nicht vertreten.

Graz. J. KESSEL habilitirt seit 1874.

Pest. JULIUS BÖKE habilitirt seit 1868. Poliklinik im allgemeinen Krankenhause.

Prag. EMANUEL ZAUFAL habilitirt seit 1869. Extraordinarius seit 1873. Seit 1874 Leiter einer otiatrischen Klinik im allgemeinen Krankenhause mit 14 Betten und einem eigenen Assistenten, ferner als k. k. Militärarzt Vorstand einer kleinen Abtheilung für Ohrenkranke im Militärspitale.

(Der nachher so berühmte Prof. der Augenheilkunde in Prag, jetzt in Wien, Ferdinand v. ARLT, begann seine aca-

---

*) WAGENHÄUSER habilitirt seit 1882/83.

**) Es wäre unsachgemäss und könnte für Undankbarkeit ausgelegt werden, wenn hier unerwähnt bliebe, dass die Würzburger medicinische Facultät 1875/76 einstimmig beschloss, beim Ministerium meine Ernennung zum Ordinarius zu beantragen. In einem ausführlichen Schreiben bat ich dankend, von diesem Vorhaben abzustehen, weil ich vorläufig ausser Stande wäre, noch Weiteres zu übernehmen.

demische Laufbahn als Docent für Ohrenheilkunde und hielt
vom Sommer 1844 bis Sommer 1850 im Prager allgemeinen
Krankenhause Vorträge über Ohrenkrankheiten mit klinischen Demonstrationen, wobei ihm Arzneien und Instrumente gestellt wurden.)

Wien. 1. ADAM POLITZER habilitirt seit 1861. Extraordinarius
seit 1871.

2. JOSEPH GRUBER habilitirt seit 1862. Extraordinarius seit 1871.

Seit 1873 besitzen Beide im allgemeinen Krankenhause eine
Klinik von je 10 Betten mit gemeinschaftlichem Assistenten:

3. RICHARD CHIMANI, k. k. Militärarzt, früher Docent am Jose-
phinum, nach dessen Auflösung an der Universität. Vorstand der
Ohrenabtheilung im Garnisonsspital und Instructor für Ohrenheilkunde bei den militärärztlichen Cursen.

4. VICTOR URBANTSCHITSCH habilitirt seit 1873. Arzt für Ohrenkranke an der Wiener allgemeinen Poliklinik.

III. Schweiz.

Basel. ALBERT BURCKHARDT-MERIAN habilitirt seit 1869, vertritt die Ohrenheilkunde seit 1875 und leitet eine Privat-Poliklinik
für Ohrenkranke.

(Der 1868 verstorbene Professor der Kinderkrankheiten,
STRECKEISEN, vertrat etwa 8 Jahre lang auch die Ohrenheilkunde.)

Bern. DUTOIT habilitirt seit 1863.

(Der 1861 verstorbene WILHELM RAU war Professor der
Augen- und der Ohrenheilkunde. In der Vorrede seines
Lehrbuches der Ohrenheilkunde [1856] spricht er von „seit
22 Jahren gehaltenen Vorlesungen" und „seit 15 Jahren er-
theiltem klinischen Unterricht". Auch sein Nachfolger, WIL-
HELM ZEHENDER, wurde für beide Fächer berufen. — Im
Jahre 1864 habilitirte sich CHRISTELLER für Ohrenheilkunde,
verliess aber 1870 Bern. Von 1870 an hielt VALENTIN der
Sohn, zugleich Assistent der medicinischen Poliklinik, meh-
rere Jahre eine Ohrenpoliklinik.

Genf. COLLADON kündigte sich als „Professor libre" für Ohrenkrankheiten die ersten Semester nach Gründung der Universität
(1876) an.

Zürich. GUSTAV BRUNNER habilitirt seit 1871, leitet eine am-
bulatorische Privatklinik für Ohrenkranke.

B.

NACHTRAG.

———

Diese Eingabe an das Reichskanzleramt wurde in Separat-
abzügen an die Decanate sämmtlicher medicinischen Facultäten
Deutschlands versandt zur Circulation unter den Mitgliedern resp.
zur officiellen Begutachtung bei Gelegenheit der Berathung über
den neuerdings vorgelegten Prüfungsentwurf. Von den Facultäten
Bonn, Greifswalde, Heidelberg und Kiel lief die Antwort ein, dass
diese Berathung und Schlussfassung bereits vorher stattgefunden
hätte und daher keine amtliche Besprechung des eingesandten
Schriftstückes veranlasst wäre.

Die Facultäten Erlangen und Tübingen erklärten, dass sie
die Aufnahme der Ohrenheilkunde unter die Prüfungsgegenstände
ablehnten. Dagegen theilte mir die medicinische Facultät Würzburg amtlich mit, sie habe in ihrer Sitzung vom 27. Januar 1879
mit Einstimmigkeit beschlossen, dass in den Gesammtbericht der
Facultät über den von ihr zu begutachtenden Entwurf der Prüfungsordnung folgender Passus aufgenommen werde:

„Die medicinische Facultät anerkennt die Bedeutung der Lehre
von den Ohrenkrankheiten und hat den Wunsch, dass der Otiatrik
eine gewisse Berücksichtigung in der Prüfungsordnung zu Theil
werde, etwa durch Einschaltung bezüglicher Bestimmungen in
§ 10, 1, b Abs. 3 der Commissionsbeschlüsse der chirurgischen
Prüfung." —

Ueber das weitere Schicksal unserer Eingabe entnehme ich
ferner den stenographischen Berichten über die Verhandlungen
des deutschen Reichstages am 8. März 1879 Folgendes: Abgeord-
neter Dr. Günther (Nürnberg): „Die erste der beiden Fragen,
welche ich in Einverständniss mit dem Präsidium mir an die Regierung zu richten erlaube, bezieht sich auf die Eingabe der Ohren-

ärzte, betreffend die Mitberücksichtigung der Otiatrik bei dem
medicinischen Prüfungswesen.

Ich möchte mir in dieser Beziehung die Frage erlauben, ob
gegenwärtig bereits von Seite der Regierung die Frage des Prüfungswesens in dem Sinne geregelt sei, dass auf jene Eingabe
jetzt schon eine definitive Antwort gegeben werden könne.

Es liegt mir, meine Herren, sehr fern, irgendwie tiefer in die
Sache einzugehen — ich bin hierzu sachlich in keiner Weise berechtigt; allein, nachdem von Seiten eines hervorragenden deutschen Mediciners an die Regierung die Frage gestellt worden ist,
ob es nicht an der Zeit sei, nunmehr auch die Ohrenheilkunde
wenigstens zu einem Theil in den Kreis der medicinischen Prüfungsgegenstände einzubegreifen, glaube ich doch, dass es wohl
an der Zeit wäre, wenn einem solchen Manne oder einer Cor-
poration von bedeutenden Gelehrten eine befriedigende Antwort
würde.

Die ganze Frage lautete nicht etwa dahin, dass man überhaupt nunmehr, wie andere bedeutende Fächer der Medicin, die
Ohrenheilkunde als gleichberechtigte Specialität einbeziehen solle,
sondern dahin, dass bei der chirurgischen Station eine der drei
obligatorischen Fragen theilweise wenigstens auch darauf gerichtet
sein solle, ob der zu Prüfende sich mit der Handhabung der
nöthigen Apparate vertraut, ob er sich überhaupt dazu befähigt
zeige, eine Ohrenkrankheit als solche zu diagnosticiren oder erfolgreich zu behandeln.

Ich glaube mich nicht zu irren, wenn ich annehme, dass einer
Anzahl von Mitgliedern dieses hohen Hauses die betreffende Eingabe im Druck zugänglich gemacht worden ist. Ich glaube auch
das Recht gehabt zu haben, diese Frage nicht erst bei der Gelegenheit in Erörterung zu ziehen, wo sie vielleicht an sich am
besten hingepasst haben würde, nämlich bei der Frage über das
Prüfungswesen im Allgemeinen, weil ich eben die Gelegenheit
dazu bieten möchte, dass, noch ehe wir selbst an die Frage heran-
treten, von Seiten der Regierung ein Aufschluss darüber gegeben
würde, ob dieselbe eventuell geneigt ist, die Eingabe der deutschen Ohrenärzte auch in der Weise zu berücksichtigen, wie eine
Reihe anderer Eingaben berücksichtigt worden ist, nämlich in dem
Sinne lediglich, dass von competenter Seite ein Urtheil darüber
eingeholt würde, ob in der That jenen Wünschen zur Zeit Rechnung getragen werden kann oder nicht.

Ich möchte noch darauf hinweisen, dass die betreffende Eingabe in der ärztlichen Literatur anderer Länder, besonders Italiens und der Schweiz, die wärmste Anerkennung und Befürwortung gefunden hat. Ich möchte ferner noch erwähnen, dass eine grössere Anzahl von ärztlichen Vereinen sich diesem Votum angeschlossen hat, und ich glaube also nicht im Unrecht zu sein, wenn ich mir die Auskunft vom Bundesrathstische darüber erbitte, ob die Regierung bereits jetzt in die Erwägung der Eingabe deutscher Ohrenärzte eingetreten ist, oder aber wenigstens die Absicht hat, derselben insofern näher zu treten, dass dieselbe als Grundlage bei der näheren Berathung des ärztlichen Prüfungswesens in Rücksicht gezogen werden kann.

Die andere Frage — — — —"

Commissar des Bundesrathes, kaiserlicher Geh. Regierungsrath Dr. FINKELNBURG: „Was zunächst die erste Frage des Herrn Abgeordneten GÜNTHER betrifft, so hat sowohl das Gesundheitsamt wie auch die Commission, welche vom Reiche zur Berathung einer Revision der ärztlichen Prüfungsvorschriften einberufen wurde, eingehend sich mit der Frage beschäftigt, in wie weit die ärztlichen Specialfächer zum Gegenstand besonderer Berücksichtigung bei der ärztlichen Staatsprüfung geeignet seien. Man hat sowohl in der erstgenannten wie in der letzten Instanz sich zu der Ueberzeugung geeinigt, dass, so sehr es auch wichtig sei, für alle einzelnen ärztlichen Specialfächer und auch für die Ohrenheilkunde bei allen medicinischen Facultäten die Gelegenheit zu hinreichendem Unterricht und zur practischen Ausbildung zu beschaffen, dass es doch darum andrerseits bedenklich sein würde, die ohnedies schon so früh sich specialisirende Richtung der jungen Mediciner in der heutigen Zeit noch dadurch zu fördern, dass man bereits in der ärztlichen Staatsprüfung weitgehende Anforderungen stellt bezüglich ganz specieller örtlicher Krankheitskategorien. Man ist zu der Auffassung, zu dem Princip gelangt, in der ärztlichen Staatsprüfung besondere Abtheilungen nur für diejenigen Specialfächer zu errichten, deren genaue Kenntniss für jeden practischen Arzt zur unmittelbaren Verwerthung in den Fällen der Noth absolut unentbehrlich sei. Dazu gehört z. B. die Augenheilkunde, die Irrenheilkunde gleichfalls, nicht aber nach der Ansicht des Gesundheitsrathes und der genannten Commission die Ohrenheilkunde. Die Ohrenheilkunde ist betrachtet worden als ein Theil der Chirurgie und als einer hinreichenden Berücksichtigung fähig

bei Gelegenheit des chirurgischen Prüfungsabschnittes. Es ist dadurch indessen nicht präcludirt, dass bei der noch bevorstehenden
definitiven Feststellung des Prüfungsreglements durch den hohen
Bundesrath auch eine ausdrückliche Erwähnung der Ohrenheilkunde innerhalb des Rahmens der chirurgischen Prüfungsaufgaben
in Erwägung komme."

REGISTER

der wichtigeren anatomischen Befunde.

—

Druck von J. B. Hirschfeld in Leipzig.

www.ingramcontent.com/pod-product-compliance
Lightning Source LLC
Chambersburg PA
CBHW021519210326
41599CB00012B/1314